发电生产“1000个为什么”系列书

电气运行与检修 1000问

托克托发电公司 编

中国电力出版社
CHINA ELECTRIC POWER PRESS

内 容 提 要

本书为发电生产“1000个为什么”系列书《电气运行与检修1000问》分册，总结了600MW及以上火力发电机组运行与检修方面的经验，以问答的形式结合相关的案例，详细解答了电气运行和检修方面的问题。本书运行篇中详细解答火力发电厂升压站设备、发电机-变压器组系统、励磁系统、厂用电系统、直流系统、UPS系统等运行调整、运行操作、故障处理等有关问题；设备篇中解答了关于发电机、变压器、电抗器、断路器、柴油发电机等电气一次设备检修方面的问题。

本书是大型火力发电机组运行、检修人员的专业读物和岗位培训教材，也可以作为电厂管理人员和高等院校等相关专业人员的参考用书。

图书在版编目（CIP）数据

电气运行与检修1000问/托克托发电公司编．—北京：中国电力出版社，2021.11（2022.4重印）

（发电生产“1000个为什么”系列书）

ISBN 978-7-5198-6000-4

Ⅰ.①电…　Ⅱ.①托…　Ⅲ.①发电设备—运行—问题解答②发电设备—检修—问题解答　Ⅳ.①TM621.3-44

中国版本图书馆CIP数据核字（2021）第187636号

出版发行：中国电力出版社
地　　址：北京市东城区北京站西街19号（邮政编码100005）
网　　址：http：//www.cepp.sgcc.com.cn
责任编辑：宋红梅（010-63412383）
责任校对：黄　蓓　郝军燕　李　楠
装帧设计：张俊霞
责任印制：吴　迪

印　　刷：三河市百盛印装有限公司印刷
版　　次：2021年11月第一版
印　　次：2022年4月北京第二次印刷
开　　本：880毫米×1230毫米　32开本
印　　张：14.125
字　　数：362千字
印　　数：1001—2000册
定　　价：58.00元

编审委员会

前　言

超临界、超超临界发电技术是目前广泛应用的一种成熟、先进、高效的发电技术，可以大幅度提高机组的热效率。自20世纪90年代起，我国陆续投建了大批600MW级及以上的超临界、超超临界机组。目前，600MW级火力发电机组已成为我国电力系统的主力机组，对优化电网结构和节能减排起到了关键作用。随着发电机组单机容量的不断增大，对机组运行可靠性的要求也越来越高，由此对电厂的运行、维护、检修、管理等技术人员提出了更高的要求。

内蒙古大唐国际托克托发电有限责任公司是目前世界上装机容量最大的火力发电厂，包括了多种机组类型，为适应运行工作需要，电厂非常注重对专业人员进行多角度、多种途径的培训工作；并以立足岗位成才，争做大国工匠为目标，内外部竞赛体系有机衔接，使大量的高技能人才快速成长、脱颖而出，在近几年的集控运行技能大赛中取得了优异的成绩。

基于此，在总结多年来大型机组运行与检修维护经验的基础上，结合培训工作，编写了发电生产“1000个为什么”系列书的《集控运行1000问》《锅炉运行与检修1000问》《汽轮机运行与检修1000问》《电气运行与检修1000问》《辅控运行1000问》。

本系列书以亚临界、超临界、超超临界压力的火力发电机组为介绍对象，以搞好基层发电企业运行、检修培训，提高运行、检修人员技术水平为主要目的，采用简洁明了的问答形式，将大型机组设备的原理分析、事故处理、维护检修等关键知识点进行了总结归纳，便于读者有针对性地掌握知识要点，解决实际生产中的问题。

本书为《电气运行与检修1000问》分册，通过总结多年来大型机组电气一次设备运行维护的实践经验，根据电气一次设备运行的理论知识，将诸多实际生产知识贯穿其中，实现理论与实际的紧密结合。力求满足当前大型发电厂集控运行人员与检修人员学习和掌握电气一次设备相关运行、维护技能的迫切需求。

限于编者的水平所限，对于书中的疏漏之处，恳请广大读者提出宝贵意见，以便于后续改正。

编者

2021年9月

目　录

第二篇　设备篇

第一篇

运 行 篇

第一章 电气安全基础知识

1. 什么叫安全电压？它分为哪些等级？

答：在各种不同环境条件下，人体接触到有一定电压的带电体后，其各部分组织（如皮肤、心脏、呼吸器官和神经系统等）不发生任何损害时，该电压称安全电压。

安全电压分为五个等级，即42V、36V、24V、12V、6V。

2. 电气设备高压和低压是如何划分的？平常采用的380V电压是高压还是低压？

答：对地电压为1000V以上的为高压、1000V及以下的为低压。通常采用的380V电压对地为220V，小于250V，故为低压。

3. 从事电力行业的人员必须具备哪些基本条件？

答：（1）精神正常，身体健康，没有妨碍工作的疾病。

（2）具备必要的电力专业知识，熟悉GB 26860《电业安全工作规程　发电厂和变电站电气部分》的有关规定，并经考试合格。

（3）应会进行触电急救。

4. 电业工作中造成触电的原因主要有哪些？

答：（1）缺乏电力安全作业知识，作业时，不认真执行GB 26860《电业安全工作规程　发电厂和变电站电气部分》和有关安全操作的规章制度。

（2）对电气接线及电气设备的构造不熟悉。

（3）对电气设备安装不符合规程要求。

（4）电气设备的保养维修质量差或不及时造成绝缘不良而漏电。

5. 发现有人触电如何处理？

答：（1）应立即切断电源，使触电人脱离电源。

（2）根据触电伤害情况立即进行急救并通知医院。

（3）如在高空工作，抢救时必须注意防止高空坠落。

6. 触电者心脏停止跳动，如何实施胸外心脏按压法？

答：施行胸外心脏按压法前，先解开触电者衣扣、裤带；触电人仰卧平硬的地上，清除口内杂物，保持呼吸道畅通。操作步骤如下：

（1）救护人员跪在触电人腰部一侧，两手重叠，手掌根部放在触电人心窝稍高一点的地方，胸骨下三分之一处。

（2）救护人肘关节伸直，利用上身重力，垂直并带冲击性地按压胸骨下陷 3～5cm（儿童、瘦弱者酌减），按压后，掌根迅速放松但不得离开胸壁，让触电人胸部自动复原。

（3）每分钟按压 80 次为宜；儿童只用一只手，用力小些，每分钟为 90～100 次。

（4）胸外心脏按压与口对口人工呼吸同时进行时节奏为单人抢救每按压 15 次后吹气 2 次，双人抢救每按压 5 次后由另一人吹气 1 次，连续进行；抢救过程中要每隔数分钟，迅速用手触及颈动脉查看是否搏动。

7. 遇有电气设备着火时，如何处理？

答：（1）应立即将有关设备的电源切断，然后进行灭火。

（2）对可能带电的电气设备以及发电机、电动机等，应使用干式灭火器、二氧化碳或 1211 灭火器灭火。

（3）对已断开电源的油开关、变压器在使用干式灭火器和

1211 灭火器不能扑灭时，可用泡沫灭火器灭火，不得已时可用干砂灭火。

（4）地面上绝缘油着火，应用干砂灭火。

8. 电缆着火应如何处理?

答:（1）立即切断电缆电源，及时通知消防人员。

（2）有自动灭火装置的地方，自动灭火装置应动作，否则手动启动灭火装置。无自动灭火装置时可使用卤代烷灭火器、二氧化碳灭火器或沙子、石棉被进行灭火，禁止使用泡沫灭火器或水进行灭火。

（3）在电缆沟、隧道或夹层内的灭火人员必须正确佩戴压缩空气防毒面罩、胶皮手套，穿绝缘鞋。

（4）设法隔离火源，防止火蔓延至正常运行的设备，扩大事故。

（5）灭火人员禁止用手摸不接地的金属部件，禁止触动电缆托架和移动电缆。

9. 防止电气误操作（五防）的具体内容是什么?

答:（1）防止带负荷拉、合隔离开关。

（2）防止误分、合断路器。

（3）防止带电装设接地线或合接地开关。

（4）防止带接地线或接地开关合隔离开关或断路器。

（5）防止误入带电间隔。

第二章　发　电　机

第一节　发电机正常巡检

10. 简述发电机正常运行时巡检项目有哪些。

答：（1）正常运行时定子绕组进水温度应高于冷氢温度至少2～5℃，任何情况下定子冷却水及氢冷器冷却水在发电机内的压力值都应低于氢气压力至少0.04MPa。

（2）发电机电刷、滑环、均压弹簧安装牢固，清洁无杂物。

（3）发电机刷架引线、滑环正常，刷架与滑环间隙正常，定期检查测量电刷、滑环温度。

（4）检查刷架处的空气过滤器正常。当此过滤器堵塞时，及时清理。

（5）封闭母线无振动，放电、局部过热现象。

（6）发变组保护投入运行正常，指示灯指示正常，无异常报警。

（7）各TA、TV、中性点变压器无发热、振动及异常现象。

11. 简述发电机启动前应进行哪些检查项目。

答：（1）发电机系统接地开关及接地线全部拆除。

（2）发电机电压互感器投入，二次熔断器容量合格并投入。

（3）发电机中性点接地开关投入。

（4）封闭母线热风保养装置投入运行正常。

（5）发电机各部清洁，温度表、压力表齐全完好。

（6）发电机中性点接地变压器及接地装置柜完好。

（7）轴承绝缘垫清洁完好。

（8）发电机大轴接地铜辫接触良好。

(9) 发电机已充氢，压力、纯度、湿度、温度合格。

(10) 继电保护、自动装置、仪表齐全完好，保护和自动装置的连接片投入正确。

(11) 发电机一次系统检修后或停机备用超过 120h，启机前应测量定子、转子回路及励磁轴瓦的绝缘电阻。

12. 简述发电机启动注意事项有哪些。

答：(1) 发电机一经转动即认为带有电压。

(2) 发电机不允许在未充氢气和定子绕组未通水的情况下投入励磁升压。

(3) 发电机升压后应在 10min 内并网，如无特殊情况超过 10min 不能并网将发电机灭磁。

(4) 发电机并列须经调度批准后方可进行。

(5) 发电机并列后，应尽快增加发电机有功负荷至零以上，以防止逆功率保护动作。

(6) 发电机并列后，应详细检查发电机-变压器组一次、二次系统，特别要注意各设备的冷却装置，冷却介质参数合格和各部位温度变化，无漏油、水、氢等异常现象。

(7) 发电机升压前，发电机的氢气各参数应在规定的范围内，转速在额定转速。

(8) 发电机升压时，监视定子三相电流为零，无异常或事故信号。

(9) 发电机定子电压升起后，检查转子回路的绝缘良好。

(10) 发电机在升压过程中，定子电压到额定值时，监视转子电压、转子电流应与空载值相近。

(11) 在升压过程中，发现定子电流升起或出现定子电压失控立即对发电机进行灭磁。

(12) 发电机启励后，有励磁电流而定子电压无指示，立即灭磁。主变压器高压侧-6 隔离开关必须在转速达 3000r/min 后才可以合闸。

13. 简述发电机-变压器组非电量保护有哪些。

答：（1）主变压器、高压厂用变压器瓦斯保护。

（2）发电机断水保护。

（3）热工保护。

（4）主变压器温度高保护。

（5）主变压器冷却器全停保护等。

14. 简要说明发电机铭牌上主要额定数据有哪些。

答：（1）额定电压：长期安全工作的允许电压。

（2）额定电流：正常连续工作的允许电流。

（3）额定容量：长期安全运行的最大允许输出功率。

（4）额定温升：发电机绕组最高温度与环境温度之差等。

15.《防止电力生产事故的二十五项重点要求》（国能安全〔2014〕161号）中，关于水内冷发电机的绕组温度是如何规定的？

答：发电机定子线棒层间测温元件的温差和出水支路的同层各定子线棒引水管出水温差应加强监视。温差控制值应按制造厂家规定，制造厂家未明确规定的，应按照以下限额执行：定子线棒层间最高与最低温度间的温差达8℃或定子线棒引水管出水温差达8℃应报警，应及时查明原因，此时可降低负荷。定子线棒温差达14℃或定子引水管出水温差达12℃，或任一定子槽内层间测温元件温度超过90℃或出水温度超过85℃时，在确认测温元件无误后，应立即停机处理。

16. 简述冬季发电机正常维护有何要求。

答：（1）保证发电机封闭母线微正压装置正常运行，防止雪水漏入封闭母线内造成接地短路，墙壁接口处要封闭严密，防止雪水或冷风直接进入室内。

（2）所有人员在出入厂房各处时，要随手关门，并养成良好习惯。

（3）设备机构箱、操作箱、端子箱电加热器投入后，加强监视，防止温控器失控和加热器温度过高造成不必要的损害。

17. 简述发电机电刷运行规定。

答：（1）正常巡检时应检查发电机电刷无跳动、卡涩或接触不良等异常现象。

（2）正常运行中，发电机转子电刷、主励磁机电刷、大轴接地电刷、集电环应每隔3h检查一次，并将测量最高的电刷或集电环温度记录进入发电机绕组温度表中。当出现有电刷冒火及机组高负荷运行时，应适当增加巡视次数，巡视时间间隔缩短为1h一次。

（3）检查时应从全方位进行观察。检查各滑环电刷无振动、卡涩、松动、脱落、磨短、打火、油污、过热现象，刷辫完整，与电刷连接良好且无发热及触碰机构件情况，并用红外线测温仪检查各电刷及刷辫连接线等处温度正常（不超65℃）。

（4）有电刷冷却风机的机组应检查电刷冷却风机运行良好，入口滤网清洁、无杂物。

（5）进行检查时，要注意保持带电距离，工作人员应穿绝缘鞋，站在绝缘垫上，工作服袖口应扣好，女工还应将长发或辫子卷在帽子内，注意防止转动机械及异物飞出伤人，禁止同时用两手接触发电机励磁回路和接地部分或两个不同极的带电部分接触。

18. 简述发电机一次系统绝缘电阻相关规定有哪些。

答：（1）发电机定子回路的绝缘测量使用2500V的绝缘电阻表或水内冷绝缘测试仪，绝缘电阻值不做规定，若测量值较前次有显著的降低（考虑温度及湿度的变化，如降低到前次的1/5～1/3），应查明原因并将其消除。发电机未通定子冷却水，定子线棒内部通风干燥后，发电机定子绕组绝缘不小于3MΩ。测量时，发电机中性点接地开关须断开，发电机出口电压互感器停电。

（2）发电机转子回路测量绝缘电阻使用500V的绝缘电阻表，发电机转子回路绝缘电阻值在室温下不小于1MΩ。

（3）发电机励磁轴瓦测量绝缘电阻使用1000V的绝缘电阻表，发电机励磁轴瓦绝缘电阻值不小于1MΩ。

19. 简述发电机运行特性曲线（*P-Q* 曲线）四个限制条件是什么。

答：根据发电机运行特性曲线（*P-Q* 曲线），在稳态条件下，发电机的稳态运行范围受下列 4 个条件限制：

（1）原动机输出功率的极限限制，即原动机的额定功率一般要稍大于或等于发电机的额定功率。

（2）发电机的额定视在功率限制，即由定子发热决定允许范围。

（3）发电机的磁场和励磁机的最大励磁电流的限制，通常由转子发热决定。

（4）进相运行时的稳定度，即发电机的有功功率输出受到静态稳定条件的限制。

20. 简述水内冷发电机的冷却水质量应符合哪些要求。

答：（1）水质透明纯净，无机械混合物。

（2）20℃时水的电导率为 0.5～1.5S/cm。

（3）pH 值为 7.0～8.0。

（4）正常情况下当量硬度小于 10μg/L。

为保证进入发电机内的水质合格，水系统安装或大修结束后应进行冲洗、连续排污，直至水路系统的污物和杂物除尽为止。水质合格后，方允许发电机内部通水。

第二节　发电机的试验与操作

21. 简述发电机启动前运行人员应进行哪些工作。

答：（1）测量机组各部分绝缘电阻应合格。

（2）投入直流后，各信号应正确。

（3）自动励磁装置电压整定电位器和感应调压器及调速发电机增减方向正确、动作灵活。

（4）做主开关、励磁系统各开关及厂用工作电源开关联锁跳合闸试验应良好。

（5）做发电机断水保护动作跳闸试验、主汽门关闭跳闸试验、紧急停机跳闸试验。

22. 简述发电机空载试验的目的。

答： 空载试验属于发电机的特性和参数试验，空载特性是指发电机以额定转速空载运行时，其定子电压与励磁电流之间的关系。利用特性曲线可以断定转子绕组有无匝间短路，也可判断定子铁芯有无局部短路，如有短路，该处的涡流去磁作用也将使励磁电流因升至额定电压而增大。计算发电机部分参数需要空载试验参数。

23. 简述发电机短路试验的目的。

答： 短路特性是指在额定转速下，定子绕组三相短路时，这个短路电流与励磁电流之间的关系。利用短路特性，可以判断转子绕组有无匝间短路。计算发电机部分参数需要短路试验参数。

24. 简述发电机假同期试验的条件。

答： 试验前检查500kV两个断路器两侧隔离开关、500kV隔离开关在分闸位。在同期回路或TV回路上工作后，必须进行同期试验和定相试验，以检查自动准同期系统的可靠性及调整的准确性。在试验期间，为防止由于并网加初负荷汽轮机超速，热工人员应做措施取消DEH（汽轮机数字电液控制系统）接收到假并列试验信号加初负荷，发电机电网侧的隔离开关断开，发出假并网试验信号。与正常情况一样，自动同期系统通过DEH、发电机励磁系统改变发电机频率和电压。当满足同期条件时，断路器闭合。

25. 简述机炉电大连锁试验的注意事项。

答：（1）试验前检查各保护屏运行正常，各保护屏开关失灵连接片退出。

（2）试验前要求热控、继保、电气人员到位。

（3）试验过程中要听从指挥，按方案执行，不得随意操作。

（4）操作过程中保持联系畅通，集控、网控在操作之前要互相通报。

（5）操作过程中加强监护。

（6）试验完毕后退出相关操作的保护连接片。

26. 简述发电机误上电保护连接片何时投切。

答：该保护正常运行时停用，机组停运后投入。设置这样保护的原因是为了防止在发电机盘车过程中，由于出口断路器突然合闸，突然加电压而使发电机异步启动，对机组造成损伤，因此需要有相应的保护，迅速切除电源。一般设置专用的意外加电压保护，可用低频元件和过电流元件共同存在为判据，瞬时动作，延时0.2～0.5s返回，以保证完成跳闸过程。当然，在机组异步启动时，其他的保护，如逆功率、失磁、阻抗等保护也可能会动作，但由于时限较长，可能起不到及时的作用，故考虑设置专门的保护，以实现这样的功能。

27. 简述发电机-变压器组保护连接片投入前的注意事项。

答：电气投保护出口连接片投入前，必须核对连接片名称正确，同时用万用表直流电压挡测量连接片两端对地电压（严禁用万用表直接测量连接片两端电压），若连接片一端为正电，另一端为负电，则严禁投入该连接片，必须查明原因后方可投入。

第三节　发电机运行中常见故障及处理

28. 简述发电机失步的现象以及处理方法。

答：现象：

（1）定子电流表往复摆动，通常电流超过额定值。

（2）定子电压表剧烈摆动，通常电压指示降低。

（3）有、无功功率表剧烈摆动。

（4）转子电流表在正常值附近摆动。

（5）发电机发出有节奏的响声，且与表计摆动合拍。

（6）如发电机和系统同步振荡，发电机表计与系统表计摆动一致，如发电机与系统发生非同步振荡，发电机表计和系统表计摆动相反。

处理方法：

（1）降低发电机有功。

（2）手动励磁时，增加发电机励磁电流。当采用自动励磁时，严禁干扰励磁调节器动作。

（3）检查发电机励磁系统，若因发电机失磁或误并列引起振荡，立即将发电机解列。

（4）若因系统故障引起发电机振荡，应尽可能增加励磁电流，同时降低发电机有功负荷。若采取措施后仍不能恢复同期时，请示调度解列发电机。

29. 简述发电机电压达不到额定值有什么原因。

答：（1）磁极绕组有短路或断路。

（2）磁极绕组接线错误，以致极性不符。

（3）磁极绕组的励磁电流过低。

（4）换向磁极的极性错误。

（5）励磁机整流子铜片与绕组的连接处焊锡熔化。

（6）电刷位置不正或压力不足。

（7）原动机转速不够或容量过小，外电路过载。

30. 简述发电机定子升不起电压如何处理。

答：（1）检查发电机定子电压、励磁电压及励磁电流表是否正常。

（2）检查发电机灭磁开关是否合闸良好，发电机是否启励，检查励磁电压是否有指示，启励电源、装置运行是否正常。检查励磁调节器输出是否正常，如不正常，可切换调节器的通道或至手动升压，检查是否正常。

(3) 若励磁电压有指示，而励磁电流无指示是转子或励磁回路开路所致。应检查励磁变压器、发电机电刷是否正常，励磁开关、整流柜开关、隔离开关等是否接触良好，回路接线是否良好。

(4) 检查发电机电压互感器是否正常，一次插头是否接触良好，一次熔断器、TV 二次熔断器接触是否良好。

(5) 检查转子回路是否开路、短路。

(6) 检查励磁调节器指示及动作是否正确，有无限制信号，灭磁装置运行状态是否正常。

(7) 若励磁回路正常，转子电压 、电流表指示正常，定子电压升不起来或较低或三相电压不平衡，应检查发电机 1YH 和 3YH 一次、二次回路及熔断器是否良好。

(8) 检查发电机电刷接触是否良好。

(9) 检查功率柜工作是否正常。

31. 简述发电机出口 TV 断线的处理原则。

答：(1) 确认发电机出口 TV 断线报警后，立即检查机组运行参数是否正常，检查发电机-变压器组保护报警情况。

(2) 检查励磁调节系统通道切换同时有通道切换报警，检查励磁系统是否正常。如果自动切换失败，励磁系统将切至手动，此时调整增加机组负荷前先增加无功，降负荷后要及时调整无功。

(3) 检查 TV 二次开关是否断开，如果开关断开，在检查无异常的情况下可以试送电。

(4) 如果发电机-变压器组屏有报警，为防止保护误动退出发电机-变压器组保护屏上的发电机失磁、逆功率、程跳逆功率等相应保护压板。

(5) 将 TV 停电，检查 TV 一次熔断器是否熔断，如果一次熔断器熔断，应查明原因进行更换，同时应对电压互感器本体进行检查，检查 TV 接头是否有松动现象，测量 TV 绝缘，检查完毕后将 TV 送电。检查完毕后将 TV 送电，并记录停运时间。

(6) 检查 TV 运行无异常后，投入所退出的保护。

32. 简述发电机定子铁芯温度突然升高应如何处理。

答: 运行中若定子铁芯个别点温度突然升高，应分析该点温度上升的趋势及与有功、无功负荷变化的关系，并检查该测点正常与否。若随着铁芯温度、进出风和出口风温度显著上升，又出现“定子接地”信号时，应立即减负荷解列停机，以免烧毁铁芯。

33. 简述交流发电机并列时必须具备的条件是什么。

答:（1）主机与副机（待并机）电压的有效值相等。

（2）主机与副机电压相位相同。

（3）主机与副机的频率相等。

（4）主机与副机的电压相序一致。

34. 简述发电机发生非同期并列有什么危害。

答: 发电机的非同期并列，将会产生很大的冲击电流，它对发电机及与其三相串联的主变压器、断路器等电气设备破坏极大，严重时将烧毁发电机绕组，使端部变形。如果一台大型发电机发生此类事故，则该机与系统间将产生功率振荡，影响系统的稳定运行。

35. 简述防止发电机非同期并列的措施。

答:（1）并列人员应熟悉主系统和二次系统。

（2）严格执行规章制度，并列操作应由有关部门批准的有并列权的值班人员进行，并由班长、值长监护，严格执行操作票制度。

（3）采取防止非同期并列的技术措施，如使用同期插锁、同期角度闭锁、自动准同期并列装置等。

（4）新安装或大修后发电机投入运行前，一定要检查发电机系统相序和进行核相。有关的电压互感器二次回路检修后也应核相。

36. 简述发电机振荡如何处理。

答：（1）立即增加发电机励磁电流，以提高发电机电动势，增加功率极限。另外，由于励磁电流增加，使定子、转子磁极间的拉力增加，削弱了转子的惯性，发电机到达平衡点时容易拉入同步。这时如果发电机励磁系统处在强励状态，1min 内不应干预。

（2）如果是由于单机高功率因数引起的，则应降低有功功率，同时增加励磁电流。这样既可以降低转子惯量，也由于提高了功率极限而增加了稳定能力。

（3）当振荡是由于系统故障引起时，除应立即增加各台发电机的励磁外，还应根据本厂在系统中的地位进行处理。例如，处于送端时，如为高频率系统，应降低机组的有功负荷；反之，在受端且为低频率系统时，则应增加有功负荷。

（4）如果单机失步引起振荡经采取上述措施一定时间仍未进入同步状态，可根据现场规程规定将机组与系统解列或按调度要求将同期的两部分系统解列。

（5）单机失磁引起时只能将该发电机与系统解列。

37. 简述发电机发生失磁故障应如何处理。

答：（1）当发电机失去励磁时，如失磁保护动作跳闸，则应完成机组解列工作，查明失磁原因，经处理正常后机组重新并入电网，同时汇报调度。

（2）若失磁保护未动作，且危及系统及本厂厂用电的运行安全时，则应立即用发电机紧急解列断路器（或逆功率保护）及时将失磁的发电机解列，并应注意厂用电应自投成功，若自投不成功，则按有关厂用电事故处理原则进行处理。

（3）若失磁保护未动作，短时未危及系统及本厂厂用电的运行安全，应迅速降低失磁机组的有功出力，切换厂用电；尽量增加其他未失磁机组的励磁电流，提高系统电压，增加系统的稳定性。如失磁原因查明并且故障排除，则将机组重新恢复正常工况运行；如机组运行中故障不能排除，应申请停机处理。

（4）在上述处理的同时，应同时监视发电机电流、风温等参数的变化。

（5）发电机解列后，应查明原因，消除故障后才可以将发电机重新并列。

38. 简述发电机定子绕组单相接地对发电机有何危险。

答：发电机的中性点是绝缘的，如果一相接地，表面看构不成回路，但是由于带电体与处于地电位的铁芯间有电容存在，发生一相接地，接地点就会有电容电流流过。单相接地电流的大小，与接地绕组的份额成正比。当机端发生金属性接地时，接地电流最大，而接地点越靠近中性点，接地电流越小，故障点有电流流过，就可能产生电弧，当接地电流大于5A时，就会有烧坏铁芯的危险。此外，单相接地故障还会进一步发展为匝间短路或相间短路，从而出现巨大的短路电流，造成发电机损坏。

39. 简述发电机定子冷却水中断的现象以及处理方法。

答：现象：

（1）发电机定子进水压力、流量降低。

（2）发电机定子绕组温度升高。

（3）软、硬光字定子冷却水系统故障报警。

处理方法：

（1）在机组运行中，若发电机断水信号发出，运行人员应立即记录好时间，做好发电机断水保护拒动的事故预想。与此同时，应查明原因，并尽快恢复供水。若在保护动作时间内冷却水恢复，则应对冷却系统及各参数进行全面检查，尤其是转子绕组的供水情况。如发现水流仍然不通，则应立即增加进水压力恢复供水或立即申请停机。若断水时间达到保护动作时间而断水保护拒动时，应立即手动拉开发电机断路器和灭磁开关。

（2）如果发电机断水保护不动作，应立即手动解列停机。

40. 简述发电机冷却水进水温度高的现象以及处理方法。

答：现象：

（1）发电机冷却水进水温度高于48℃，发出报警信号。

（2）出水温度大于78℃时，发电机跳闸。

处理方法：

（1）若出水温度及定子绕组温度未超出定值时，可不降低发电机出力，查明原因并做必要处理。

（2）当冷却水进水温度超过50℃或出水温度超过71℃，应降低发电机出力。

（3）当出水温度大于78℃时，发电机跳闸。

41. 论述发电机不对称运行应如何处理。

答：（1）机组已由继电保护动作跳闸。应在复置后按停机处理，待查明原因并消除故障后重新将机组并网。

（2）发电机运行中负序信号报警或虽未报警但出现定子电流不平衡。负序电流大小由其产生的原因决定，一般情况下，发生不对称运行后只要不超过允许值，在稳态情况下发电机仍可继续运行。但当定子电流不平衡值已超过允许规定时，如确非由于表计故障或表计回路引起，则应尽快降低定子电流，使不平衡值降至允许范围内，具体方法可以降低无功，也可以降低有功。在调节过程中应注意机组的功率因数不得超过允许值。

（3）并列操作后定子电流不平衡。这种情况产生的原因，一般为主变压器高压侧断路器一相（或二相）未合上。并列初期，有功、无功负荷尚未增加时不易被发现，随着定子电流的增加，其不平衡情况越来越明显。此时应立即检查断路器的合闸位置指示，确实为一相断路器未合上时，可重新发出一次合闸脉冲，如无效，则应立即降低发电机的有功、无功负荷至零后将机组解列。待查明故障原因并消除后方可将机组重新并列。如为二相断路器未合上，应尽快将合上的一相断路器拉开。

（4）执行发电机解列操作，拉开主变压器高压侧断路器后，在降低发电机电压时发现定子电流表出现指示且不平衡。经过对高压侧断路器的位置指示情况分析为二相断路器未断开引起时，可首先调节发电机励磁电流，使定子电压升至正常值，然后合上断开的一相断路器，使定子电流恢复平衡。此时高压侧断路器已不能进行正常解列操作，应在调整高压侧母线的运行方式后以其他断路器如母线联络断路器将机组解列。如果分析结果为一相断路器未断开引起时，由于机组仅通过一相与系统联络，因此机组可能已处于失步状态，必须迅速进行处理，这种状态，绝对禁止采用再发出一次合闸脉冲合其余二相断路器的办法。为尽量减少所造成的影响，比较好的处理办法是立即将该机组所在高压线上除故障断路器外的所有断路器拉开。

42. 简述为什么大型发电机要装设100%的接地保护。

答：因为大型发电机特别是水内冷发电机，由于机械损伤或发生漏水等原因，导致中性点附近的定子绕组发生接地故障是完全可能的。如果这种故障不能及时发现并处理，将造成匝间短路、相间短路或两点接地短路，甚至造成发电机严重损坏。因此，对这种发电机和大容量的发电机必须装设定子100%接地保护。

43. 简述发电机转子绕组发生两点接地有哪些危害。

答：（1）当发电机转子绕组发生两点接地后，使相当一部分绕组短路。由于电阻减小，所以另一部分绕组电流增大，破坏了发电机气隙磁场的对称性，引起发电机剧烈振动，同时无功出力降低。

（2）转子电流通过转子本体，如果电流较大，可能烧坏转子和磁化汽轮机部件，以及引起局部发热，使转子缓慢变形而偏心，进一步加剧振动。

44. 简述发电机甩负荷的现象及处理方法。

答：现象：

（1）引起端电压升高。发电机端电压升高有两方面原因：

1）转子转速升高使端电压升高，原因是发电机的电动势与转速成正比。

2）发电机甩负荷时定子的磁通和漏磁通消失，此时端电压等于全部的励磁电流产生的磁场所感应的电动势，则电压升高的幅度较大，因此在甩负荷时应紧急减励磁。

（2）若调速器失灵或汽门卡，有“飞车”现象即转子转速升高产生巨大的离心力使机组机件有损坏的危险。

处理方法：

（1）保证发电机装设过电压保护，并保证可靠动作。

（2）如机组未跳闸，立即调整发电机电压至正常，以维持厂用电运行，如厂用电不能维持，倒为启动备用变压器带厂用电。

（3）如励磁开关跳开时，检查厂用电应自投成功，如备用电源未自投成功，且无备用“分支过流”，应立即试送厂用电备用电源。

（4）汽轮机调节系统正常，转速在超速保护动作值以下，自动维持汽轮机转速为3000r/min。

（5）检查汽轮机抽汽止回门及抽汽电动门门高排止回门自动关闭，否则立即手动关闭。

45. 简述发电机非全相运行的现象。

答：（1）发电机发出“负序”“断路器非全相”“断路器位置不对应”信号，断路器信号绿灯亮。有功负荷下降。若二相跳闸，发电机可能失步，表计摆动，机组产生振动和噪声。

（2）一相跳闸：发电机一相电流表指示最大另两相电流相等。

（3）二相跳闸：发电机一相电流表指示为零，另两相电流表指示相等。发电机有功、无功指示为负。

46. 简述发电机定子线棒漏水的现象以及处理方法。

答：现象：

（1）定子线棒内冷水压升高。

（2）氢气漏气量增大，补氢量增大，氢压降低。

（3）内冷水箱氢含量升高。

（4）发电机油水继电器可能报警。

处理方法：

（1）从发电机油水继电器放出液体化验，判断是否内冷水泄漏。

（2）检查内冷水箱压力升高是否由发电机定子线棒或引水管漏水引起。

（3）若确认发电机定子线棒或导水管漏水属实，则应立即解列停机。

（4）注意监视发电机各部温度、振动，化验氢气露点、纯度，及时补排氢。

47. 简述发电机匝间短路的现象。

答：发电机定子绕组轻微的匝间短路，并不会影响机组的正常运行，所以经常被忽略，但如果故障继续发展，将会使定子电流显著增加，绕组温度升高，电压波形畸变，机组振动并出现其他机械故障。导致大轴严重磁化。另外短路点处的局部过热可能使故障进一步扩大为定子绕组接地故障。

48. 简述发电机内大量进油有哪些危害、怎样处理。

答：发电机内所进的油均来自密封瓦，20号透平油含有油烟、水分和空气，大量进油后的危害是：

（1）侵蚀发电机的绝缘，加快绝缘老化。

（2）使发电机内氢气纯度降低，增大排污补氢量。

（3）如果油中含水量大，将使发电机内部氢气湿度增大，使绝缘受潮，降低气体电击穿强度，严重时可能造成发电机内部相间短路。

处理方法：

（1）控制发电机氢、油压差在规定范围，压差不要过大，以防止进油。

（2）运行人员加强监视，发现有污渍及时排净，不使油大量积存。

（3）保持油质合格。

（4）经常投入氢气干燥器，使氢气湿度降低。

（5）如密封瓦有缺陷，应尽早安排停机处理。

49. 简述发电机电流互感器二次回路断线的现象以及处理方法。

答：现象：

（1）测量用电流互感器二次回路断线时，发电机有关电流表指示（显示）到零，有功表、无功表指示（显示）下降，电度表转慢。

（2）保护用电流互感器二次回路断线时，有关保护可能误动作。

（3）励磁系统电流互感器二次回路断线时，自动励磁调节器输出可能不正常。

（4）电流互感器二次开路，其本身会有较大的响声，开路点会产生高电压，会出现过热、冒烟等现象，开路点会有烧伤及放电现象，电流互感器断线信号发出。

处理方法：

（1）根据表计指示（显示）判断是哪组电流互感器故障，视情况降低机组负荷运行。

（2）测量用电流互感器二次回路断线，部分表计指示异常，此时应加强对其他表计的监视，不得盲目对发电机进行调节，并立即联系检修处理。

（3）如保护用电流互感器二次回路断线，应将有关保护停用。

（4）如励磁调节电流互感器二次回路断线，自动励磁调节器输出不正常，应切换手动方式运行。对故障电流互感器二次回路进行全面检查，如互感器本身故障，应申请停机处理；如系有关端子接触不良应采用短接法，戴好绝缘用具进行排除；故障无法消除时，申请停机处理。

50. 简述发电机着火的现象以及处理方法。

答：现象：

（1）氢气泄漏点发出轻微爆炸声，并有明火。

（2）发电机内部着火，有异常声音。

(3) 发电机各部温度升高。

(4) 发电机氢压波动较大。

处理方法:

(1) 紧急停机。

(2) 停止向发电机补氢，用二氧化碳灭火，定子冷却水泵继续运行，直至火焰熄灭为止。

(3) 若发电机内部着火、爆炸，立即解列发电机，并排氢向发电机内充入二氧化碳灭火，并保持转子转速在 300～500r/min。

(4) 通知消防部门。

(5) 不得使用泡沫式灭火器或砂子灭火，当地面上有油类着火时，可用砂子灭火，但应注意不使砂子落到发电机内或其轴承上，应用二氧化碳灭火器进行灭火。

(6) 对发电机进行隔离。

51. 简述发电机逆功率的现象及处理方法。

答: 现象:

(1) 警铃响，主汽门关闭或发电机逆功率光字信号发出。

(2) 发电机有功表指示(显示)为负值或为零，无功表指示(显示)升高，有功电度表反转，定子电流表指示下降，定子电压或转子电流、电压指示(显示)正常，系统频率可能降低，自动励磁调节器运行时，励磁电流有所下降，逆功率保护投入时，发电机跳闸，6kV 工作电源跳闸，备用电源联动。

处理方法:

根据现象判明发电机变为电动机运行，若无紧急停机信号，不应将发电机解列。待主汽门打开后，应尽快挂闸带有功负荷；若出现紧急停机信号，应立即汇报值长倒换厂用电源解列停机；若主汽门关闭 3min 之内未能恢复，应汇报值长解列停机。

第三章　电　动　机

第一节　电动机正常巡检

52. 简述电动机启动前检查内容。

答：（1）电动机本体及附近清洁且无人工作。

（2）电动机所带机械完好，并在准备启动状态。

（3）轴承油位正常，油质合格，轴承如为强力润滑及用水冷却，则先将油系统及水系统投入运行。

（4）大型密闭式电动机空气冷却器的冷却水启动前投入，停止后关闭。

（5）若因机械引起的反转，设法停止。

53. 简述电动机启动前的准备内容。

答：（1）有关工作票全部收回，具备送电条件，且临时安全措施全部拆除。

（2）检查电动机外壳、风扇、接地线完整，电缆头和电缆接地线完整。

（3）检查定子、转子、启动装置、引出线、开关、隔离开关等设备各部正常无杂物。

（4）电动机保护回路良好并投入中，动力熔断器按 2.5～3 倍电动机额定电流选择，且三相一致。

（5）检查一次回路开关、熔断器、隔离开关及接触器良好，开关机构动作灵活，无卡涩现象。

（6）二次回路连接牢固，接触良好。

54. 简述启动电动机时应注意什么。

答：（1）如果接通电源开关，电动机转子不动，应立即拉闸，查明原因并消除故障后，才允许重新启动。

（2）接通电源开关后，电动机发出异常响声，应立即拉闸，检查电动机的传动装置及熔断器等。

（3）接通电源开关后，应监视电动机的启动时间和电流表的变化。如启动时间过长或电流表迟迟不返回，应立即拉闸，进行检查。

（4）启动时发现电动机冒火或启动后振动过大，应立即停电进行检查。

（5）在正常情况下，厂用电动机允许在冷状态下启动两次，每次间隔时间不得少于5min；在热状态下启动一次。只有在处理事故时，以及启动时间不超过2～3s的电动机，可以多启动一次。

（6）如果启动后发现运转方向反了，应立即拉闸，停电，调换三相电源任意两相接线后再重新启动。

55. 简要说明电动机的铭牌上有哪些主要数据。

答：主要有额定功率、额定电压、额定电流、额定转数、相数、型号、绝缘等级、工作方式、允许温升、功率因数、重量、出厂日期等。

56. 简述电动机运行规定。

答：（1）电动机可在额定冷却空气温度下按铭牌出力长期运行。

（2）电动机的转动部分遮拦或护罩完好。

（3）电动机及启动装置的外壳接地良好。

（4）电动机旁的事故按钮回路中可装设闭锁装置，当闭锁不解除时，电动机不能合闸。

（5）电动机一般可以在额定电压的－5%～＋10%范围内运行，其额定出力不变。

（6）电动机在额定出力运行时，相间电压的不平衡率不得超过5%，三相电流最大与最小相电流之差不得超过额定值的10%，且任一相电流不得超过额定值。

(7) 电动机运行时的轴向窜动值，滑动轴承不超过 2～4mm，滚动轴承不超过 0.05mm。

(8) 发现电电机有明显威胁人身及设备安全时，立即停止运行。

57. 简述正常运行的交流电动机的检查内容。

答：(1) 监视电动机的电流是否超过额定值，有无突然增大或减小的现象。

(2) 检查轴承的润滑及温度是否正常，轴承箱内的油位是否充满到油位计所指示的位置，要防止假油位，对强力润滑的轴承检查其油系统和冷却水系统是否正常。

(3) 检查电动机的声音有无异常，无窜轴现象。

(4) 检查电动机振动正常。

(5) 注意电动机及其周围温度，无异味，保持电动机附近清洁（无粉尘、水汽、油污、金属导线、棉纱头等，以免被卷入）。

(6) 大型密闭式有介质冷却的电动机，检查其冷却介质系统运行是否正常，如水冷却，其冷却水水温在 30℃以下，最低不得低于 5℃。

58. 简述正常运行时直流电动机的检查内容。

答：(1) 电刷是否冒火、过热、变色、短路。

(2) 电刷在刷框内是否有晃动或卡涩现象。

(3) 电刷软铜辫是否完整，接触是否紧密，是否有碰外壳危险。

(4) 电刷压力是否均匀、适当。

(5) 发现已磨短或已露出铜辫，或边缘磨坏的电刷，联系检修更换。

(6) 电刷是否有因滑环和整流子磨损不均、整流子片间云母凸出，电刷固定太松，机组振动等原因而产生的不正常振动现象，如发现上述不正常现象，设法消除。

59. 简述为什么要加强对电动机温升变化的监视。

答：电动机在运行中，要加强对温升变化的监视。主要是通过对电动机各部位温升的监视，判断电动机是否发热，及时准确地了解电动机内部的发热情况，有助于判断电动机内部是否发生异常等。

第二节 电动机的试验与操作

60. 简述电动机测量绝缘电阻的规定。

答：（1）6kV 电动机使用 2500V 绝缘电阻表测绝缘电阻，在常温下（10～30℃）其值不低于 6MΩ。

（2）380V 电动机使用 500V 绝缘电阻表测量绝缘电阻，其值不小于 0.5MΩ。

（3）容量为 500kW 及以上的高压电动机，测量设备对地绝缘 60s 与 15s 两个时刻绝缘电阻的比值，即吸收比 $R_{60''}/R_{15''} \geqslant 1.3$，所测电阻值与前次同样温度下比较不低于前次值 70%，否则查找原因。电动机绝缘不合格，不得送电启动。

（4）电动机停运不超过两周，且未经检修者，若在环境干燥情况下，送电和启动前可不测绝缘，但发现电动机被淋水、进汽受潮或有怀疑时，送电或启动前必须测定绝缘电阻。

（5）大修后的大型电动机轴承垫绝缘用 1000V 绝缘电阻表测量，其值不低于 0.5MΩ。

（6）备用电动机每两周测定一次绝缘，对周围环境湿度大的电动机，缩短测定周期，并加强定期试转（时间不小于 2h）。

61. 简述电动机测量绝缘电阻的操作注意事项。

答：（1）测量绝缘电阻前应核对设备的名称、编号正确。

（2）检查电动机的电源已全部停电，确认无突然来电可能，并用合格的验电器验明确无电压。

（3）对被测试的电动机及电缆进行放电。

(4) 选择合适的绝缘电阻表并检查绝缘电阻表良好，检查回路无人工作。

(5) 选好接地点，并检查证实接地点接地良好。

(6) 断开影响测量准确性的回路。

(7) 测量绝缘电阻的时间不得少于 1min。

(8) 测量完毕将被测量的设备放电，恢复好断开影响测量准确性的回路。

(9) 变频器严禁测量绝缘电阻。带有变频器的电动机，测量前通知维护人员解除变频器，测量结束后恢复。

(10) 变频调速器测电动机绝缘电阻时，应将操作箱内的电动机电源隔离开关拉开，在隔离开关下口测电动机绝缘；测电源电缆绝缘时应拉开变频器操作箱内的空气开关后，再测电缆绝缘，严禁对变频器外加电压。

62. 简述为什么测量电缆绝缘电阻前，应先对电缆进行放电。

答： 因为电缆线路相当于一个电容器，电缆运行时会被充电，电缆停电后，电缆芯上积聚的电荷短时间内不能完全释放。此时，若用手触及，则会使人触电，若用绝缘电阻表，会使绝缘电阻表损坏。所以测量绝缘电阻前，应先对电缆进行放电。

63. 简述电动机的启动间隔有何规定。

答： 在正常情况下，鼠笼式转子的电动机允许在冷态下启动 2～3 次，每次间隔时间不得小于 5min，允许在热态下启动 1 次。只有在事故处理时，以及启动时间不超过 2～3s 的电动机可以视具体情况多启动一次。

64. 简述电动机检修后试运转应具备什么条件方可进行。

答：(1) 电动机检修完毕回装就位，冷态验收合格。

(2) 机械找正完毕，对轮螺栓紧固齐全，电动机的电源装置检修完毕回装就位，一经送电即可投入试运转。

(3) 工作人员撤离现场，收回工作票。

65. 简述三相异步电动机有哪几种启动方法。

答：（1）直接启动：电动机接入电源后在额定电压下直接启动。

（2）降压启动：将电动机通过一专用设备使加到电动机上的电源电压降低，以减少启动电流，待电动机接近额定转速时，电动机通过控制设备换接到额定电压下运行。

（3）在转子回路中串入附加电阻启动：这种方法用于绕线式电动机，可减小启动电流。

66. 简述如何改变三相异步电动机的转子转向。

答：将异步电动机的三相电源线任意两相对调，就改变了绕组中三相电流的相序，旋转磁场的方向就随之改变，也就改变了转子的旋转方向。

第三节　电动机运行中常见故障及处理

67. 论述电动机运行过程中的常见故障。

答：电动机在运行中由于种种原因，会出现故障，电动机常见故障主要分机械故障与电气故障两方面。

（1）机械方面有扫膛、振动、轴承过热、损坏等故障。异步电动机定、转子之间气隙很小，容易导致定子、转子之间相碰。一般由于端盖轴室内孔磨损或端盖止口与机座止口磨损变形，使机座、端盖、转子三者不同轴引起扫膛。振动应先区分是电动机本身引起的，还是传动装置不良所造成的，或者是机械负载端传递过来的，而后针对具体情况进行排除。属于电动机本身引起的振动，多数是由于转子动平衡不好，以及轴承不良，转轴弯曲，或端盖、机座、转子不同轴，或者电动机安装地基不平，安装不到位，紧固件松动造成的。振动会产生噪声，还会产生额外负荷。

（2）电气方面故障有定子绕组缺相运行，定子绕组首尾反接，三相电流不平衡，绕组短路和接地，绕组过热和转子断条、断路等。缺相运行是常见故障之一。三相电源中只要有一相断路就会造成电动机缺相运行。缺相运行可能由于线路上熔断器熔体熔断，开关触点或导线接头接触不良等原因造成。三相电动机缺一相电源后，如在停止状态，由于合成转矩为零因而堵转（无法启动）。电动机的堵转电流比正常工作的电流大得多。因此，在此情况下接通电源时间过长或多次频繁地接通电源启动将导致电动机烧毁。运行中的电动机缺一相时，如负载转矩很小，仍可维持运转，仅转速略有下降，并发出异常响声；负载重时，运行时间过长，将会使电动机绕组烧毁。三相绕组首尾错接时，接通电源后会出现三相电流严重不平衡、转速下降、温升剧增、振动加剧、声音急变等现象。如保护装置不动作，很容易烧坏电动机绕组。因此，必须辨清电动机出线端首、尾后，方可通电运转。三相电流不平衡的故障，常常由于电动机外部电源电压不平衡所引起；其内部原因主要是绕组匝间短路或在电动机重绕修理时线圈匝数错误或接线错误。绕组接地和短路都会造成电流过大。接地故障可用绝缘电组表检查。短路故障可在降低定子绕组电源电压情况下，通过测量电流来判断，也可以用测量其直流电阻来判断。电动机过热的主要原因是拖动的负荷过重，电压过高或过低也会使电动机过热。严重过热会使电动机内部发出绝缘烧焦气味，如不及时处理或保护装置不动作，很容易烧毁电动机。笼型电动机转子铸铝导体断条或绕线式电动机转子绕组断路时，会造成定子电流不正常，出现时高时低周期性变化，还出现忽大忽小的噪声和振动。负载越重时，这种现象越显著。

68. 简述电动机运行中发生什么情况需立即停止运行。

答：（1）电动机回路发生人身事故或威胁人身安全。

（2）电动机及所属电气装置冒烟、起火。

（3）电动机强烈振动，可能导致设备损坏时。

（4）电动机被水淹。

（5）电动机所属附件机械损坏。

69. 简述运行中电动机保护动作跳闸后如何处理。

答：（1）检查备用电动机联启，否则手动启动。

（2）检查跳闸电动机本体及电源电缆、开关有无故障，启动控制装置有无异常，使用是否正确。

（3）测定电动机绝缘电阻。

（4）检查机械有无故障。

（5）检查保护定值及回路。

（6）装有低电压保护的电动机，在厂用电消失跳闸或电压降低跳闸，电源电压未恢复前禁止启动电动机。

（7）重要的电动机失去电压或电压下降时，在 1min 内禁止手动拉开电动机电源开关，1min 后电源未恢复方可拉开。

（8）电动机轴承如系强油润滑，当失去润滑油压时，拉开电动机开关，停止运行。

（9）发现电动机异常运行时，加强监视，尽快查明原因，设法消除。不能消除时，如有备用电动机，启动备用电动机运行，停止异常运行电动机；无备用电动机，降低异常电动机出力。

70. 简述在启动或运行时电动机内出现火花或冒烟的原因。

答：（1）中心不正或轴瓦磨损，使转子和定子相碰。

（2）鼠笼式转子的铜（铝）条断裂或接触不良。

（3）定子、转子间隙里积煤，粉尘太多。

71. 简述运行中的电动机声音突然发生变化，电流上升或降低至零的原因。

答：（1）定子回路中一相断线。

（2）系统电压下降。

（3）绕组匝间短路。

（4）被带动的机械故障。

72. 简述电动机不正常发热，但电流表指示的定子电流未超出正常范围的原因。

答：（1）冷却不良（通风道堵塞，进风门关闭，进风温度过高等）。

（2）电源电压降低至规定值以下或三相不平衡。

（3）机械部分故障。

73. 简述电动机发生剧烈振动的原因。

答：（1）电动机和其所带动的机械之间的中心不正。

（2）机组失去平衡（包括所带动的机械转动部分和电动机转子）。

（3）转动部分与静止部分摩擦。

（4）轴承损坏或轴颈磨损。

（5）联轴器及其连接装置损坏。

（6）所带动的机械损坏。

（7）鼠笼式转子端环有裂纹或与铜（铝）条接触不良。

（8）电动机转子铁芯损坏或松动，轴承弯曲或开裂。

（9）电动机某些零件（如轴承、端盖等）松弛，或电动机底座、基础的连接不坚固。

（10）电动机定、转子空气间隙不均匀，超过规定值。

74. 简述电动机轴承过热的原因。

答：（1）供油不足（强力润滑的电动机油泵有故障、滤油器或冷却器堵塞、轴瓦上的油槽堵塞或被磨平、进油箱油位过低、油环润滑的电动机油环卡住或旋转缓慢、轴承箱内油位过低等）、滚动轴承油脂不足或太多。

（2）油脂不清洁、油太稠、油中有水、油质恶化、油种用错。

（3）传动皮带拉得过紧，轴承盖盖得过紧，轴瓦面不光滑，轴承的间隙太小。

（4）电动机的轴或轴承倾斜（通常发生在安装或检修后）。

（5）中心不正或弹性联轴器的凸齿工作不均匀。

（6）滚动轴承内部磨损。

（7）轴承有电流通过，轴颈腐蚀。

（8）转子不在磁场中心，引起轴向窜动，轴承敲击或轴承受压。

75. 简述电动机着火的处理方法。

答：（1）立即断开电源。

（2）有通风装置的停运。

（3）使用二氧化碳灭火器灭火。

（4）使用干粉灭火器灭火时，不使粉末落入轴承内。

（5）禁止使用砂子和损害绝缘的泡沫、酸碱灭火器灭火。

76. 简述电动机转动很慢或不转，并发出嗡嗡响声的原因。

答：（1）定子回路一相断线（如熔断器熔断，开关、隔离开关一相接触不良）。

（2）转子回路中断线或接触不良（绕线式转子的电动机电刷、电阻器或其引线接触不良）。

（3）鼠笼式电动机转子笼条开焊。

（4）电动机或机械部分犯卡。

（5）电动机定子接线错误。

77. 简述三相异步电动机缺相对异步电动机启动和运行有何危害。

答：三相异步电动机缺相时，电动机将无法启动，且有强烈的“嗡嗡”声，长时间易烧毁电动机；若在运行中的电动机缺一相电源，虽然电动机能继续转动，但转速下降，如果负载不降低，电动机定子电流将增大，引起过热，甚至烧毁电动机。

78. 简述电动机接通电源后电动机不转并发出“嗡嗡”声，而且熔丝爆断或开关跳闸是什么原因。

答：（1）线路有接地或相间短路。

（2）熔丝容量过小。

（3）定子或转子绕组有断路或短路。

（4）定子绕组一相反接或将星形接线错接为三角形接线。

（5）转子的铝（铜）条脱焊或断裂，滑环电刷接触不良。

（6）轴承严重损坏，轴被卡住。

79. 简述造成电动机单相接地的原因有哪些。

答：（1）绕组受潮。

（2）绕组长期过载或局部高温，使绝缘焦脆、脱落。

（3）铁芯硅钢片松动或有尖刺，割伤绝缘。

（4）绕组引线绝缘损坏或与机壳相碰。

（5）制造时留下隐患，如下线擦伤、槽绝缘移位、掉进金属物等。

80. 简述电动机启动困难或达不到正常转速是什么原因。

答：（1）负荷过大。

（2）启动电压或方法不适当。

（3）电动机六极引线的始端、末端接错。

（4）电源电压过低。

（5）转子铝（铜）条脱焊或断裂。

81. 简述电动机启动电流大有无危险。

答：在正常情况下因启动过程不长，短时间内流过大电流，虽然对电动机有一定影响，但发热一般不会很厉害，电动机是能够承受的。但如果重复超载启动以及连续带负荷多次启动等，将有可能使电动机绕组因过热而烧毁。

82. 简述异步电动机的气隙过大或过小对电动机运行有什么影响。

答：气隙过大使磁阻增大，因此励磁电流增大，功率因数降低，电动机性能变坏。气隙过小，铁芯损耗增加，运行时定子、转子铁芯易发生碰触，引起扫膛。

83. 简述运行中的电动机定子电流发生周期性摆动的原因。

答：（1）鼠笼式转子铜（铝）条损坏。

（2）机械负荷发生不均匀的变化。

（3）轴承损坏。

84. 简述异步电动机在运行中，电流不稳，电流表指针摆动如何处理。

答：如果发现异步电动机电流不稳，电流表指针摆动时，应检查电动机有无异常声响和其他不正常现象，并启动备用设备，通知检修人员到场，共同分析原因进行处理。

85. 简述运行中电动机跳闸处理原则。

答：（1）迅速启动备用电动机。

（2）对于重要的厂用电动辅机跳闸后，在没有备用辅机或不能迅速启动备用辅机的情况下，为了不使机组重要设备遭到损坏，一般情况下允许将已跳闸的电动辅机进行强送，具体强送次数规定如下：

1）6kV 电动辅机：一次；

2）380V 电动辅机：二次。

（3）跳闸的电动辅机，存在下列情况之一者，禁止进行强送：

1）电动机本体或启动调节装置以及电源电缆上有明显的短路或损坏现象。

2）发生需要立即停止辅机运行的人身事故。

3）电动机所带的机械损坏。

4）非湿式电动机浸水。

86. 简述异步电动机试运行中的常见电气故障。

答：（1）电动机不能转动，可能是电源线断开（包括熔丝熔断、接线松脱、电源线中断等）、转子回路断路或短路、启动器故障、负载过重等。

（2）电动机达不到额定转速，可能是接线错误（将△接法错接成Y接法）、电源电压过低、电刷与滑环接触不良、鼠笼转子断条、负载过重等。

（3）电动机绕组发热过度，可能是过载、接线错误（将Y接法错接成△接法）、转子与定子相摩擦等。

（4）电动机不能转动，可能是电源线断开、电枢回路断线、变阻器断线或接线错误、电刷接触不良和负载过重等。

（5）换向器发热，可能是换向器表面不清洁，电刷压得太紧或电刷不适合该电动机。

（6）换向器冒火花，可能是过负荷，换向器表面不圆或太脏，云母绝缘高出换向器表面。

（7）刷架位置不合适，电刷与换向器接触不良或电刷规格不合适等。

第四章 变 压 器

第一节 变压器正常巡检

87. 对变压器检查项目的正常要求有哪些?

答:（1）油枕及充油套管内油位高度应正常、油色透明。

（2）上层油温不超过允许温度。

（3）变压器声音正常。

（4）变压器套管清洁、无裂纹和无放电现象，引线接头接触良好、无过热现象。

（5）冷却装置运行正常。

（6）呼吸器畅通，硅胶受潮不能至饱和状态。

（7）防爆管隔膜完整、无破损。

（8）变压器的主、附设备不漏油，不渗油及外壳接地良好。

（9）气体继电器内充满油，无气体。

88. 对变压器检查的特殊项目有哪些?

答:（1）系统发生短路或变压器因故障跳闸后，检查有无爆裂移位、变形、烧焦、闪络及喷油等现象。

（2）在降雪天气引线接头不应有落雪融化或蒸发、冒汽现象，导电部分无冰柱。

（3）大风天气引线不能强烈摆动。

（4）雷雨天气瓷套管无放电闪络现象，并检查避雷器的放电记录仪的动作情况。

（5）大雾天气绝缘子、套管无放电闪络现象。

（6）气温骤冷或骤热变压器油位及油温应正常，伸缩节无变形或发热现象。

（7）变压器过负荷时，冷却系统应正常。

89. 油浸变压器试运行前的检查项目有哪些？

答：（1）变压器本体、冷却装置及所有附件应无缺陷，且不渗油。

（2）轮子的制动装置应牢固。

（3）油漆应完整，相色标志正确。

（4）变压器顶盖上应无遗留杂物。

（5）事故排油设施应完好，消防设施安全、齐备。

（6）储油柜、冷却装置、净油器等油系统上的油门均应打开，且指示正确。

（7）接地引下线及其与主接地网的连接应满足设计要求，接地应可靠。铁芯和夹件的接地引出套管抽出端子应接地。电流互感器备用二次端子应短接接地。套管顶部结构的接触及密封应良好。

（8）储油柜和充油套管的油位应正常。套管无破损，应清洁。

（9）分接头的位置应符合运行要求；有载调压切换装置的远方操作应动作可靠，指示位置正确。

（10）变压器的相位及绕组的接线组别应符合并列运行要求。

（11）测温装置指示应正确，整定值符合要求。

（12）冷却装置试运行正常，联动正确；水冷装置的油压应大于水压；强迫油循环的变压器应启动全部冷却装置，进行循环4h以上，放完残留空气。

（13）变压器的全部电气试验应合格，保护装置整定值符合规定，操作及联动试验正确。

90. 新安装或大修后的有载调压变压器在投入运行前，运行人员对有载调压装置应检查哪些项目？

答：（1）有载调压装置的储油柜油位应正常，外部各密封处应无渗漏，控制箱防尘良好。

（2）检查有载调压机械传动装置，用手摇操作一个循环，位置指示及动作计数器应正确动作，极限位置的机械闭锁应可靠动作，手动与电动控制的联锁也应正常。

（3）有载调压装置电动控制回路各接线端子应接触良好，保护电动机用的熔断器的额定电流与电动机容量应相配合（一般为电动机额定电流的 2 倍），在控制室电动操作一个循环，行程指示灯、位置指示盘、动作计数器指示应正确无误，极限位置的电气闭锁应可靠，紧急停止按钮应操动灵活。

（4）有载调压装置的瓦斯保护应接入跳闸。

91. 变压器呼吸器巡检有什么注意事项？

答：在日常的巡检中，应注意观察呼吸器内硅胶的颜色变化，特别是在雨季、空气湿度大、硅胶的潮解速度加快、硅胶变色后，应及时更换。呼吸器下的油杯在安装时应松紧适度。旋得过紧，呼吸器无法工作；旋得过松，则起不到过滤空气的作用。另外，还需要检查呼吸器底部油杯油位是否正常。

92. 自耦变压器在运行中应注意什么问题？

答：（1）由于自耦变压器的一、二次绕组间有电的联系，为防止由于高压侧发生单相接地故障而引起低压侧的电压升高，用在电网中的自耦变压器中性点必须可靠地直接接地。

（2）由于一、二次绕组有直接电的联系。高压侧受到过电压时，会引起低压侧的严重过电压，为避免这种危险，需在一、二次侧加装避雷器。

（3）由于自耦变压器的短路阻抗较小，短路时比普通变压器的短路电流大，因此在必要时需采取限制短路电流的措施。

（4）运行中应注意监视公共绕组的电流，使之不过负荷，必要时可调整第三绕组的运行方式，以增加自耦变压器的交换容量。

（5）采用中性点接地的星形连接自耦变压器时，因产生三次谐波磁通而使电动势峰值严重升高，对变压器绝缘不利。为此，现代的高压自耦变压器都制成三绕组的，其中高、中压绕组接成星形，而低压绕组接成三角形。第三绕组与高、中压绕组是分开的、独立的，只有磁的联系，和普通变压器一样。增加了这个低压绕组后，形成了高、中、低三个电压等级的三绕组自耦变压器。目前电力系统中广泛应用的三绕组自耦变压器一般为 YNynd11 接线。

（6）在升压及降压变电站内采用三种电压的自耦变压器时，会出现各种不同的运行方式。在某些情况下，自耦变压器会过负荷，而在另一些情况下，自耦变压器却又不能充分利用。因此，在应用自耦变压器时，必须对其运行方式及相关问题加以分析，并进行相应的控制。

93. 分级绝缘的变压器在运行中要注意什么?

答:（1）只许在中性点直接接地的情况下投入运行。

（2）如果几台变压器并联运行，投入运行后，若需将中性点断开时，必须投入零序过压保护，且投入跳闸位置。

94. 变压器正常运行时，其运行参数的允许变化范围如何?

答:（1）因为变压器在运行中绝缘所受的温度越高，绝缘的老化也越快，所以必须规定绝缘的允许温度。一般认为油浸变压器绕组绝缘最热点温度为 98℃时，变压器具有正常使用寿命，为 20～30 年。

（2）上层油温的规定。上层油温的允许值应遵循制造厂的规定，对自然油循环自冷、风冷的变压器最高不得超过 95℃，为防止变压器油劣化过速，上层油温不宜经常超过 85℃；对强油导向风冷式变压器最高不得超过 80℃；对强迫油循环水冷变压器最高不得超过 75℃。

（3）温升的规定。上层油温与冷却空气的温度差（温升），对自然油循环自冷、风冷的变压器规定为 55℃，而对强油循环风冷变压器规定为 40℃。

（4）绕组温度规定。一般规定绕组最热点温度不得超过 105℃，但如在此温度下长期运行，则变压器使用年限将大为缩短，因此此规定仅限当冷却空气温度达到最大允许值且变压器满载的情况。

（5）电压变化范围。规程规定变压器电源电压变动范围应在其所接分接头额定电压的±5%范围内，其额定容量也保持不变，即当电压升高（降低）5%时，额定电流应降低（升高）5%，变压器电源电压最高不得超过额定电压的10%。

95. 变压器气体继电器的巡视项目有哪些？

答：（1）气体继电器连接管上的阀门应在打开位置。

（2）变压器的呼吸器应在正常工作状态。

（3）瓦斯保护连接片投入正确。

（4）检查储油柜的油位在合适位置，继电器应充满油。

（5）气体继电器防水罩应牢固。

第二节　变压器的试验与操作

96. 变压器的外加电压有何规定？

答：（1）变压器外加一次电压可以比额定电压高，但一般不得超过相应分头电压值的5%。

（2）不论电压分头在任何位置，如果所加一次电压不超过其相应分头额定值的5%，则变压器的二次侧可带额定电流。根据变压器的构造特点，经过试验或经制造厂认可，加在变压器一次侧的电压允许比该分头额定电压增高10%。此时，允许的电流值应遵守制造厂的规定或根据试验确定。

（3）无载调压变压器在额定电压±5%范围内改换分头位置运行时，其额定容量不变，如为－7.5%和－10%分头时，额定容量应相应降低2.5%和5%。

（4）有载调压变压器各分头位置的额定容量，应遵守制造厂规定。

97. 运行电压高或低对变压器有何影响？

答：若加于变压器的电压低于额定值，对变压器寿命不会有任何不良影响，但将使变压器容量不能充分利用。

若加于变压器的电压高于额定值，对变压器是有不良影响的。当外加电压增大时，铁芯的饱和程增加，使电压和磁通的波形发生严重的畸变，且使变压器的空载电流大增。

电压波形的畸变也即出现高次谐波，这要影响电能质量，其危害如下：

（1）引起用户电流波形的畸变，增加电动机和线路上的附加损耗。

（2）可能在系统中造成谐波共振现象，导致过电压，使绝缘损坏。

（3）线路中电流的高次谐波会影响电信线路，干扰电信的正常工作。

（4）某些高次谐波会引起某些继电保护装置不正确动作。

98. 变压器正常过负荷如何确定?

答：在不损坏变压器绕组绝缘和不减少变压器使用寿命的前提下，变压器可以在负荷高峰及冬季过负荷运行。变压器允许的正常过负荷数值及允许的持续时间与昼夜负荷率有关，可以根据变压器的负荷曲线、冷却介质温度以及过负荷前变压器已带负荷的情况按运行规程确定。

99. 变压器中性点的接地方式有几种？中性点套管头上平时是否有电压?

答：现代电力系统中变压器中性点的接地方式分为中性点不接地、中性点经消弧线圈接地、中性点直接接地三种。

（1）在中性点不接地系统中，当发生单相金属性接地时，三相系统的对称性不被破坏，在某些条件下，系统可以照常运行，但是其他两相对地电压升高到线电压水平。

（2）当系统容量较大，线路较长时，接地电弧不能自行熄灭。为了避免电弧过电压的发生，可采用经消弧线圈接地的方式。在单相接地时，消弧线圈中的感性电流能够补偿单相接地的电容电流。既可保持中性点不接地方式的优点，又可避免产生接地电弧的过电压。

(3) 随着电力系统电压等级的增高和系统容量的扩大，设备绝缘费用占的比重越来越大，采用中性点直接接地方式，可以降低绝缘投资。我国110、220、330kV及500kV系统中性点皆直接接地。380V的低压系统，为方便抽取相电压，也直接接地。

关于变压器中性点套管上正常运行时有没有电压问题，这要具体情况具体分析。理论上讲，当电力系统正常运行时，如果三相对称，则无论中性点接地采用何种方式，中性点的电压均等于零。但是，实际上三相输电线对地电容不可能完全相等，如果不换位或换位不当，特别是在导线垂直排列的情况下，对于不接地系统和经消弧线圈接地系统，由于三相不对称，变压器的中性点在正常运行时会有对地电压。在消弧线圈接地系统，还和补偿程度有关。对于直接接地系统，中性点电位固定为地电位，对地电压应为零。

第三节 变压器运行中常见故障及处理

100. 变压器冷却系统发生故障如何处理?

答: (1) 变压器运行时，如果发出“冷却系统故障”光字牌，应立即检查原因，并在允许的时间内尽快恢复。

(2) 出现冷却器的冷却水中断时，应检查原因，迅速恢复供水。

在出现上述两种情况后，应注意变压器的上层油温变化和油位变化。若在规定时间内且上层油温已达到允许值而无法恢复冷却装置运行时，应立即停止变压器运行。

101. 引起呼吸器硅胶变色的主要原因有哪些?

答: 正常干燥时呼吸器硅胶为蓝色。当硅胶颜色变为粉红色时，表明硅胶已受潮而且失效。一般变色硅胶达2/3时，值班人员应通知检修人员更换，硅胶变色过快的原因主要有：

（1）长时期天气阴雨，空气湿度较大，因吸湿量大而过快变色。

（2）呼吸器容量过小。

（3）硅胶玻璃罩罐有裂纹、破损。

（4）呼吸器下部油封罩内无油或油位太低，起不到良好的油封作用，使湿空气未经油封过滤而直接进入硅胶罐内。

（5）呼吸器安装不当，如胶垫龟裂不合格、螺栓松动、安装不密封等。

102. 变压器下放鹅卵石的原因是什么？

答：这个部位通常称为卸油池或卸油坑（或者类似的叫法），通往事故油坑或事故油池。发生事故时，如喷油或爆炸，变压器的油会卸到卸油坑内，然后流往事故油池。池内有的做隔栅，也有的不做隔栅。做隔栅的，鹅卵石就放置在隔栅上面；不做隔栅的，鹅卵石就放置在卸油坑内。另外，鹅卵石在泄油时还起冷却油温的作用，以防油燃烧。

103. 变压器上层油温超过规定时怎么办？

答：变压器油温的升高超过许可限度时，值班人员应判明原因，采取措施使其降低，因此必须进行下列工作：

（1）检查变压器的负荷和冷却介质的温度，并与在同一负荷和冷却介质温度下应有的油温核对。

（2）核对温度表。

（3）检查变器机械冷却装置或变压器室的通风情况。

若温度升高的原因是由于冷却系统的故障，且在运行中无法修理，应立即将变压器停运修理；若不需停下可修理时（如油浸风冷变压器的部分风扇故障；强油循环变压器的部分冷却器故障等），则值班人员应根据现场规程的规定，调整变压器的负荷至相应的容量。

若发现油温较平时同一负荷和冷却温度下高出 10℃以上，或变压器负荷不变，油温不断上升，而检查结果证明冷却装置正常、变压器室通风良好、温度计正常，则认为变压器内部已发生故障（如铁芯严重短路、绕组匝间短路等），而变压器的保护装置因故不起作用。在这种情况下立即将变压器停运修理。

104. 变压器套管脏污有什么害处？

答：运行经验证明，变压器套管脏污最容易引起套管闪络。当供电回路有一定幅值的过电压波侵入或遇有雨雪潮湿天气时，可能导致闪络而使断路器跳闸，降低供电的可靠性。另外，由于脏物吸收水分后，导电性提高，不仅容易引起表面放电，还可能使泄漏电流增加，引起绝缘套管发热，最后导致击穿。

105. 变压器在什么情况下必须立即停止运行？

答：若发现运行中无法消除且有威胁整体安全的可能性的异常现象时，应立即将变压器停运修理。

发生下述情况之一时，应立即将变压器停运修理：

（1）变压器内部音响很大，很不正常，有爆裂声。

（2）在正常负荷和冷却条件下，变压器上层油温异常，并不断上升。

（3）油枕或防爆筒喷油。

（4）严重漏油，致使油面低于油位计的指示限度。

（5）油色变化严重，油内出现碳质。

（6）套管有严重的破损和放电现象。

（7）变压器范围内发生人身事故，必须停电时。

（8）变压器着火。

（9）套管接头和引线发红、熔化或熔断。

106. 变压器的轻瓦斯保护动作时如何处理？

答：轻瓦斯信号出现后，应立即对变压器进行全面外部检查，分析原因，及时处理检查：

（1）油枕中的油位、油色是否正常。

（2）气体继电器内是否有气体。

（3）变压器本体及强油系统有无漏油现象。

（4）变压器负荷电流、温度是否在允许范围内。

（5）变压器声音是否正常。

（6）分析变压器是否经检修换油后投入运行，运行中补油、更换再生器硅胶的情况等；应取出气体继电器中的气体，确定是否是可燃气体，必要时做色谱分析或抽取油样化验分析。

在处理过程中，如轻瓦斯保护动作时间间隔越来越短，应立即倒换备用变压器，将该变压器退出运行。

107. 变压器着火如何进行处理？

答：（1）立即到现场检查，确定变压器着火部位，若为变压器上部或内部着火时，汇报班长，通知网控（或单元值班室）立即将故障着火变压器停电。

（2）拉开着火变压器两侧隔离开关，并断开变压器冷却装置电源。

（3）联系消防队进行报警，并组织人员救火。

（4）若变压器的油溢在变压器顶盖上着火，应打开变压器下部放油门放油，使油面低于着火处。

（5）若变压器因内部故障引起着火时，禁止放油，以防变压器突然爆炸。

（6）若检查为变压器外壳下部着火，在火势不大，且有足够安全距离时，可不停电迅速灭火，将通风装置停运，并做好停运准备。

（7）变压器灭火，应使用二氧化碳、四氯化碳及 1211 喷雾水枪进行。

（8）使用灭火器灭火时，应穿绝缘靴，戴绝缘手套，注意液体不得喷至带电设备上。

108. 变压器瓦斯保护的使用有哪些规定?

答:（1）变压器投入前重瓦斯保护应作用于跳闸，轻瓦斯保护应作用于信号。

（2）运行和备用中的变压器，重瓦斯保护应投入跳闸位置，轻瓦斯保护应投入信号位置，重瓦斯和差动保护不许同时停用。

（3）变压器运行中进行滤油、加油、更换硅胶及处理呼吸器时，应先将重瓦斯保护改投信号，此时变压器的其他保护（如差动保护、电流速断保护等）仍应投入跳闸的位置。工作完毕，变压器空气排尽后，方可将重瓦斯保护重新投入跳闸。

（4）当变压器油位异常升高或油路系统有异常现象时，为查明其原因，需要打开各放气或放油塞子、阀门。检查吸湿器或进行其他工作时，必须先将重瓦斯保护改接信号，然后才能开始工作。工作结束后即可将重瓦斯保护重新投入跳闸。

（5）在地震预报时间，根据变压器的具体情况和气体继电器的类型来确定将重瓦斯保护投入跳闸或信号。地震引起重瓦斯动作停运的变压器，在投运前应对变压器及瓦斯保护进行检查试验，确定无异状后方可投入。

（6）变压器大量漏油致使油位迅速下降，禁止将重瓦斯保护改接信号。

（7）变压器轻瓦斯信号动作，若因油中剩余空气逸出或强油循环系统吸入空气引起，而且信号动作间隔时间逐次缩短将造成跳闸时，如无备用变压器，则应将瓦斯保护改接信号，同时应立即查明原因加以消除。但如有备用变压器时，则应换用备用变压器，而不准使运行中变压器的重瓦斯保护改接信号。

109. 变压器油面计指示油位异常升高时怎么办?

答: 变压器油位因温度逐渐升高时，若最高油温时的油位可能高出油位指示计，则应放油，使油位降至适当的高度，以免溢油。同时应查清油温升高的原因，并做相应的处理。

（1）检查油位计、油枕及防爆筒顶部的大气连通管是否堵塞，对采用隔膜式油枕的变压器，应检查胶囊的呼吸是否畅通，以及油枕的气体是否排尽等，以避免产生假油位。

（2）在检查过程中，需打开各放气或放油塞子、阀门时，必须先将重瓦斯保护由跳闸改接信号，以防油位发生突然变化，产生油流，使重瓦斯保护误动。

第五章　互　感　器

第一节　互感器正常巡检

110. 简述电流互感器在运行中维护检查的内容有哪些。

答：（1）各接头无发热、无松动现象。

（2）二次接地良好。

（3）无异味，瓷质部分应清洁完整无缺损、无放电现象。

（4）充油式互感器油面应正常，无漏油、渗油现象。

111. 简述电流互感器为什么不允许长时间过负荷。

答：电流互感器是利用电磁感应原理工作的，因此过负荷会使铁芯磁通密度达到饱和或过饱和，则电流比误差增大，使表针指示不正确；由于磁通密度增大，使铁芯和二次绕组过热，加快绝缘老化。

112. 简述为什么电流互感器在运行中二次回路不准开路。

答：运行中的电流互感器二次回路开路时，二次电流等于零，二次磁势等于零，一次电流及磁势均不变，且全部用来激磁，此时合成磁势较正常状态的合成磁势大许多倍，铁芯磁通急剧达到饱和，由于磁通的增加，在开路的二次绕组中感应出很高的电动势，这对工作人员的安全及二次回路设备造成威胁。同时，由于磁感应强度剧增，铁损耗增大，将严重发热，以致损坏绕组绝缘。

113. 简述电压互感器的作用是什么。

答：（1）变压。按一次比例把高电压变成适合二次设备应用的低电压（一般为100V），便于二次设备标准化。

（2）隔离。将高电压系统与低电压系统实行电气隔离，以保证工作人员和二次设备的安全。

（3）用于特殊用途。

114. 简述电流互感器与电压互感器二次侧为什么不能并联。

答：电压互感器是电压回路（是高阻抗），电流互感器是电流回路（是低阻抗），若两者二次侧并联，会使二次侧发生短路，烧坏电压互感器，或保护误动，使电流互感器开路，对工作人员造成生命危险。

第二节　互感器的试验与操作

115. 简述在带电的电压互感器二次回路上工作时应采取哪些安全措施。

答：（1）严格防止短路或接地，应使用绝缘工具，戴手套。必要时，工作前停用有关保护装置。

（2）接临时负载，必须装有专用的隔离开关和可熔熔断器。

116. 简述6kV母线电压互感器送电操作原则。

答：（1）检查6kV母线电压互感器具备送电条件，所有临时安全措施全部拆除。

（2）测6kV母线TV绝缘电阻合格，检查一次熔断器完好。

（3）将6kV母线TV送至试验位置，插上二次插件。

（4）将6kV母线TV送至工作位置。

（5）合上6kV母线TV二次开关，检查6kV母线电压表指示正确。

（6）合上6kV母线TV低电压保护电源。

（7）按规定投入有关保护及自动装置。

117. 简述电压互感器空载试验的目的。

答：（1）通过空载试验可以检查电压互感器是否存在匝间短路或磁路缺陷。

（2）在感应耐压试验前后进行空载试验，可以确定电压互感器试验后匝间是否击穿。

118. 简述电压互感器运行操作应注意哪些问题。

答：（1）启用电压互感器应先一次、后二次；停用则相反。

（2）停用电压互感器时应先考虑该电压互感器所带保护及自动装置，为防止误动的可能，应将有关保护及自动装置停用。

（3）电压互感器停用或检修时，其二次空气断路器应分开、二次熔断器应取下。

（4）双母线运行，一组电压互感器因故需单独停役时，应先将电压互感器经母联断路器一次并列且投入电压互感器二次并列开关后再进行电压互感器的停役。

（5）双母线运行，两组电压互感器并列的条件：

1）一次必须先经母联断路器并列运行，这是因为若一次不经母联断路器并列运行，可能由于一次电压不平衡，使二次环流较大，容易引起熔断器熔断，致使保护及自动装置失去电源。

2）二次侧有故障的电压互感器与正常二次侧不能并列。

119. 简述电压互感器停用时应注意哪些问题、电压互感器停用操作顺序。

答：在双母线制中，如一台电压互感器出口隔离开关，电压互感器本体或电压互感器低压侧电路需要检修时，则需停用电压互感器。如在其他接线方式中，电压互感器随母线一起停用，在双母线制中停用互感器，方法有两种：一是双母线改单母线，然后停用互感器；二是合上两母线隔离开关，使电压互感器并列，再停其中一组。我们通常采用第一种。

电压互感器停用操作顺序如下：

（1）先停用电压互感器所带的保护及自动装置，如装有自动切换装置或手动切换装置时，其所带的保护及自动装置可不停用。

（2）取下低压熔断器，以防止反充电，使高压侧充电。

（3）拉开电压互感器出口开关，取下高压侧熔断器。

（4）进行验电，用电压等级合适而且合格的验电器，在电压互感器上进行各项分别验电，验明无误后，装设好接地线，悬挂标示牌，经过工作许可手续，便可进行检修工作。

120. 简述更换电流互感器应注意哪些问题。

答：电流互感器及其二次绕组更换时，除应注意有关的安全工作规程规定外，还应注意以下几点：

（1）个别电流互感器在运行中损坏需要更换时，应选用电压等级不低于电网额定电压、电流比与原来相同、极性正确、伏安特性相近的电流互感器，并需经试验合格。

（2）因容量变化需要成组更换电流互感器时，除应注意上述内容外，还应重新审核继电保护定值以及计量仪表的倍率。

（3）更换二次电缆时，应考虑电缆的截面、芯数等必须满足最大负载电流及回路总的负载阻抗不超过互感器准确等级允许值的要求，并对新电缆进行绝缘电阻测定，更换后应进行必要的核对，防止接线错误。

（4）新换上的电流互感器或变动后的二次绕组在运行前必须测定大、小极性。

121. 简述电流互感器启动、停运操作应注意哪些问题。

答：电流互感器的启动与停用，一般是在被测量电路的断路器断开后进行的，以防止电流互感器二次侧开路。但被测电路的断路器不允许断开时，只能在带电情况下进行。在停电情况下，停用电流互感器时，应将纵向连接端子板取下，用它将标有“进”侧的端子横向短接，在启用互感器时应将横向短接端子板取下，并用取下的端子板将电流互感器纵向端子接通。在运行中停用电流互感器时，应先用备用端子板将标有“进”侧的端子横向短接，然后取下纵向端子板。运行中启用电流互感器时，应用备用端子板将纵向端子接通，然后取下横向端子板。在电流互感器启、停中，应注意在取下端子板时是否出现火花，如发现火花，应立即将端子板装上并旋紧，再查明原因；另外，工作人员应站在橡皮绝缘垫上，不得碰到接地物体。

第三节　互感器运行过程中常见故障以及处理

122. 简述运行中电流互感器二次开路应如何处理。

答：（1）设法降低一次侧电流值，必要时断开一次回路。

（2）根据间接表计监视设备。

（3）做好安全措施与监护工作，以免损坏设备和处理时危及人身安全。

（4）若发现 TA 冒烟和着火时，严禁靠近 TA。

123. 简述互感器发生哪些情况必须停运。

答：（1）高压侧熔断器接连熔断二、三次。

（2）引线端子松动过热。

（3）内部出现放电异常或噪声。

（4）发现放电，有闪络危险。

（5）发出异味或冒烟。

（6）溢油。

124. 简述互感器着火的处理方法。

答：（1）立即用熔断器断开其电源，禁止用隔离开关断开故障电压互感器或将手车式电压互感器直接拉出断电。

（2）若干式电流互感器或电压互感器着火，可用四氯化碳、砂子灭火。

（3）若油浸电流互感器或电压互感器着火，可用泡沫灭火器或砂子灭火。

125. 简述引起电压互感器的高压熔断器熔丝熔断的原因。

答：（1）系统发生单相间歇电弧接地。

（2）系统发生铁磁谐振。

（3）电压互感器内部发生单相接地或层间、相间短路故障。

（4）电压互感器二次回路发生短路而二次侧熔丝选择太粗而未熔断时，可能造成高压侧熔丝熔断。

126. 简述运行中的电压互感器熔丝或二次小开关跳闸应如何处理。

答：（1）判明故障电压互感器，并以电流表监视设备的运行，正确记录时间（失常的电度表应按时间与实际电流计算补加电量）。

（2）停用有关因失去电压而可能引起误动的保护和自动装置。

（3）通知有关专业避免因表计失常而引起误判断。

（4）若低压熔丝熔断或二次小开关跳闸，可试投一次，不成功不得再投，进一步查明原因，必要时通知检修处理。

（5）高压熔丝熔断时，应汇报值长，作相应处理。处理时应对 TV 进行外观检查，并测量绝缘电阻，消除故障后才可恢复运行。

127. 简要说明电流互感器二次发生开路时的主要现象。

答：（1）回路仪表指示降低或为零。如用于测量表计的电流回路开路，会使三相电流表指示不一致，功率表指示减小，计量表计不转或转速变慢。

（2）电流互感器本体噪声、振动等增大，这种现象在负荷小时不太明显。

（3）开路时，由于铁芯损耗增加，使铁芯过热，外壳温度升高，内部绝缘受热有异味，严重时冒烟烧坏。

（4）由于电流互感器二次产生高电压，可能使互感器二次接线柱、二次回路元件接头、接线端子等处放电打火，严重时使绝缘击穿。

（5）部分仪表、电能表、继电器等冒烟烧坏。

128. 论述发电机电压互感器回路断线的现象和处理方法。

答：现象：警铃响，发电机出口电压互感器“电压回路断线”光字显示。

（1）仪表用电压互感器回路断线时，发电机定子电压、有功、无功、频率表指示（显示）异常（下降或为零）；定子电流及励磁系统其他表计指示（显示）正常。

（2）如一次熔丝熔断，零序电压可能有33V左右的电压显示，静子接地信号发出。

（3）如发电机出口励磁调压器用电压互感器回路断线时，励磁自动组可能跳闸，如未跳，发电机无功、定子电流、励磁电压、电流表等可能出现异常指示（显示）；励磁调节主从套自动切换时，相应信号发出。

（4）发电机保护专用电压互感器回路断线时，发电机各表计指示（显示）正常。处理时，根据故障现象和表计指示情况，判断是哪组电压互感器故障。

处理方法：

（1）仪表用电压互感器故障，应通知集控运行人员维持原负荷不变，同时做好故障期间的电量统计工作；将该组电压互感器停电后进行外部检查，若一次熔丝熔断，经检查测定绝缘良好，可恢复送电；如二次熔丝（开关）断路，可试送电，否则通知检修处理。

（2）调压用电压互感器故障，检查励磁调节已自动切换，否则进行手动切换，或将励磁调节由自动改手动运行，然后将该组电压互感器停电后进行外部检查，若一次熔丝熔断，经检查测定绝缘良好，可恢复送电。

（3）保护用电压互感器故障：所带的保护与自动装置，如可能误动，应先停用，然后对该电压互感器进行停电检查。若一次熔丝熔断，经检查测定绝缘良好，可恢复送电；如二次熔丝（开关）断路，可试送电，否则通知检修处理。电压互感器停送电应按照其操作原则进行。如一次熔断器熔断，应查明原因进行更换，必要时应对电压互感器本体进行检查，如绝缘测量等；若二次熔断器熔断，应立即更换，且不能将熔断器容量加大，如熔断器完好，应检查电压互感器接头有无松动、断线，切换回路有无接触不良，还应检查击穿熔断器是否击穿。检查时应采取安全措施，保证人身安全，防止保护误动。

第六章　励　磁　系　统

第一节　励磁系统正常巡检

129. 发电机的磁场电阻有什么作用?

答: 当负载变化时，可以调节磁场电阻，用增减励磁电流来维持发电机端电压不变。

130. 同步发电机定子的旋转磁场有什么特点?

答: (1) 磁场旋转的方向与三相电流的相序一致。

(2) 旋转磁场的轴线正好转到绕组的电流达到最大值绕组的轴线上。

(3) 磁场的旋转速度 n (同步转速，r/min) 与频率 f 和极对数 p 有关，即

$$n=\frac{60f}{p}$$

131. 励磁系统的电流经整流装置整流后的优点是什么?

答: (1) 反应速度快。

(2) 调节特性好。

(3) 减少维护量。

(4) 没有电刷冒火问题。

(5) 成本低。

(6) 较经济。

(7) 提高可靠性。

132. 简述励磁小间检查内容。

答：（1）AVR（自动电压调节器）面板各指示灯指示正确。

（2）励磁调节器柜没有任何报警，各仪表指示正常。

（3）各整流柜冷却系统工作正常，空气进、出风口无杂物堵塞。

（4）五个整流柜电流指示基本平衡。

（5）励磁调节器无异常声音和异味。

（6）励磁调节器各柜门均在关闭状态，通风机运行正常，运行中功率柜柜门严禁打开。

（7）励磁小间温度维持在15～20℃，空调运行良好。

133. 简述励磁变压器检查内容。

答：（1）检查变压器内部运行声音正常，无焦味。

（2）检查变压器各接头紧固，无过热变色现象，导电部分无生锈、腐蚀现象，套管清洁、无爬电现象。

（3）线圈及铁芯无局部过热和绝缘烧焦的气味，外部清洁，无破损、无裂纹。

（4）电缆无破损，变压器本体无搭挂杂物。

（5）线圈温度正常，变压器温控仪工作正常。

（6）检查变压器前后柜门均应在关闭状态，如变压器温度高需要打开柜门时，应设置临时围栏，悬挂“止步，高压危险”警示牌。

（7）检查变压器周围无漏水、积水现象，照明充足，消防器材齐全。

134. 简述发电机电刷运行规定。

答：每班对电刷进行测温，检查电刷无过热，滑环无变色、过热现象，表面温度不超过120℃。检查电刷的磨耗情况，对超出磨损界限的电刷应及时汇报。当发电机电刷出现颤振时，引起电刷颤振的任何电刷部件应从刷架中抽出，检查损坏情况及电刷的表面情况、电刷是否能在刷架上自由移动。

135. 常用电刷分几类？各有什么特点？如何选用电刷？

答：常用电刷分石墨电刷、电化石墨电刷、金属石墨电刷三类。

电刷特点：

（1）石墨电刷电阻系数小，电刷上的接触电压降较小。

（2）金属石墨电刷电阻系数小，电刷上的接触电压降小。

电刷的选择：不同牌号的电刷具有不同接触电阻，接触电阻大的，换向性能好，能限制换向元件中的附加电流，故抑制火花能力强。但过大又会造成电刷接触电压降增大，滑动的接触点上电能损耗增大，引起电刷和换向器发热。另外，还应根据具体情况考虑电流的大小，电刷的压力，周围环境的温度、湿度，电刷与换向器的磨损以及噪声等因素。因此，在选择电刷时，要以具体的电动机来考虑。对一般情况，小型电动机应采用 S-3 型石墨电刷。对于牵引电动机等应采用接触电阻较大的硬质电化石墨电刷，如 DS-8、DS-14 及 DS-74B 型。而对于低电压、大电流的电动机，应采用接触电压较小的含铜石墨电刷，如 F-1、F-5 型。如需要减小换向器的磨损时，应采用软质电化石墨电刷，如 DS-4、DS-72 型。

第二节 励磁系统的试验与操作

136. 简述准同期并列法。

答：满足同期条件的并列方法叫准同期并列法。用准同期法进行并列时，要先将发电机的转速升至额定转速，再加励磁升到额定电压。然后比较待并发电机和电网的电压和频率，在符合条件的情况下，即当同步器指向“同期点”时（说明两电压相位接近一致），合上该发电机与电网接通的断路器。准同期法又分自动准同期、半自动准同期和手动准同期三种。调频率、电压及合开关全部由运行人员操作的，称为手动准同期。而由自动装置来完成时，称为自动准同期。当上述三项中任一项自由装置来完成，其余仍由手动来完成时，称为半自动准同期。

137. 简述手动准同期并列操作程序。

答：（1）先将发电机转速升至额定值，然后合上励磁回路开关给发电机加励磁，零起升压至额定值。

（2）投发电机同期装置，调整发电机转速和励磁，使其频率和电压与系统频率、电压相等。

（3）视同步表指针缓慢旋转，当期指针与"同期点"差较小角度时合上发电机主开关（超前一个小角度合闸是考虑开关从操动机构动作到开关触头接触要经过一段时间）。

（4）断开发电机同期开关，适当接带无功负荷。将发电机励磁由手动倒为自动运行。

138. 简述手动准同期并列时注意事项。

答：（1）发电机转速达额定值时，方可加励磁升压。

（2）发电机零起升压过程中，应注意监视发电机定子三相电流指示及核对发电机空载特性，以检查定子绕组、转子绕组有无故障及定子电压指示的正确性。

（3）发电机零起升压应用于手动励磁。在合励磁回路开关前，应检查手动励磁装置输出在最低位置。用备励供发电机励磁，升压前应将备励强励连接片停用。并列后方可启用，防强励误动使发电机定子绕组承受过电压。

（4）当采用ME-10型同期装置时，并列过程中应注意同期装置投入时间尽可能短。并列后立即退出运行，以防时间过长损坏同期装置。并列时应保证同期闭锁装置在投入状态，以防造成非同期合闸。

（5）同步表指针旋转较快或同步表指针经过"同期点"有跳动现象时，严禁并列。

（6）如果同步表指针停在"同期点"不动，此时不准合闸。这是因为开关在合闸过程中，如果系统或待并发电机的频率突然变动，就可能使开关正好合在非同期点上。

第三节 励磁系统运行中常见故障及处理

139. 励磁机电刷冒火的原因是什么?

答:(1)换向不良引起火花。

(2)机械原因。

(3)化学原因。

140. 运行中励磁机整流子发黑的原因是什么?

答:(1)流经电刷的电流密度过高。

(2)整流子灼伤。

(3)整流子片间绝缘云母片凸出。

(4)整流子表面脏污。

141. 发电机滑环电刷冒火原因是什么?如何消除?维护时注意哪些问题?

答:发电机滑环电刷冒火的原因和消除的方法如下:

(1)电刷研磨不良,接触面积小。应重磨电刷或使发电机在轻负荷下长时间运行,直到磨好为止。

(2)电刷和引线、引线和接线端子间的连接松动,接触电阻大,造成负荷分配不均匀。应检查电刷与铜辫的接触及引线回路中各螺钉是否上紧,接触是否良好。

(3)电刷牌号不符合规定或部分换用了不同牌号的电刷。应检查电刷牌号,更换成制造厂指定的或经试验适用的电刷。

(4)电刷压力不均匀或不符合要求。用弹簧秤检查电刷压力,进行调整(电刷的压力应按制造厂规定,制造厂无规定者可调整到不发生火灾情况的最小压力,一般为0.02~0.03MPa),特别注意使各电刷的压力均匀,其差别不应超过10%。

(5)电刷磨短。电刷磨短至规定值时,必须更换。

(6)滑环和电刷表面不洁,随不洁程度,可能在个别电刷上,也可能在全部电刷上发生火花。用白布浸少许酒精擦拭滑环,用干净白布擦电刷表面，在研磨工具上，覆以细玻璃砂纸研磨滑环。

(7) 电刷在刷框中摇摆或动作滞涩，火花随负荷而增加。应检查电刷在刷框内的情况，能否上下自由活动，更换摇摆的和滞涩的电刷。电刷在刷框内应有0.1～0.2mm的间隙。

(8) 滑环磨损不均匀、电刷松弛或机组振动等原因造成电刷振动，火花因振动的大小而不同。应查明振动的原因并消除。

(9) 滑环不圆、表面不平、严重磨损或撞伤。应进行车磨。

滑环电刷维护时注意事项：在运行中的发电机滑环电刷上工作时，工作人员应穿绝缘鞋或铺胶皮垫，使用绝缘良好的工具并应采取防止短路及接地的措施。当励磁系统有一点接地时，更应注意。禁止同时用两手接触发电机励磁系统。有一点接地时，更应注意。禁止同时用两手接触发电机励磁回路和接地部分或两个不同极的带电部分。工作时应穿工作服，禁止穿短袖衣服或把衣袖卷起来。衣袖要小，并在手腕处扣住。女工还应将长发或辫子卷在帽子内。

142. 简述发电机失磁危害。

答：(1) 使电网出现大幅度功率振荡。

(2) 使汽轮发电机轴系承受一个滑差频率的扭振。

(3) 对发电机本身的影响。

1) 由于定子旋转磁场与转子的滑差而在转子上感生损耗，滑差过大时还会在转子绕组上感应高电压；

2) 由于这种工况相当于深度进相运行，发电机定子端部磁场会在定子压圈等结构件中产生损耗和过热；但各部分温升不会超过进相运行的水平。尽管失磁异步运行对发电机本身不会产生破坏，但会对轴系产生损伤，建议尽量不要在失磁状态下异步运行。对大机组来说，它可能引起电网和轴系的振荡，对轴系（特别是对汽轮机）带来的不利影响是难以定量估计的。

143. 简述发电机失磁的现象以及处理方法。

答：现象：发电机失磁后，在仪表上反映出来的现象是转子电流突然降为零或接近于零，励磁电压也接近为零，发电机电压和母线电压均降低，定子电流表指示升高，功率因数表指示进相，无功功率表指示零值以下。

处理方法：

(1) 当发电机失去励磁时，如失磁保护动作跳闸，则应完成机组解列工作，查明失磁原因，经处理正常后机组重新并入电网，同时汇报调度。

(2) 若失磁保护未动作，且危及系统及本厂厂用电的运行安全时，则应立即用发电机紧急解列断路器（或逆功率保护），及时将失磁的发电机解列，并应注意厂用电应自投成功，若自投不成功，则按有关厂用电事故处理原则进行处理。

(3) 若失磁保护未动作，短时未危及系统及本厂厂用电的运行安全，应迅速降低失磁机组的有功出力，切换厂用电；尽量增加其他未失磁机组的励磁电流，提高系统电压、增加系统的稳定性。如失磁原因查明并且故障排除，则将机组重新恢复正常工况运行；如机组运行中故障不能排除，应申请停机处理。

(4) 在上述处理的同时，应监视发电机电流、风温等参数的变化。

(5) 发电机解列后，应查明原因，消除故障后才可以将发电机重新并列。

144. 为什么发电机转子一点接地后容易发生第二点接地？

答：发电机转子一点接地后励磁回路对地电压将有所升高，在正常情况下，励磁回路对地电压约为励磁电压的一半。当励磁回路的一端发生金属性接地故障时，另一端对地电压将升高为全部励磁电压值，即比正常电压值高出一倍。在这种情况下运行，当切断励磁回路中的开关或一次回路的主断路器时，将在励磁回路中产生暂态过电压，在此电压作用下，可能将励磁回路中其他绝缘薄弱的地方击穿，从而导致第二点接地。

第七章 厂用电系统

第一节 厂用电系统正常巡检

145. 简述6kV配电装置运行时的检查项目。

答： 6kV配电装置运行时的检查项目如下：

（1）开关位置指示器指示正确，二次插头已经插好。

（2）开关室无发热及放电现象。

（3）电流、电压互感器无异常声音。

（4）开关储能良好，储能灯亮。

（5）相应的各个继电器及保护装置完好无损、运行正常。

（6）6kV相关标记及信号灯指示正常。

（7）开关升降机构良好。

146. 油断路器投运前的检查项目有哪些？

答：（1）检查断路器及连接设备上的工作票已全部收回，安全措施全部拆除，设备上确已无人工作。

（2）检查油断路器本体及周围无杂物及金属线，没有检修人员遗留下的工具和其他物件。

（3）检查油色、油位、油压正常，无漏油及渗油现象。

（4）检查套管应清洁无破损、裂纹、放电痕迹及其他异常现象，油缓冲器正常。

（5）断路器各部件螺钉紧固，标示牌位置应指示正确，固定遮栏完好。

（6）开关室照明灯完好，门应关好。

（7）检查操作箱应完整、清洁，机械跳闸装置正常。

（8）二次插座、插头完好无损。

（9）对于真空断路器，应检查真空罩内无裂纹、无漏气、无异声，导电部分无变色、氧化。

147. 油断路器运行中的检查项目有哪些？

答：（1）对正常运行的油断路器应按投运前的检查内容进行检查：

1）断路器无喷油、无异味、无放电闪络现象。

2）断路器导电各接触端不应变色，否则应测量温度，其温度不超过70℃。

3）检查操动机构及电触点压力表读数，观察蓄压器活塞杆位置正确。

4）断路器操作箱严密关好，液压操作回路不漏油，且压力在规定的范围内，当油温低于5℃（以环境温度为准）时液压油加热器应自动投入；当温度高于20℃时，其加热器应自动退出。

（2）当发生事故或天气突然恶化时，还应进行特殊检查：

1）油断路器每次事故跳闸后或事故状态中，套管应无烧伤和破裂现象，无喷油现象及异常声响，油色正常不发黑，套管端头无松动的现象，各触点处无发热及烧伤痕迹及变形现象。

2）大雪天检查各接线端子触点落雪不应有融化现象，传动机构应无冰溜子或冻结现象。

3）大风时检查套管端头接线无剧烈摆动，上部无杂物。

4）浓雾及阴雨天套管应无火花及放电现象。

148. 表用互感器投运前有哪些检查项目？

答：（1）检查油色油位应正常，无漏油、渗油现象。

（2）检查表用变压器本体清洁、套管无裂纹及放电痕迹或其他异常现象。

（3）检查一、二次熔断器完好，二次线牢固，检查表用互感器接地线应完好。

（4）在运行中，对表用互感器除按以上各条检查外，还应注意：

1）表用互感器无焦味或其他异味。

2）表用互感器内部无异常声音及放电现象。

3）各结合处无发热现象。

149. 电抗器的正常巡视项目有哪些？

答：（1）接头应接触良好，无发热现象。

（2）支持绝缘子应清洁、无杂物。

（3）周围应整洁、无杂物。

（4）垂直布置的电抗器不应倾斜。

（5）门窗应严密。

150. 正常运行中，对厂用电系统应进行哪些检查？

答：（1）值班人员应严格监视各厂用母线电压及各厂用变压器和母线各分支电流均正常，不得超过其铭牌额定技术规范。

（2）各断路器、隔离开关等设备的状态符合运行方式要求。

（3）定期检查绝缘监视装置、了解系统的运行状况。

151. 运行中对电缆的检查项目有哪些？

答：（1）运行中对电缆的检查项目：

1）巡视电缆时不得移开电缆沟孔盖，禁止用手触摸电缆外皮或移动电缆。

2）电缆上不允许放置任何物体，电缆不应有挤压受热、受潮或摇动现象。

3）电缆钢甲应完整，无锈蚀、渗油或凹痕。

4）电缆应无渗油现象，接地线完好。

5）电缆沟内不应积水和有其他动物。

（2）如遇特殊情况的检查项目：

1）大负荷时，电缆头接合处不应过热。

2）系统发生短路故障后，电缆外皮应无膨胀现象。

3）洪水季节检查电缆沟内无水或被水冲塌现象。

152. 避雷器在投运前的检查内容有哪些？

答：（1）避雷器在投运前应做如下检查：

1）避雷器的绝缘电阻允许值与其所在系统电压等级设备允许值相同。

2）上下部引线接头应紧固，无断线现象。

3）外部绝缘子套管应完整，并无放电痕迹。

4）接地线完好，接触紧固，接地电阻符合规定。

5）雷电记录器应完好。

（2）每次雷雨后，除对上述各项进行检查外，还应注意：

1）仔细听内部是否有放电声音。

2）检查外部绝缘子套管是否有闪络现象。

3）检查雷电动作记录器是否已动作，并做好记录。

153. 对备用电源自投入装置（BZT）有哪些基本要求？

答：（1）只有在备用电源正常时，BZT 装置才能使用。

（2）工作电源不论因何种原因断电，备用电源应能自动投入。

（3）为防止将备用电源合闸到故障上，BZT 只允许动作一次。

（4）备用电源必须在工作电源切除后才能投入。

（5）BZT 的动作时间应尽可能短。

（6）当电压互感器的一相熔断时，不应误动作。

154. 电容器有哪些巡检项目？

答：（1）检查电容器是否有膨胀、喷油、渗漏油现象。

（2）检查瓷质部分是否清洁，有无放电痕迹。

（3）检查接地线是否牢固。

（4）检查放电变压器串联电抗是否完好。

（5）检查电容器室内温度、冬季最低允许温度和夏季最高允许温度均应符合制造厂家的规定。

（6）检查电容器外熔丝有无断落。

155. 厂用 6kV 及 380V 断路器的巡检项目有哪些？

答：（1）断路器运行状况与实际情况相符。

（2）断路器柜内无振动声。

（3）指示灯指示与断路器位置应一致。

（4）无放电声，无异味。

（5）各断路器操动机构均已储能，跳合闸位置指示正确。

156. 110kV 和 220kV 的断路器及隔离开关的巡检项目有哪些？

答：（1）检查断路器的压缩空气正常，SF_6 压力正常，各断路器拉合状态位置正确，传动机构应正常。

（2）各断路器的每相断开或合入的位置指示应正确。

（3）绝缘子、瓷套管无破损，无严重“放炮”。

（4）在冬季，传动机构箱内的温度低于 0℃时，应投入加热装置。

（5）各隔离开关断开或合入状态良好，已合入的隔离开关接触应良好，无过热现象。

（6）各隔离开关电动操动机构箱的门应关好。

（7）电容式电压互感器检查外观应无破损，且无放现象。

157. 发电厂的厂用负荷如何分类？

答：根据发电厂的机械对发电厂运行所起的作用及供电中断对人身和设备产生的影响，一般分三类：

（1）在极短的时间内停止供电，都可能影响人身和设备安全，引起生产停止或大量降低出力或被近停机。

（2）在较长时间内停止供电，会造成设备损坏或影响生产，但在允许的时间内经运行人员操作即恢复送电，不至于造成生产混乱。

（3）在较长时间内停止供电，也不至于直接影响生产。

158. 电力系统对继电保护装置的基本要求有哪些？

答：（1）快速性。要求继电保护装置的动作时间尽量快，以提高系统并列运行的稳定性，减轻故障设备的损坏，加速非故障设备恢复正常运行。

（2）可靠性。要求断电保护装置随时保持完整、灵活状态。不应发生误动或拒动。

（3）选择性。要求继电保护装置动作时，跳开距故障点最近的断路器，使停电范围尽可能缩小。

（4）灵敏性。要求断电保护装置在其保护范围内发生故障时，应灵敏地动作。灵敏用灵敏系数表示。

第二节　厂用电系统的试验与操作

159. 高压断路器操作时有哪些规定？

答：（1）严禁在无保护的情况下操作断路器。

（2）在操作前必须检查断路器位置。

（3）带有同期回路的断路器，正常送电操作时，严禁将同期闭锁回路。

（4）断路器的单项操作，只允许在事故情况下手动跳闸。

（5）拒绝跳闸和三相不同期的断路器严禁投运。

（6）严禁在主断路器 SF_6 压力低的情况下操作主断路器。

160. 厂用电系统操作一般有什么特点？

答：（1）厂用电系统的倒闸操作和运行方式的改变，应由值长发令，并通知有关人员。

（2）除紧急操作及事故处理外，一切正常操作均应按规定填写操作票，并严格执行操作监护及复诵制度。

（3）厂用电系统的倒闸操作，一般应避免在高峰负荷或交接班时进行。操作当中不应进行交接班。只有当操作全部终结或告一段落时，方可进行交接班。

（4）新安装或进行过有可能变更相位作业的厂用电系统，在受电与并列切换前，应进行核相，检查相序、相位的正确性。

（5）厂用电系统电源切换前，必须了解两侧电源系统的连接方式，若环网运行，应并列切换；若开环运行及事故情况下系统不清时，不得并列切换，防止非同期。

（6）倒闸操作应考虑环并回路与变压器有无过载的可能，运行系统是否可靠及事故处理是否方便等。

（7）厂用电系统送电操作时，应先合电源侧隔离开关，后合负荷侧隔离开关；先合电源侧断路器，后合负荷侧断路器。停电操作顺序与此相反。

（8）断路器拉合操作中，应考虑继电保护和自动装置的投、切情况，并检查相应仪表变化，指示灯及有关信号，以验证断路器动作的正确性。

161. 厂用母线送电的操作原则有什么规定?

答:（1）检查厂用母线上所有检修工作全部终结，各部及所属设备均完好，符合运行条件。

（2）将母线电压互感器投入运行。即投入电压互感器高、低熔丝及直流熔丝，合上电压互感器一次隔离开关。

（3）检查母线工作电源断路器和备用电源断路器均断开，并将其置于热备用状态。

（4）合上母线工作电源断路器（或合上母线备用电源断路器），检查母线电压正常。

（5）投入相应母线备用电源自投装置。

162. 厂用母线停电的操作原则有什么规定?

答:（1）检查厂用母线所属负荷均已断开。

（2）断开厂用母线备用电源自投装置。

（3）拉开厂用母线工作电源断路器。

（4）将厂用母线工作电源和备用电源断路器置于检修状态。

（5）拉开厂用母线电压互感器隔离开关，并取下其高、低压熔丝流熔丝。

163. 简述厂用电倒换为高压备用变压器的操作步骤。

答：使用备用电源自投装置与快切装置两种形式进行说明。

(1) 使用备用电源自投装置。

1) 检查备用电源开关处于热备用状态。

2) 合上备用电源开关。

3) 检查备用电源开关已经带负荷。

4) 退出该段的联锁开关。

5) 拉开工作电源开关，并取下其操作熔断器。

6) 检查工作电源开关确已断开，并将开关停电。

(2) 使用快切装置。

1) 检查备用电源开关热备用良好。

2) 检查快切装置运行正常，各方式开关位置正确，正常倒换时一般采用并联倒换。

3) 启动快切装置，检查备用电源开关合好，并已经带负荷，工作电源开关确已断开。

4) 闭锁快切装置。

5) 就地检查备用电源开关已合好。

6) 就地检查工作电源开关已拉开，并将其停电。

164. 简述厂用电倒换为高压厂用变压器的操作步骤。

答：使用备用电源自投装置与快切装置两种形式进行说明。

(1) 使用备用电源自投装置。

1) 检查工作电源开关本体及间隔无异常，开关在断位，将开关送电，操动机构送电。

2) 检查高压厂用变压器保护投入正确，高压厂用变压器冷却器运行方式正确。

3) 合厂用分支工作电源开关，并检查开关已带负荷。

4) 投入该分支联锁开关。

5) 拉开该分支备用电源开关。

6）就地检查工作电源开关合好，备用电源开关确已拉开。

（2）使用快切装置。

1）检查工作电源开关本体及间隔无异常，开关在断位，将开关送电，操动机构送电。

2）检查高压厂用变压器保护投入正确，高压厂用变压器冷却器运行方式正确。

3）检查快切装置运行正常，各方式开关位置正确，正常倒换时一般采用并联倒换。

4）解除快切装置闭锁。

5）启动快切装置，检查工作电源开关合好并已经带负荷，检查备用电源开关已断开。

6）检查装置动作正常后，复归快切装置至工作状态。

7）就地检查工作电源开关确已合好。

8）就地检查备用电源开关确已断开。

165. 简述厂用母线停电做检修隔离措施的操作步骤。

答：（1）需要将母线上的各负荷开关停电。停电时，如果有双电源的负荷，可以将负荷倒换至另一路电源带；对于有备用设备的系统，可以启动备用设备，将该母线上的负荷停运。某些负荷，可以接临时电源，将各负荷开关停运。

（2）母线上的所有负荷开关停电后，一般先将母线的备用电源开关停运，断开控制电源。检查母线电源开关的电流指示为零，确定母线上的所有负荷已停电，可以停运母线失电后发出信号的保护与自动装置（如低电压保护的直流电源），以免母线失电时发出信号。

（3）拉开工作电源开关，断开操作电源，将母线上的电压互感器二次与一次停电。在母线上验明无电压后，在母线上封地线。必要时还应将母线的控制直流、合闸直流、其他的电源停电。

（4）在本母线上带电的间隔挂“运行中”标示牌，用围栏与相邻的带电母线隔离。

166. 简述厂用母线检修后的送电操作步骤。

答：（1）拆除母线上的临时接地线，拆除各种临时性质的安全措施，恢复检修措施。确认母线上的所有负荷短路器均在“检修”位置。在母线上验明无电压，用绝缘电阻表测量母线的绝缘合格。在测量过程中，有的低压母线上还接有电能表等仪表或者是交流开关的控制电源，需要将此类的接线解除，否则母线的绝缘测量数值会很低。

（2）将母线上的电压互感器送至“工作”位置，二次侧恢复正常，保证对母线的电压数值可以监视。将工作电源开关送至“工作”位置，对工作电源开关的控制、合闸直流电源送电。

（3）检查母线的保护电源指示正常，保护的出口连接片投入正确。合工作电源开关，检查母线的电压指示正常，如果有可能，切换三相电压平衡。母线充电正常后，若有备用电源开关，将备用电源开关送至“工作”位置，投入相应的开关联锁。

167. 如何进行断路检修后的传动？

答：（1）保证断路器本体的检修工作已经完成，断路器具备合、跳条件。

（2）确认断路器的保护与二次回路的工作结束。将本母线的控制、合闸直流电源送电。将断路器送至“试验”位置，插入断路器的二次插头。如果是母线未送电，还应退出母线或者断路器的低电压保护，解除停电后动作的其他保护，对于热机负荷，还应解除相应的热工保护。

（3）将断路器的控制、合闸电源送电，进行断路器的合、跳闸操作。

168. 简述 6kV 母线电压互感器送电的操作步骤。

答：（1）检查 6kV 母线电压互感器具备投入条件。

（2）测 6kV 母线电压互感器绝缘电阻合格。

（3）检查 6kV 母线电压互感器一次熔断器完好，装上一次熔断器。

（4）将 6kV 母线电压互感器小车推至运行位置。

（5）插入 6kV 母线电压互感器二次插头。

（6）装上 6kV 母线电压互感器二次交流熔丝。

（7）检查 6kV 母线电压表指示正常。

（8）装上 6kV 母线电压互感器二次直流熔丝。

（9）投入厂用母线备用电源自投装置。

（10）检查 6kV 母线绝缘监察装置指示正常。

169. 允许用隔离开关进行的操作有哪些？

答：（1）拉合无故障的表用互感器、避雷器。

（2）无故障、无负荷时投入 380/220V 系统母线和线路。

（3）在正常情况下，拉合无故障的变压器中性点接地开关。

（4）投入和切断直接连在母线上的电容电流。

170. 禁止用隔离开关进行的操作有哪些？

答：（1）带负荷的情况下合上或拉开隔离开关。

（2）投入或切断变压器及送出线。

（3）切除接地故障点。

171. 切换厂用电操作时应注意哪些问题？

答：（1）倒厂用电时，检查 6kV 工作段母线与备用段母线电压相等。

（2）倒用厂用电时，6kV 电动机暂时停止启动。

（3）倒厂用电操作后，应及时调整启动变压器 6kV 侧电压。

（4）倒厂用电操作后，应及时将母线切换投自动方式，从计算机界面操作完后，应检查操作站方式及灯光指示正确。

172. 备用电源自动投入在什么情况下动作？

答：（1）工作电源失去电压。

（2）工作电源故障，工作电源保护动作。

（3）由于电压互感器熔丝熔断，断电引起自动投入备用电源误动作。

173. 提高电力系统动态稳定的措施有哪些?

答:（1）快速切除短路故障。

（2）采用自动重合闸装置。

（3）采用电气制动和机械制动。

（4）变压器中性点经小电阻接地。

（5）设置开关站和采用强行串联电容补偿。

（6）采用联锁切机。

（7）快速控制调速汽门等。

174. 高压断路器采用多断口结构的主要原因是什么?

答:（1）有多个断口可使加在每个断口上的电压降低，从而使每段的弧隙恢复电压降低。

（2）多个断口把电弧分割成多个小电弧段串联，在相等的触头行程下多断口比单断口的电弧拉深更长，从而增大了弧隙电阻。

（3）多断口相当于总的分闸速度加快了，介质恢复速度增大。

第三节　厂用电系统运行中常见故障及处理

175. 6kV 开关合不上有哪些原因?

答:（1）检查开关所属负载热工联锁条件是否满足。

（2）检查开关保护装置动作信号是否复归。

（3）检查开关合闸回路是否正常（如检查控制电源小开关、控制电源、弹簧储能、二次插头连接、防跳继电器等是否正常）。

（4）检查开关传动机构是否动作良好。

（5）检查开关弹簧不储能的原因。

（6）检查控制和储能电源是否良好。

（7）检查二次插头是否接触良好。

（8）检查储能电动机是否损坏。

（9）检查开关辅助触点是否接触良好。

176. 简述厂用 6kV 母线故障判断处理步骤。

答：（1）立即恢复闪光开关把手，检查保护动作情况。若工作电源和备用电源分支过流保护动作、母线电压表指示为零，可确认为母线故障。

（2）若备用电源分支过流保护未动，可强送备用电源一次。

（3）了解有无开关拉不开的情况，迅速到母线室检查，有烟火进一步确认母线故障，查找故障点。

（4）若故障能排除，应将本段开关全部拉出，进行检查，测定母线绝缘，待故障排除后恢复母线正常运行。

（5）检查由于 6kV 母线故障而引起的低压厂用变压器及保护段的运行情况，若失去电源应使其恢复正常供电，检查其他由于低电压影响的设备运行情况。

（6）配电装置着火应切断电源，然后用灭火器灭火。

177. 简述厂用 6kV 系统接地故障处理步骤。

答：（1）根据灯光和表计指示判明 6kV 系统接地及接地母线。

（2）是否有启动高压电动机，如有则应停电进行检查。

（3）如接地同时伴有设备跳闸，禁止跳闸再次投入，应立即查明原因。

（4）按上述方法无效时，按次要负荷到主要负荷顺序瞬停选择方式查找接地点前与有关专责联系好。

（5）采用切换厂用电源方式判断是否工作电源电缆接地。

（6）经上述选择仍未查出故障点，则证明母线或电压互感器接地，汇报班长、值长，停电处理。

（7）故障排除后恢复正常运行方式。

178. 简述厂用 380V 母线故障处理步骤。

答：（1）立即恢复闪光把手，检查保护动作情况。若备用电源分支过流动作，母线电压表指示为零，可确认为母线故障。

（2）若备用电源分支过流未动，可强合一次备用电源。

（3）立即到母线室进行检查，确认故障点。拉开母线所带负荷断路器及隔离开关，测量母线绝缘电阻。

（4）若故障点在母线工作半段时：

1）将工作半段有关负荷倒由其他备用设备运行。

2）拉开半段所有隔离开关及母联隔离开关，工作半段停电。

3）合上备用电源开关备用半段母线恢复送电，将负荷带出。

（5）若故障点在备用半段时，按上述方法合上母线工作电源开关恢复工作半段母线送电。

（6）断开母线工作备用电源联锁断路器。

179. 当母线上电压消失后，为什么要立即拉开失压母线上未跳闸的断路器？

答：（1）可以避免值班人员，在处理停电事故或切换系统进行倒闸操作时，误向发电厂的故障线路再次送电，使母线再次短路或发生非同期并列。

（2）为母线恢复送电做准备，可以避免母线恢复带电后设备同时自启动，拖垮电源，此外一路一路试送电，可以判断是哪条线路越级跳闸。

（3）可以迅速发现拒绝跳闸的断路器，为及时找到故障点提供线索。

180. 厂用电系统的事故有哪些处理原则？

答：（1）厂用电系统出现故障后，应根据事故信号和现象判断故障性质和故障范围，以便有重点地检查。

（2）发电机与系统解列单带厂用电源时，如果厂用电源系统的电源倒换操作，必须采用断电方法进行。

（3）母线故障后，不能确认母线无故障点时，不能给母线送电。

（4）母线失电后，用备用电源开关或联络开关恢复母线送电前，应检查母线工作电源开关及所有负荷开关断开，防止向发电机反送电，引起事故扩大。

（5）事故处理时，在电源倒换时注意系统间同期性，防止发生非同期并列。

（6）事故处理时，各单位应加强联系，当发生故障后运行人员必须到现场检查，能处理尽快处理，不能处理的立即通知检修到现场处理。

181. 在什么情况下快切装置应退出？

答：满足快切退出（退出快切装置的连接片）的条件：

（1）机组已停运6kV厂用电源由备用电源带。

（2）快切装置故障并闭锁。

（3）正常运行时快切装置的二次回路检修、消缺工作。

（4）机组正常运行时检修维护断路器的辅助触点，会造成快切装置误动作的工作。

（5）机组正常运行时检修人员在发电机-变压器组保护启动快切回路的工作。

（6）6kV电压互感器停运前。

（7）在6kV电压互感器回路进行工作有可能造成快切不能正常切换的工作。

（8）机组运行中，6kV备用电源断路器检修时。

182. 错拉隔离开关时应如何处理？

答：错拉隔离开关时，隔离开关动触头刚离开静触头时，如发生电弧，应立即合上，便可熄灭电弧，避免事故。若隔离开关已经全部拉开，则不许将误拉的隔离开关再合上。如果是单极隔离开关，操作一相后发现错位，对其他两相不应该继续操作，应立即采取措施，操作断路器切断负荷。

183. 电抗器遇何情况应立即停止运行？

答：（1）电抗器内部声响明显增大，内部有爆裂声。

（2）在正常负荷和冷却条件下，电抗器温度不正常上升。

（3）储油柜或安全气道喷油。

（4）套管严重破损和放电。

（5）套管接头和引线发红、熔化或熔断。

（6）电抗器着火。

（7）发生威胁人身安全的紧急情况。

184. 隔离开关无法操作如何处理？

答：当隔离开关拉不开时，不能硬拉，特别是母线侧隔离开关，应查明操作是否正确，再查设备、机构是否锈蚀卡死，隔离开关动、静触头熔焊是否有变形移位及瓷件破裂、断裂等，电动操动机构、电动机失电或机构损坏或闭锁失灵等。在未查清原因前不能强行操作，否则可能引起严重事故，此时应汇报调度，改变运行方式来加以处理。

185. 油断路器油面过高或过低有何影响？

答：（1）油面过高：箱内缓冲空间减小。当发生短路故障时，电流使周围油气化，将产生强大压力，可能发生喷油、油箱变形，甚至爆炸。

（2）油面过低，当切断短路电流时，电弧可能冲击油面，游离气体混入空气中，引起燃烧爆炸。同时，绝缘外露在空气中容易受潮，造成内部闪络。

186. 断路器在通过短路电流的开断故障后，应进行哪些检查？

答：断路器在通过短路电流的开断故障后，应重点检查断路器有无喷油现象、油色及油位是否正常等；对空气断路器检查是否有大量排气现象、气压是否恢复正常等。此外还应检查断路器各部件有无变形及损坏，各接头有无松动及过热现象。若发现不正常现象应立即汇报值长进行处理。

187. 简述 6kV 母线短路现象及处理方法。

答：6kV 母线短路的现象：

（1）工作电源的电流表和电压表存在冲击，在开关跳闸后相关标记的指示回零。

（2）工作电源开关跳闸。

（3）备用电源开关可能联动后又跳闸。

（4）警报响且分支过流保护装置动作。

（5）跳闸开关指示跳闸。

（6）6kV 母线室内有爆炸声及烟火。

6kV 母线短路的处理方法：

（1）检查保护动作情况。

（2）备用电源联投又跳闸时，首先将本段所带的低压厂用变压器 380V 电源倒为备用电源。

（3）启动备用设备。当发现存在影响备用设备出力的情况时，应适当减负荷。

（4）对故障母线进行停电检查，测定母线绝缘。

（5）查出故障点，在消除故障后恢复母线运行。

188. 简述 380V 母线短路的现象及处理方法。

答：380V 母线短路的现象：

（1）工作电源的电流表和电压表存在冲击，在开关跳闸后相关表计的指示回零。

（2）工作电源开关跳闸。

（3）警报响，相关母线的保护装置动作。

（4）380V 母线室有爆炸声及烟火。

380V 母线短路的处理方法：

（1）将故障段负荷倒至另一段，然后将故障段停电，拉开故障段上所有的开关，拉开两条母线的母联开关，并做好隔离措施。

（2）通知检修人员处理故障点。

189. 在中性点非直接接地的系统中，如何防止谐振过电压？

答：选用激磁特性较好的电磁式电压互感器或电容式电压互感器；在电磁式电压互感器的开口三角线圈内（35kV 以下系统）装设 10～100Ω 的阻尼电阻；在 10kV 及以下电压的母线上，装设中性点接地的星形接线电容器组等。

190. 电力系统过电压有哪几种类型？

答：过电压按产生机理分为外部过电压（又叫大气过电压或雷电过电压）和内部过电压。外部过电压又分为直接雷过电压和感应雷过电压两类；内部过电压又分为操作过电压、工频过电压和谐振过电压三类。

191. 在何种情况下容易发生操作过电压？

答：（1）切、合电容器组或空载长线路。

（2）断开空载变压器、电抗器、消弧线圈及同步电动机。

（3）在中性点不接地系统中，一相接地后，产生间歇式电弧等。

192. 内部过电压的高低与哪些因素有关？

答：系统内部过电压的高低，不仅取决于系统参数及其配合，而且与电网结构、系统容量、中性点接地方式、断路器性能、母线出线回路数量以及电网的运行方式、操作方式等因素有关。

第八章 变 频 器

第一节 变频器正常巡检

193. 变频器正常运行检查项目有哪些?

答: (1) 检查变频器控制小间空调器运行正常。

(2) 保持变频器控制小间的严密性，以防止粉尘进入。

(3) 为了防止误操作，变频器输入隔离开关和“旁路/输出”隔离开关必须按规定步骤操作，禁止随意操作。

(4) 检查变频器输入隔离开关和“旁路/输出”隔离开关触头接触良好，无过热变色现象。

(5) 定期清理变频器机柜和控制小间通风口滤网，以防止变频器超温。

(6) 检查变频器装置内无异常电磁声。

(7) 检查变频器装置风扇运行正常。

(8) 检查变频器装置各电源指示与运行方式相对应。

(9) 检查变频器装置输出电压、转速、频率等参数正常。

(10) 盘面无异常报警信号。

(11) 检查变频器室内温度正常。

(12) 检查变频器控制电源及 UPS 运行正常。

194. 变频器启动前检查内容有哪些?

答: (1) 检查所有柜体的接地是否牢固以及是否损坏。

(2) 检查变频器装置系统接线正确，各接头无松动。

(3) 检查变频器装置输入隔离开关和“旁路/输出”隔离开关与运行方式相对应。

(4) 检查变频器装置风扇电源正常，检查变频器装置风扇运行正常，检查变频器装置风扇入口滤网无堵塞。

（5）检查变频器控制电源、UPS 正常。

（6）检查变频器内各熔断器良好及各电源小开关投入正确，变频器装置无异常报警信号。

（7）检查变频器室内照明正常。

（8）变频器柜操作面板报警已复位。

（9）变频器控制小间空调器运行正常。

第二节 变频器的试验与操作

195. 变频器切换柜隔离开关操作注意事项有哪些？

答：（1）工频方式与变频方式的切换必须在电动机停止状态、6kV 开关在试验位置且在断开位置时方可进行。

（2）6kV 电源开关在“工作”位置时禁止打开变频器切换柜柜门。

（3）同一变频器输出与旁路隔离开关为单刀双掷隔离开关：只能合于输出或旁路位。

（4）变频器输入和“旁路/输出”隔离开关操作时：合闸时先合变频器输入隔离开关，后合“旁路/输出”隔离开关至“输出”位。分闸时先分变频器“旁路/输出”隔离开关至“旁路”位，后分变频器输入隔离开关。

196. 变频器停运操作注意事项有哪些？

答：（1）变频运行正常停运电动机时，必须先给出变频器的停止或急停指令，不能直接分断 6kV 开关。运行情况下直接分 6kV 开关，变频器将按电源故障（缺相或欠压）处理。这时必须履行故障处理措施，查明并记录故障原因，排除故障，将变频器复位后方可重新启动。

（2）变频运行时，变频器发停止或急停指令电动机正常停运后，6kV 开关才可以分断。

197. 6kV 电动机改为变频后注意事项有哪些？

答：6kV 电动机改为变频后应注意：电动机工频方式与变频方式运行时所用的保护装置是不同的，因此，在电动机工频、变频方式切换时必须对保护装置进行切换。工频运行时投入差动保护跳闸连接片和工频运行保护跳闸连接片，退出变频保护跳闸连接片和变频器故障联跳连接片。变频运行时投入变频保护跳闸连接片和变频器故障联跳连接片，退出差动保护跳闸连接片和工频运行保护跳闸连接片。

（1）电动机变频器运行时禁止打开电动机变频器隔离变压器柜及变频器功率柜柜门。

（2）电动机变频器隔离变压器装有温度开关，130℃报警，150℃跳闸。

（3）电动机变频器功率单元 78℃报警，88℃功率单元退出运行。

（4）电动机变频器控制电源消失或风机不是因热电偶动作停运时均无报警，因此对变频器检查时注意检查风机运行正常。

（5）电动机变频运行时必须在变频器控制电源正常且系统初始化正常后，才允许合上电动机 6kV 电源开关。断开电动机 6kV 电源开关后，才允许停变频器控制电源。

（6）严禁使用绝缘电阻表测电动机变频器绝缘（测电动机绝缘时，“旁路/输出”隔离开关必须在“旁路”位），如电动机变频器停运超过半个月，投运前通知电气人员检查并交代无问题后方允许投运。

（7）电动机变频器停运 5min 后，才允许进行旁路柜隔离开关的操作。变频器停运 15min 后才允许在相关回路上工作。

（8）任何情况下禁止在电动机变频器输出端外加高电压。

（9）正常情况下电动机变频器在 DCS 上启、停。

198. 简述 6kV 电动机由工频方式切换至变频方式电气操作顺序。

答：（1）检查另一台电动机在工频运行，将待切换至变频运行电动机 6kV 开关拉至试验位置。

（2）投入待切换至变频运行电动机 6kV 开关柜上变频器故障联跳、变频保护跳闸连接片，退出工频保护跳闸、差动保护跳闸连接片。

（3）检查待切换至变频运行电动机变频器输入隔离开关在开位，“旁路/输出”隔离开关在“旁路”位。

（4）合上待切换至变频运行电动机变频器输入隔离开关。

（5）将待切换至变频运行电动机变频器“旁路/输出”隔离开关切在“输出”位。

（6）将待切换至变频运行电动机 6kV 开关送至工作位置。

第三节 变频器运行过程中常见故障及处理

199. 变频器轻故障原因是什么？

答：（1）单元旁路运行。

（2）控制电源掉电。

（3）变压器轻度过热。

（4）在高压就绪的情况下，风机故障。

（5）电动机过载。

（6）DCS 模拟给定掉线。

（7）环境温度过高。

（8）运行中柜门打开。

200. 变频器轻故障处理方法是什么？

答：（1）轻故障发生时，变频器给出间歇的“音响报警”和间断的“故障指示”。报警状态下，如果在 DCS（集中控制系统）上按下“报警解除”指令，则系统撤销“音响报警”信号。

（2）对于轻故障的发生，变频器不做记忆锁存处理，故障存在时报警，如果故障自行消失，则报警自动取消，但是需要提醒注意的是，虽然轻故障不会立即导致停运电动机，但也应及时采取处理措施，以免演变为重故障。如 UPS（不间断电源）输入掉电，必须马上处理。

201. 变频器重故障原因是什么？

答：（1）电动机过流。

（2）现场机械故障。

（3）单元重故障。

（4）系统故障（高压失电、旁路级数超过设定值、功率单元光纤故障可以引起系统故障）。

202. 变频器重故障处理方法是什么？

答：（1）重故障发生时，电动机变频器给出连续的“音响报警”“高压急切”以及“紧急停机”指令。在DCS上可以用“报警解除”按钮清除报警的音响信号，但电动机变频器标准操作面板上保持“高压急切”以及“紧急停机”指令。

（2）重故障发生后，系统作记忆处理。故障一旦发生，变频器报警并自动跳闸停运电动机。如果故障自行消失，“高压急切”以及“紧急停机”等指令也都一直保持，故障原因被记录。只有故障彻底排除，并且用“系统复位”按钮将系统复位后才能重新启电机。

203. 变频器过热故障检查项目有哪些？

答：（1）检查环境温度是否超过允许值。

（2）检查单元柜风机是否正常工作。

（3）检查进风口和出风口是否畅通，即滤网是否干净。

（4）检查装置是否长时间过载运行。

（5）最后检查功率模块控制板和温度继电器是否正常。

204. 变频器变压器超温处理方法是什么？

答：变频器变压器超温时应：

（1）测量变压器副边接线绝缘是否完好。

（2）检查变压器副边接线绝缘是否短路。

(3) 装置是否过载运行。

(4) 环境温度是否过高。

(5) 变压器的冷却风机是否正常。

(6) 风路是否通畅。

(7) 温度控制器功能是否完好。

(8) 温度控制器过热报警参数是否设定合理。

(9) 参数是否被非法复位或修改。

(10) 测温探头是否损坏，温控仪触点是否失效。

第九章 直 流 系 统

第一节 直流系统正常巡检

205. 简述直流系统在发电厂中的作用。

答： 在发电厂中，为了供给控制、信号、保护、自动装置、事故照明、直流油泵和交流不停电电源装置等供电，要求有可靠的直流电源。为此发电厂通常用蓄电池做直流电源。直流系统除了蓄电池外，通常还包括充电设备、直流屏、直流馈线网络等直流设备。在大型发电场中，远动装置、通信设备、热工保护及自动装置等也要求采用专用直流系统作为电源。

206. 简述发电厂对于直流系统运行的要求。

答： 对直流系统的运行，要求有足够的可靠性和稳定性，即使在全厂停电交流电源失去的情况下，也要求直流系统能持续地向直流负载供给直流电源。由于现代大机组需要监视的参数多、保护控制逻辑全面复杂，所以全部采用集中控制系统，其中的继电保护、自动装置、热力控制和保护为机组的神经中枢，对整个机组安全运行起着相当重要的作用，这样对其直流系统的要求就更高。

207. 直流系统运行方式有哪些?

答：（1）单回路集中供电。

（2）单回路独立供电。

（3）双回路集中供电。

（4）辐射供电回路。

208. 直流充电器启动前检查项目有哪些？

答：（1）启动前应将所有工作票收回，拆除所有临时安全措施，现场清洁、无遗留物。

（2）测交、直流侧绝缘电阻合格，一、二次回路完好。

（3）新投运或大修后，应有检修详细交代，设备标志齐全。

（4）装置接地线可靠接地。

（5）检查蓄电池出口以及充电器交、直流侧熔断器完好，容量合适。

（6）充电器启动。

209. 直流系统正常监视、维护、检查内容有哪些？

答：（1）直流母线电压在［（2.23V±0.02V）×电池数］范围内，充电器运行正常。

（2）充电器内各部件无过热、松动、异常声音、异常气味。

（3）电池外壳和极柱温度正常，极柱、安全阀周围无渗液和酸雾逸出，电池壳盖无变形和渗液。

（4）蓄电池室内温度在 15～30℃之间，不允许长期超过 30℃。

（5）蓄电池室内清洁、通风良好，室内含氢量合格，蓄电池表面无损坏。

（6）各连接处应紧固，无松动现象。

（7）蓄电池浮充电压在稳压精度以内，在环境温度为 25℃情况下的正常浮充电压为 2.25V/单体，当蓄电池室内环境温度越过 33℃时，直流母线电压下调 2～3V。当蓄电池室内环境温度低于 5℃时，直流母线电压上调 2～3V。当蓄电池浮充运行时，蓄电池单体电压不应低于 2.18V，如单体电压低于 2.18V，则需要进行均充。

（8）均充时一般采用恒压限流进行充电，充电电压按 2.35V/单体（环境温度为 25℃）。温度补偿系数为－5mV/℃，充电频率为一次/年。

第二节　直流系统的试验与操作

210. 直流系统绝缘规定包括什么？

答：（1）蓄电池组绝缘电阻用高内阻电压表测量不低于0.2MΩ。

（2）全部直流系统（不包括蓄电池）用500V绝缘电阻表测量不低于0.5MΩ。

（3）直流母线用500V绝缘电阻表测量不低于50MΩ。

（4）充电器只允许测量对地绝缘，直流侧大于1MΩ，交流侧大于2MΩ。

211. 直流系统并列要求包括什么？

答：（1）直流系统并列必须极性相同，电压相等方可并列切换。

（2）新投产、大小修后必须核对极性。

（3）严禁两个直流系统在发生不同极性接地时并列。

212. 蓄电池遇有哪些情况时需进行均充？

答：（1）单体电池浮充电压低于2.18V。

（2）电池放出55%以上的额定容量。

（3）搁置不用时间超过3个月。

（4）全浮充运行一年以上。

213. 蓄电池电动势与哪些因素有关？

答：蓄电池电动势的大小与极板上的活性物质的电化性质和电解液的浓度有关。当极板活性物质已经固定时，蓄电池的电动势主要由电解液浓度来决定。

214. 蓄电池的内阻与哪些因素有关？

答：蓄电池的内电路主要由电解液构成。电解液有电阻，而极栅、活性物质、连接物、隔离物等，都有一定电阻，这些电阻之和就是蓄电池的内阻。影响内阻大小的因素很多，主要有各部分的构成材料、组装工艺、电解液的密度和温度等。因此，蓄电池内阻不是固定值，在充、放电过程中，随电解液的密度、温度和活性物质的变化而变化。

215. 蓄电池产生自放电的主要原因是什么？

答：（1）电解液中或极板本身含有有害物质，这些杂质沉附在极板上，使杂质与极板之间、极板上各杂质之间产生电位差。

（2）极板本身各部分之间存在电位差和极板处于不同浓度的电解液层，而使极板各部分之间存在电位差。这些电位差相当于小的局部电池，通过电解液形成电流，使极板上的活性物质溶解或电化作用，转变为硫酸铅，导致蓄电池容量损失。

第三节　直流系统运行过程中常见故障及处理

216. 直流系统接地有何危害？

答：直流系统接地应包括直流系统一点接地和直流系统两点接地两种情况。在直流系统中，直流正、负极对地是绝缘的，在发生一极接地时由于没有构成接地电流的通路而不引起任何危害，但一点接地长期工作是不允许的，因为在同一极的另一地点又发生接地时，就可能造成信号装置、继电保护或控制回路的不正确动作。发生一点接地后再发生另一极接地就将造成直流短路，如直流正极接地有造成继电保护误动作的可能。因为一般跳闸线圈（如出口中间继电器线圈和跳、合闸线圈等）均接负极电源，若这些回路再发生接地或绝缘不良就会引起继电保护误动作。直流负极接地与正极接地同一道理，如回路中再有一点接地就可能造成继电保护拒绝动作，使事故越级扩大。两极两点同时接地将跳闸或合闸回路短路，不仅可能使熔断器熔断，还可能烧坏继电器的触点。

217. 查找直流系统接地时的注意事项有哪些？

答：（1）直流发生接地时，禁止在二次回路上工作。

（2）查找直流接地禁止使用灯泡寻找方法。

（3）查找直流接地应两人进行，一人操作，另一人监护。

（4）采用瞬停电源方法时，以先信号和照明部分、后操作部分，先室外部分、后室内部分为原则。对瞬停带有备用电源、发电机-变压器组直流、热控电源时，并考虑切断直流后发生事故的相应措施。

（5）查找直流接地必须使用高内阻电压表。

（6）在断开每一回路时，无论接地与否应立即合上。

（7）查找过程中切勿造成另一点接地。

218. 简述直流系统接地现象。

答：（1）主控室“直流母线故障”光字牌报警。

（2）绝缘监察装置接地指示灯亮，正、负对地电压指示不平衡。DCS 上有相应报警。

（3）绝缘监察装置显示接地回路数。

219. 简述直流系统接地处理方法。

答：（1）确定接地极性及绝缘状况。

（2）依据绝缘监察装置指示，判断哪个回路接地。

（3）绝缘监察装置显示综合判断哪个回路接地。

（4）瞬停有故障回路。

（5）110V 直流系统主母线绝缘监察装置显示分电屏回路接地而分电屏绝缘监察装置未显示具体回路接地，应切换分电屏电源。

（6）瞬停选择充电装置。

（7）瞬停蓄电池。

（8）若经以上查找，未找到故障点，将接地母线上负荷倒至另一段直流母线带，瞬停空母线。

（9）查到故障点，安排处理。

220. 简述直流母线电压异常的现象、原因及处理方法。

答：现象：

（1）主控室“直流母线故障”光字牌报警。

（2）绝缘监察装置电压“高、低”相应指示灯亮，DCS 上有相应报警。

（3）就地电压表指示异常。

原因：

（1）充电器跳闸。

（2）蓄电池故障。

（3）直流系统大负荷变化。

（4）熔断器熔断。

处理方法：

（1）若充电器跳闸，根据情况启动备用充电器。

（2）若蓄电池故障，应将直流母线倒至另一组蓄电池带。

（3）若直流系统大负荷变化引起，应调整充电器，使电压恢复正常。

（4）若熔断器熔断，更换合格的熔断器。

221. 简述整流器故障的现象及处理方法。

答：现象：“110V（220V）整流装置交流消失”或“整流器故障”光字报警。整流器主开关跳闸。整流器输出为零，蓄电池放电，直流母线电压下降。

处理方法：

（1）检查硅整流器装置有无异常。

（2）检查硅整流装置熔断器是否熔断。

（3）检查硅整流装置过电压、过电流保护是否动作。

（4）复归保护装置，更换熔断器，重新启动装置正常后恢复运行。

（5）若启动不成功，应投入备用硅整流装置，通知电气检修处理整流装置。

222. 简述蓄电池出口熔断器熔断（或开关跳闸）现象及处理方法。

答：现象："蓄电池熔断器熔断"监视灯灭。直流母线电压波动，蓄电池浮充电流为零。

处理方法：

(1) 检查确认蓄电池出口熔断器熔断（或出口空气开关跳闸）。

(2) 判断故障设备，分析原因。

(3) 设法消除故障，恢复设备运行。

(4) 若无法排除故障，应倒为备用直流系统工作母线供电。

223. 简述直流母线电压异常现象、原因及处理方法。

答：现象："直流故障"报警，就地直流配电盘上低压继电器或过电压继电器有指示，就地电压表指示异常。

原因：充电装置故障、蓄电池断开、蓄电池放电。

处理方法：就地检查电压高还是电压低。检查充电装置已自动切换至合适的充电方式，否则手动切换。如充电装置因电压高而跳闸，可由蓄电池单独向母线供电，待电压降至额定值时，再投入充电装置运行。

224. 在何种情况下，蓄电池室内易引起爆炸？如何防止？

答：蓄电池在充电过程中，水被分解产生大量的氢气和氧气。如果这些混合的气体，不能及时排出室外，一遇火花，就会引起爆炸。

预防的方法：

(1) 密封式蓄电池的加液孔上盖的通气孔，经常保持畅通，便于气体逸出。

(2) 蓄电池内部连接和电极连接要牢固，防止松动打火。

(3) 室内保持良好的通风。

(4) 蓄电池室内严禁烟火。

(5) 室内应装设防爆照明灯具，且控制开关应装在室外。

第十章 UPS 系 统

第一节 UPS系统正常巡检

225. UPS系统的基本要求包括哪些?

答: (1) 保证在发电厂正常运行和事故状态下，为不允许间断供电的交流负荷提供不间断电源，在全厂停电情况下，这种电源系统满负荷连续供电的时间不得少于0.5s。

(2) 输出的交流电源质量要求电压稳定在5%~10%范围内，频率稳定度稳态时不大于±1%，暂态时不大于±2%，总的波形失真度相对于标准正弦波不大于±5%。

(3) 不停电交流电源系统切换过程中供电中断时间小于5ms。这样的切换时间只有静态开关才能做到。

(4) 不停电交流电源系统还必须有各种保护措施，保证其安全、可靠运行。

226. UPS装置投运前检查内容包括哪些?

答: (1) 检查所有柜体的接地是否牢固以及是否有损坏。

(2) 检查UPS系统接线正确，各接头无松动。

(3) UPS系统各开关均在“断开”位置。

(4) 检查UPS整流器电源输入电压正常。

(5) 检查UPS各元件完好，符合投运条件。

(6) 由检修测量各部绝缘电阻合格。

(7) 冷却风道畅通，进、出风口无异物。

(8) 各元件之间的连接牢固。所有的印刷电路板均被正确地安装，插头均被可靠地插入。

227. 简述 UPS 装置运行中检查内容。

答：（1）手动旁路开关 Q050 必须在“自动”位置。

（2）盘内各元件无异常电磁声、无异味，接头处无过热现象。

（3）盘内冷却风扇运转正常。

（4）逆变器输出电压、负载电压、旁路输出电压、整流输出电压均正常，输出频率正常。

（5）UPS 装置输出电流及负荷电流正常。

（6）蓄电池供电回路正常。

（7）盘面无异常报警信号，光字信号指示与实际运行方式相对应。

第二节　UPS 系统的试验与操作

228. UPS 系统主要负荷有哪些？

答：（1）DCS 包括 DAS（数据采集系统）、CCS（协调控制系统）、SCS（顺序控制系统）。

（2）故障状态显示和报警系统、火灾探测及报警系统。

（3）通信系统。

（4）电气及电子变送器、记录仪以及显示仪表等。

（5）DEH、MEH（给水泵汽轮机电液控制系统）和 FSSS（锅炉炉膛安全监控系统）自动控制和监测系统。

（6）汽轮机就地仪表。

（7）锅炉就地仪表。

第三节　UPS 系统运行过程中常见故障及处理

229. 整流器输出电压异常的原因及处理方法是什么？

答：（1）整流器输出电压低的原因及处理方法。

1）电压设定不正确。

处理：重新调整均充和浮充电压。

2）交流输入电压低。

处理：检查恢复交流输入电源。

3）控制板有故障。

处理：更换控制板。

（2）整流器输出电压高的原因及处理方法。

1）电压设定不正确。

处理：重新调整均充和浮充电压。

2）交流输入电压高。

处理：检查交流输入电压。

3）控制板有故障。

处理：更换控制板。

230. 整流器输出电流异常的原因及处理方法是什么？

答：（1）整流器输出电流低的原因及处理方法：

1）电流限制设定不正确。

处理：按正确值设定。

2）控制板有故障。

处理：更换控制板。

（2）整流器输出电流高的原因及处理方法：

1）电流限制设定不正确。

处理：按正确值设定。

2）控制板有故障。

处理：更换控制板。

3）整流器过负荷。

处理：降低逆变器或蓄电池负荷在额定值范围内。

231. 整流器不工作（熔断器熔断或开关跳闸）的原因及处理方法是什么？

答：（1）输入电压太高或太低。

处理：检查交流输入电压值与额定值相对应。

（2）启动或停机。

处理：未按正确的启、停机步骤执行。

（3）SCR（可控硅整流器）短路。

处理：更换新的二极管或 SCR。

（4）控制板有故障。

处理：更换控制板。

（5）回路短路。

处理：查找、处理短路部位。

（6）输入隔离变压器短路。

处理：更换新隔离变压器。

（7）蓄电池有欠缺或退出。

处理：检查蓄电池和直流回路。

232. 逆变器故障的原因及处理方法是什么？

答：（1）直流电压低。

处理：检查直流电压，重启逆变器。

（2）逆变器过负荷。

处理：降低逆变器负荷，复位逆变器。

（3）通信故障。

处理：检查通信接口或更换驱动板。

（4）晶体管短路。

处理：更换新的晶体管。

（5）控制板有故障。

处理：更换控制板。

233. UPS 不同步的原因及处理方法是什么？

答：（1）检查旁路电源可用。

（2）检查旁路输入回路有过多干扰。静态开关控制板故障。

处理：更换控制板。

第十一章 柴油发电机

第一节 柴油发电机正常巡检

234. 柴油发电机启动前检查项目包括哪些?

答:（1）检查柴油发电机组系统电源正常，外部接线正确。

（2）检查柴油发电机组控制屏上无报警。

（3）检查蓄电池电压正常，接线柱无电腐蚀现象，充电器在浮充状态。

（4）检查冷却水预热系统投运正常。

（5）检查柴油发电机组及控制屏内外清洁、无杂物。

（6）检查柴油发电机进风电磁阀在开启位置。

（7）检查所有控制开关在合闸状态，柴油发电机出口断路器在断开位置。

（8）启动前测量柴油发电机组绝缘电阻不低于 5MΩ。

（9）检查冷却水温控制、空气系统、燃油系统和润滑油系统均处于正常状态。

（10）检查室内燃油储油箱油量，油位在 2/3 以上。

（11）检查机组无漏油、漏水现象，机内清洁无杂物，排气口及空气滤清器内清洁无杂物。

（12）检查所有软管结合处无松脱及磨损现象。

（13）检查柴油机房温度在 10～35℃之间。

（14）检查柴油发电机房内的窗户、柴油发电机冷却风机出口处的窗户处于开启状态。

（15）检查柴油发电机出口开关控制电源送电正常。

235. 柴油发电机运行检查项目包括哪些?

答：（1）润滑油冷却器出水温度、润滑油压力、油箱油位正常。

（2）柴油发电机电压正常。

（3）柴油发电机频率、转速正常。

（4）柴油发电机机械声音正常，无异常响声。

（5）柴油发电机冷却水系统正常。

（6）柴油发电机各部无异常振动。

（7）柴油发电机控制盘上无异常报警。

（8）机组正常运行期间保安动力中心不带电，柴油机组做联动备用，其中控制盘上工作方式转换开关在“自动”位，出口开关转换开关投“远方”位，上述开关运行中不得随意乱动，使柴油机组随时具备远方启动状态。

第二节　柴油发电机的试验与操作

236. 柴油发电机远方启停操作内容包括哪些？

答：（1）检查柴油发电机油箱油位在2/3以上，柴油发电机供油手动门开启，润滑油、冷却水系统均处于正常状态。

（2）检查控制盘上工作方式转换开关在“自动”位，出口开关转换开关投“远方”位。发电机本机就地屏在“AUTO”（自动）位。

（3）检查柴油发电机控制盘上无报警。

（4）检查柴油发电机出口开关在“分闸”位，储能良好。

（5）在DCS上检查柴油发电机未闭锁。

（6）在DCS点柴油发电机启动按钮，检查柴油发电机启动成功。

（7）检查柴油发电机出口开关连锁合闸，柴油发电机出口电压正常，保安PC（动力中心）母线电压正常。

（8）检查柴油发电机运行正常。

（9）柴油发电机远方停止运行。

（10）检查柴油发电机出口开关断开。

237. 柴油发电机就地启停操作内容包括哪些？

答：（1）检查柴油发电机油箱油位在2/3以上，柴油发电机供油手动门开启，润滑油、冷却水系统正常。

（2）检查控制盘上工作方式转换开关在“手动”位，出口开关转换开关投“本地”位。发电机本机就地屏在“手动”位。

（3）检查柴油发电机出口开关在“分闸”位，储能良好。

（4）在柴油机控制屏上按“启动”按钮。

（5）检查柴油发电机出口开关连锁合闸，柴油发电机出口电压正常，保安PC母线电压正常。

（6）检查柴油发电机运行正常。

（7）在柴油机控制屏上按“分闸”按钮，检查出口开关已分闸。

（8）在柴油机控制屏上按“停止”按钮。

238. 简述柴油发电机紧急启、停操作方法。

答：（1）柴油发电机紧急启动按钮为设置在卧盘上的保安电源投入按钮，当DCS操作失灵时可以通过此按钮启动柴油发电机。

（2）当远方、就地停止失败或需要紧急停机时，就地手动按紧急停机按钮。紧急停机按钮共有两个，分别在柴油发电机控制屏上和发电机本机就地控制屏上。

第三节 柴油发电机运行过程中常见故障及处理

239. 简述柴油发电机启动故障的现象和处理方法。

答：现象：柴油发电机转动但点火不成功或点火成功后不能运行。

处理方法：

（1）检查燃料油位。

（2）检查智能控制器维持运行有无发电机电压输入，如没有则跟踪线路是否通畅。

（3）检查燃料管道及过滤器是否堵塞。

（4）如果在排气系统有白烟说明燃油已进入发动机，但柴油机未启动，则需要检查电磁阀是否工作正常。

240. 简述柴油发电机水温高的现象和处理方法。

答：现象：水温高报警或水温高跳机。

处理方法：

（1）检查柴油发电机是否过载。

（2）检查机房通风状况。

（3）检查风扇皮带松紧度。

（4）检查环境温度是否过高。

（5）检查冷却水水位。

241. 简述柴油发电机油压低的现象和处理方法。

答：现象：油压低故障报警或者油压低跳机。

处理方法：

（1）检查机油油位。

（2）检查机油管路及过滤器是否堵塞。

（3）测试油压开关是否动作正常。

242. 简述柴油发电机润滑油温高的现象和处理方法。

答：现象：机油温度故障指示灯亮。

处理方法：

（1）检查柴油发电机是否过载。

（2）检查机房通风状况。

（3）检查风扇皮带松紧度。

（4）检查环境温度是否过高。

（5）检查冷却水水位。

（6）检查机油油位。

第十二章 阻 塞 滤 波 器

第一节 阻塞滤波器正常巡检

243. 简述阻塞滤波器运行环境的要求。

答：（1）温度范围：－36.3～＋38.4℃。

（2）海拔：1064m。

（3）湿度：相对湿度小于 90％(25℃)。

（4）电网频率变化范围不超过±0.2Hz。

（5）每级只允许有一个电容单元故障。

（6）阻塞滤波器初始调谐频率偏差不超过±0.05Hz。

（7）只有阻塞滤波器进、出线侧接地开关均在合闸位置时才允许进入阻塞滤波器围栏。

244. 阻塞滤波器投运前检查项目有哪些？

答：（1）检查工作票结束，拆除所有接地、短路线和临时安全措施，恢复常设遮栏和标示牌。现场清洁无杂物。

（2）各瓷质部件及 TA 表面清洁无损坏、放电痕迹及放电现象。

（3）接头引线、隔离开关接触处接触良好，无松动、过热变色现象，引线等导线无断股。

（4）接地开关与其主隔离开关机械闭锁应良好。

（5）开关、隔离开关位置正确，开关 SF_6 气压正常，机构箱、端子箱门关闭、密封良好。

（6）电容器外壳平整无凸起，外部油漆应完整。

（7）电容器无渗、漏油现象。

（8）电容器熔断器完好。

（9）电抗器支柱应完整、无裂缝。

（10）电抗器线圈无杂物，线圈外部的绝缘漆应完好，玻璃纤维绑线无损坏变形。

（11）电抗器线圈应无变形及明显放电痕迹，接头接触良好，引线有无断股、抛股。

（12）MOV（金属氧化物避雷器）压力释放装置无异物堆积。

（13）设备接地线无锈蚀、开焊，接地可靠。

（14）检查基础无下沉、本体无倾斜。

（15）保护装置显示状态与一次设备实际状态相一致，无异常报警。监控系统各锁定继电器在复位状态，绿灯亮。

（16）各继电保护及监控装置投入正确。设备标志齐全。消防装置齐全、良好，照明充足。

245. 简述阻塞滤波器运行中的检查项目。

答：（1）正常运行时任何情况下禁止进入阻塞滤波器围栏内。

（2）新投或大修后投运最初72h，应2h检查一次，以后按正常要求进行检查。

（3）阻塞滤波器异常运行时，应加强检查，适当增加检查次数。

246. SSR阻塞滤波器运行中的检查项目包括哪些？

答：（1）检查阻塞滤波器各瓷质部分及TA表面清洁，无裂纹破损及放电现象。

（2）检查阻塞滤波器引线无松动、严重摆动或抛股、断股或烧伤痕迹。

（3）检查阻塞滤波器接头无松动或过热现象。

（4）检查阻塞滤波器接地装置应良好。

（5）检查阻塞滤波器各部清洁无杂物。

（6）检查阻塞滤波器开关、隔离开关操动机构箱、端子箱应封闭良好，无渗水现象。

（7）检查电抗器、电容器运行声音正常，无焦味。

(8) 检查电容器外壳有无膨胀，渗、漏油的痕迹。

(9) 检查电容器熔断器完好。

(10) 检查电抗器线圈无局部过热和绝缘烧焦的气味，外部清洁，无破损、无裂纹。

(11) 电缆无破损，电抗器、电容器本体无搭挂杂物。

(12) 保护装置显示状态与一次设备实际状态相一致，无异常报警。监控系统各锁定继电器在复位状态，绿灯亮。各继电保护及监控装置投入正确。消防器材齐全，照明充足。

247. 阻塞滤波器的特殊检查项目包括哪些？

答：(1) 过负荷运行时，应加强检查电容器、电抗器温度变化，接头有无过热的现象。

(2) 大风天气，应检查阻塞滤波器接头引线有无摆动和松动，导电体及绝缘瓶有无搭挂杂物。

(3) 雷雨天气，应检查瓷瓶、套管有无放电、闪络现象。

(4) 大雾天气，应检查瓷瓶、套管有无放电、闪络现象。

(5) 下雪天气，应检查瓷瓶、引线的积雪情况，接头的发热情况和冰馏的挂接情况。

(6) 短路后，检查各部有无变形，电容器是否有喷油现象，电抗器是否有位移，支持绝缘子是否松动扭伤，引线有无弯曲，水泥支柱有无破碎，有无放电声及焦煳气味。

第二节 阻塞滤波器的试验与操作

248. 阻塞滤波器机组启动允许条件包括哪些？

答：(1) 阻塞滤波器三相全部投入。

(2) 阻塞滤波器保护全部投入，无异常故障信号。

(3) 阻塞滤波器监控系统正常，无异常故障信号。

(4) TSR (扭应力) 保护全部投入，无异常故障信号。

(5) 异步自激磁保护全部投入，无异常故障信号。

249. 阻塞滤波器投运前的试验内容包括哪些?

答:（1）进、出线隔离开关及旁路开关分、合闸试验。

（2）进、出线隔离开关及旁路开关闭锁试验。

（3）保护装置传动正常。

250. 简述阻塞滤波器停运的操作规定。

答:（1）阻塞滤波器退出运行，应根据值长的命令执行。

（2）机组正常运行如某一相阻塞滤波器需退出运行时，在合上此相阻塞滤波器旁路开关且检查旁路开关在合闸位，断开此相阻塞滤波器旁路开关控制及动力电源，上旁路开关锁定销子后，才允许断开此相阻塞滤波器进、出口隔离开关。

第三节　阻塞滤波器运行过程中常见故障及处理

251. 阻塞滤波器紧急停运条件包括哪些?

答:（1）电容器或避雷器爆炸。

（2）电容器或电抗器起火。

（3）瓷套管发生严重放电、闪络。

（4）接点严重过热或熔化。

（5）电容器、电抗器内部有严重异常响声。

（6）电容器外壳有异常膨胀。

252. 简述电容器或电抗器声音异常的处理方法。

答: 根据声音判断电容器或电抗器内部是否发生问题，如电容器或电抗器内部有故障，且有危及系统运行的危险，应立即申请停运阻塞滤波器，并通知检修处理。

253. 简述电容器或电抗器着火的处理方法。

答: 立即停运阻塞滤波器。立即组织人员使用二氧化碳或干式灭火器进行灭火，通知消防队。通知检修人员对电容器或电抗器进行事故检查，找出原因进行检修处理。

254. 简述隔离开关电动操作失灵处理方法。

答：（1）检查动力电源是否正常，电源回路是否接触不良，隔离开关电动机电源开关是否投入。

（2）检查控制电源是否正常，控制电源开关是否投入。

（3）检查控制箱内选择、控制小开关是否对应。

（4）检查热继电器是否动作未复归。

（5）检查隔离开关辅助、限位触点及闭锁回路触点是否闭合良好。

（6）检查各电气元件是否有损坏。

第十三章　高 压 断 路 器

255. 高压断路器有什么作用?

答: 高压断路器不仅可以切断和接通正常情况下高压电路中的空载电流和负荷电流，还可以在系统发生故障时与保护装置及自动装置相配合，迅速切断故障电源，防止事故扩大，保证系统的安全运行。

256. 高压断路器一般由哪几部分组成?

答: 高压断路器一般由导电主回路、灭弧室、操动机构、绝缘支撑件及传动部件组成。

(1) 导电主回路：通过动触头、静触头的接触与分离实现电路的接通与隔离。

(2) 灭弧室：使电路分断过程中产生的电弧在密闭小室的高压力下于数十毫秒内快速熄灭，切断电路。

(3) 操动机构：通过若干机械环节使动触头按指定的方式和速度运动，实现电路的开断与关合。

(4) 绝缘支撑件：通过绝缘支柱实现对地的电气隔离。

(5) 传动部件：传动部件实现操作功的传递。

257. 高压断路器的热稳定电流和动稳定电流各是什么意思?

答: 热稳定电流：在规定的短时间内断路器在合闸状态下能够承载的最大电流的有效值，又叫额定短时耐受电流，等于其额定短路开断电流。它表示断路器承受短路电流热效应的能力，以短路电流的有效值表示。

动稳定电流：断路器在闭合位置时，所能通过的最大短路电流峰值，称为动稳定电流，亦称额定峰值耐受电流，一般等于 2.5

倍额定短时耐受电流的数值。它表明断路器在短路冲击电流作用下，承受电动力的能力。这个值的大小由导电及绝缘等部件的机械强度所决定。

258. 断路器分闸时间、开断时间、燃弧时间分别指什么?

答：分闸时间是指断路器从接到分闸命令开始到所有极弧触头都分离瞬间的时间间隔。

开断时间是指断路器接到分闸命令开始到断路器开断后三相电弧完全熄灭的时间。

燃弧时间是指断路器从某相开始起弧到所有相最终熄弧的时间。

三者关系为开断时间＝分闸时间＋燃弧时间。

259. 高压断路器的额定操作顺序是什么?

答：额定操作顺序分为两种，一种是自动重合闸操作顺序，即 O—t_1—CO—t_2—CO；另一种是非自动重合闸操作顺序，即 CO—t—CO。O 代表一次分闸操作，CO 代表一次合闸操作后立即紧跟一次分闸操作。对于第一种顺序，t_1 为无电流时间，取 0.3s 或 0.5s，t_2 为强送时间，取 180s。对于第二种顺序，通常取 t 为 15s。如有必要，断路器可分别标出不同操作顺序下对应的开断能力。由此可见，操作顺序是指在规定时间间隔内的一连串规定的操作，反映该断路器所具备的分合能力。

260. 重合闸操作中无电流时间的意义是什么?

答：无电流时间是指断路器在自动重合闸过程中，从断路器所有极的电弧最终熄灭到随后新合闸时任何一极首先通过电流时为止的时间间隔。在额定重合闸操作顺序中，无电流时间取为 0.3s，但实际上无电流时间可以因预击穿时间和燃弧时间的变化以及系统运行条件的不同而不尽相同。如果间隔时间太小，当断路器重合后再次分闸时，尚未恢复其熄弧能力，则断路器在第二次分闸时的开断能力就要下降。

261. 什么叫触头？触头可分为哪几种？

答：两个导体由于操作时相对运动而能分、合或滑动的叫作触头。有时将触头称为可做相对运动的电接触连接。

（1）从功能上可将触头分为下列几种：

1）主触头：断路器主回路中的触头，在合闸位置承载主回路电流。

2）弧触头：指在其上形成电弧并使之熄灭的触头。

（2）从触头所处位置可将触头分为下列几种：

1）静触头：在分合闸操作中固定不动的触头。

2）动触头：在分合操作中运动的触头。

3）中间触头：主要是指分合操作过程中与动触杆一直保持接触的滑动触头。

262. 断路器的辅助触点有哪些用途？

答：（1）接入指示灯回路，用于显示断路器的分合。

（2）接入闭锁回路，用于多个主回路电器的联锁动作和安全防护。

（3）接入远传信号回路，用于远方调度中心监视本地断路器状态。

（4）接入故障判别回路，用于某些情况下的故障类型判定。

263. 为什么断路器跳闸辅助触点要先投入、后断开？

答：串在跳闸回路中的断路器辅助触点叫作跳闸辅助触点。先投入是指断路器在合闸过程中，动触头与静触头未接通之前跳闸辅助触点就已经接通，做好跳闸准备，一旦断路器合于故障时就能迅速跳开。后断开是指断路器在跳闸过程中，动触头离开静触头之后，跳闸辅助触点再断开，以保证断路器可靠跳闸。

264. 为什么提高断路器分闸速度能提高灭弧能力？

答：提高断路器的分闸速度，即在相同的时间内触头间的距离增加较大，电场强度降低，与相应的灭弧室配合使之在较短时间内建立强有力的灭弧能力，同时使熄弧后的间隙在较短时间内获得较高的绝缘强度，减少电弧重燃的可能性。

265. 电网运行对交流高压断路器的要求有哪些？

答：（1）绝缘部分能长期承受最大工作电压，还能承受短时过电压。

（2）长期通过额定电流时，各部分温度不超过允许值。

（3）断路器的遮断容量要大于电网的短路容量。

（4）断路器的跳闸时间要短，灭弧速度要快。

（5）能满足快速重合闸的要求。

（6）在通过短路电流时，有足够的动稳定性和热稳定性。

（7）断路器具备一定的自保护功能和防跳功能。

（8）断路器的使用寿命能够满足电力系统要求，包括机械寿命和电气寿命。

（9）高压断路器还要保证在一般的自然环境条件下能够正常运行，且保证一定的使用寿命。

266. 相比于液体作绝缘和灭弧介质选用气体有哪些优点？

答：（1）电导率极小，实际上没有介质损耗。

（2）在电弧和电晕作用下产生的污秽物很少，不会发生明显的残留变化，自恢复性能好。

267. SF_6 气体有哪些良好的灭弧性能？

答：（1）弧柱导电率高，燃弧电压很低，弧柱能量较小。

（2）当交流电流过零时，SF_6 气体的介质绝缘强度恢复快，约比空气快 100 倍，即它的灭弧能力比空气的高 100 倍。

（3）SF_6 气体的绝缘强度较高。

268. 断路器 SF_6 气体含水量多有什么害处？

答：SF_6 气体含水量较多时，有两个方面的害处。SF_6 气体的电弧分解物在水分参与下会产生很多有害物质，如SOF_2、HF等，从而腐蚀断路器内部结构材料并威胁人身安全。另外，含水量过多时，由于水分凝结，湿润绝缘表面，将使其绝缘强度下降，威胁安全运行。因此，要求SF_6气体的含水量足够少，至少应符合标准规定。

269. SF_6断路器灭弧室内装设吸附剂有何作用？目前常用的吸附剂有哪些？

答：（1）吸附设备内部SF_6气体中的水分。

（2）吸附SF_6气体在电弧高温作用下产生的有毒分解物。

目前常采用的吸附剂有活性氧化铝、分子筛和活性炭等。

270. 什么是SF_6气体密度继电器？为什么要采用这种继电器？

答：密度继电器又叫温度补偿压力继电器，它是在压力表的基础上，加装了按照环境温度变化而伸缩的双层金属带作为温度补偿装置，使密度表的读数不随环境温度的变化而变化，监视的是密闭空间内SF_6气体密度的变化，同时具有控制和保护作用，在气体泄漏密度下降时可通过触点输出报警信号，闭锁断路器动作。

SF_6气体压力会随着环境温度的变化而变化，普通压力表无法反映出SF_6气体是否有泄漏，但是正常情况下在密闭的气室内气体密度是不变的。因此，对于SF_6气体断路器必须用只反映密度变化的密度继电器来保护。

271. 断路器SF_6气体水分的来源主要有哪几个方面？

答：（1）制造厂装配过程中吸附过量的水分。

（2）密封件的老化和渗透。

（3）各法兰面密封不严。

（4）吸附剂的饱和失效。

（5）在测试SF_6气体压力、水分以及补气过程中带入水分。

272. 什么叫断路器自由脱扣？

答：在断路器合闸到任何位置时，接收到分闸脉冲命令均应立即分闸，断路器能可靠地断开，这就叫自由脱扣。带有自由脱扣的断路器，可保证断路器合于短路故障时能迅速断开切除故障，避免扩大事故范围。

273. 高压断路器的分合闸缓冲器起什么作用？

答：分闸缓冲器的作用是防止因弹簧释放能量时产生的巨大冲击力损坏断路器。

合闸缓冲器的作用是防止合闸时的冲击力使合闸过深而损坏套管。

274. 什么叫断路器跳跃？什么叫防跳？

答：所谓跳跃是指断路器在手动合闸或自动装置动作使其合闸时，如果远方合闸信号持续、合闸按钮或转换开关触点粘连，使断路器合闸回路常通，此时恰巧继电保护动作使断路器跳闸，从而发生的多次“跳-合”现象。

所谓防跳是指利用操动机构本身的机械闭锁或者在断路器控制回路上采取措施，以防止这种跳跃现象发生。

275. 目前常采用的有哪两种防跳跃方法？

答：防跳跃有机械和电气两种方法。

（1）机械防跳跃：在操动机构的分闸电磁铁可动铁芯上装设防跳跃触点，只要分闸铁芯吸动就将合闸回路自动断开。

（2）电气防跳跃：在断路器控制回路中装设防跳继电器。在分闸时，防跳继电器吸合将合闸回路断开，并可保持一定时间。

276. 多断口断路器并联电容器的作用是什么？

答：（1）改善多断口断路器在开断位置时各个断口的电压分配，使之尽量均匀，并且使开断过程中每个断口的恢复电压尽量均匀分配，以使每个断口的工作条件接近相等。

（2）在断路器的分闸过程中电弧过零后，降低断路器触头间隙恢复电压的上升速度，提高断路器开断近区故障的能力。

277. 超高压长线路断路器断口并联电阻的作用是什么？

答：在超高压电网中投、切空载线路，会产生操作过电压。为此，通过在断路器断口上装设合闸电阻，释放电网的能量，限制过电压水平，从而保护电网电气设备，降低设备绝缘成本。此外，在合闸时合闸电阻提前主断口（灭弧室）合闸前几毫秒投入，当主触头合上时被短接，分闸时合闸电阻滞后主端口退出，这样做可以有效限制操作过电压。

278. 高压断路器常见操动机构类型有哪些？

答：（1）电磁机构：指靠直流螺管电磁铁合闸的操动机构。

（2）弹簧机构：指以弹簧作为储能元件来实现分、合闸的操动机构。

（3）液压机构：指以高压油推动活塞实现合闸与分闸的操动机构。

（4）气动机构：指以压缩空气推动活塞实现分、合闸的操动机构。

279. LW25-252 断路器灭弧室主要由哪几个部分组成？

答：LW25-252 断路器灭弧室以自能热膨胀熄弧原理为主，结合压气燃弧原理，采用变开距结构，它由静触头系统、动触头系统、灭弧室瓷套、绝缘拉杆、支柱瓷套、直动密封、吸附剂等组成。

280. 简述 LW25-252 断路器灭弧原理。

答：断路器分闸时，利用压气缸内的高压热膨胀气流熄灭电弧。在操动机构的作用下，操作杆绝缘拉杆、活塞杆、压气缸、动弧触头和喷口一起向下拉，从合闸位置运动一段距离后，当动触头分离时，电流沿着仍接触的弧触头流动，当动弧触头和静弧触头分离时，弧触头间产生电弧，利用静弧触头及电弧对喷口的堵塞效应和电弧对气体的热膨胀作用，迅速提高灭弧室的吹弧气体压力，这时气缸内被压缩的 SF_6 气体通过喷口吹向燃弧区域，从而将电弧熄灭，以达到开断负荷电流和各种故障电流的目的。

281. LW10B-252 断路器液压操动机构由哪些元件组成?

答：液压操动机构采用集成块模式，由油箱、油压微动开关、氮气储压器、工作缸、控制阀、油泵、电动机、信号缸、连接座、辅助开关、密度继电器、压力表、分合闸电磁铁等组成。

282. 简述 LW10B-252 断路器液压系统储压过程。

答：接通电源，电动机带动油泵转动，油箱中的低压油经油泵进入储压器上部，压缩下部的氮气，形成高压油。相应的工作缸活塞上部、控制阀、信号缸及油压开关等区域也充满高压油，当油压达到额定工作压力值时，油压开关的相应触点断开，切断电动机电源，完成储压过程。

283. 液压机构有哪几种闭锁方式?

答：（1）电气闭锁：当断路器和隔离开关处在合闸位置时，如果操动机构油压非常低或降至零压时，控制回路自动切断油泵电动机电源，禁止启动打压。

（2）防慢分阀：有三种方法，一是将二级阀活塞锁住或加防慢分装置；二是在三级阀处设置手动阀，油压降至零压时将手动阀拧紧，使油压系统保持在合闸位置，当油压重新建立后松开此手动阀；三是设置管状差动锥阀，该阀无论开关在分、合闸位置，只要系统建立压力，无论压力有多大，该管状差动锥阀都将产生一个为维持在分、合闸位置的保持力。

（3）机械闭锁：利用机械手段将工作缸活塞杆维持在合闸位置，待故障处理完毕后方可拆除机械支撑。

284. 简述弹簧机构的工作原理。

答：弹簧机构的工作原理是利用电动机对合闸弹簧储能，并由合闸掣子保持，在断路器合闸时，利用合闸弹簧释放的能量操作断路器合闸，与此同时对分闸弹簧储能，并由分闸掣子保持，断路器分闸时利用分闸弹簧释放的能量操作断路器分闸。

285. 弹簧操动机构断路器合闸后未储能可以分闸吗？为什么？

答：可以分闸。因为弹簧操动机构分、合闸操作采用两个螺旋压缩弹簧实现，一个是合闸弹簧，另一个分闸弹簧。断路器在合闸时，合闸弹簧的能量一部分用来合闸，另一部分用来给分闸弹簧储能。合闸弹簧能量释放后，储能电动机启动，立刻为其储能。所以断路器在合闸后分闸弹簧已储好能，可以分闸。

286. 弹簧操动机构为什么必须装有“未储能信号”及相应的合闸回路闭锁装置？

答：由于弹簧机构只有当它已处在储能状态后才能合闸操作，所以必须将合闸控制回路经弹簧储能位置开关触点进行联锁。弹簧未储能或正在储能过程中均不能合间操作，并且要发出相应的信号。另外，在运行中一旦发出弹簧未储能信号，就说明该断路器不具备一次快速自动重合闸的能力，应及时进行处理。

287. 液压碟簧机构由哪些部分组成？

答：液压碟簧机构由五个相对独立的模块构成，分别为：

（1）储能模块：储压器。

（2）监测模块：弹簧行程开关等，监测并控制碟簧的储能情况。

（3）控制模块：电磁阀及换向阀等，控制工作缸的分、合动作。

（4）充能模块：电动机和油泵，将电能转变成机械能再转换成液压能带动储压器压缩碟簧储能。

（5）工作模块：采用常充压差动式结构，高压油恒作用于活塞杆上端。

288. 什么是断路器保护?

答: 断路器保护是指能实现断路器部分辅助控制功能，并针对断路器可能出现非正常运行状态或故障设置的保护装置。它通常设置有三相不一致保护、失灵保护、充电保护、死区保护等，根据系统实际情况需要部分断路器保护装置配置有重合闸功能。

289. 3/2 接线方式的断路器保护如何配置?

答: 3/2 断路器接线方式的线路或发电机-变压器组单元与断路器并不是一一对应的，线路保护动作时需要跳开两台断路器，重合闸也要重合两台断路器，并且断路器受两个单元的保护控制。因此，在 3/2 断路器接线方式下，断路器保护是按断路器单独配置独立组屏的。各断路器的重合闸控制功能只配置在相应的断路器保护装置中。

290. 何谓断路器失灵保护?

答: 当系统（输电线路、变压器、母线或其他一次设备）发生故障时，断路器因操作失灵拒绝跳闸时，通过故障元件的保护作用于本变电站相邻断路器跳闸，同时还利用通道使远端断路器同时跳闸的保护称为断路器失灵保护。断路器失灵保护是近后备保护中防止断路器拒动的一项有效措施。

291. 如何识别断路器失灵?

答: 断路器失灵的判别往往又被称为失灵启动。从断路器失灵的定义可以知道，断路器失灵有两个要素。一是保护发出过跳开该断路器的跳闸指令，二是断路器没有跳开。因此，可以将保护动作触点与失灵保护电流元件动作的触点串接构成失灵启动的回路，也可以由失灵保护装置将保护动作的开入量和失灵保护电流元件动作的两个条件通过“与”的逻辑驱动启动失灵的触点动作。

292. 双母线接线方式断路器失灵保护如何动作?

答: 双母线接线方式失灵保护动作的跳闸对象是与失灵断路器在同一段母线运行的所有断路器。在高电压等级的电力系统中,通常为双母线接线方式下的母差保护屏内设置有失灵保护功能,作为母线上所有断路器失灵动作时的公共执行元件。母线失灵保护在收到失灵的断路器发出的失灵启动开入量后,如果复合电压开放,则根据装置自动识别出的运行方式,经一个较短延时跳开母联和分段断路器,随后跳开该母线上其他单元断路器,以隔离失灵的断路器。

293. 断路器本体的三相不一致保护如何实现?

答: 断路器自身的三相不一致接线由断路器的一组 A、B、C 三相动断触点(断路器在分闸位置时接通)并联,另一组 A、B、C 三相动合触点(断路器在合位置时接通)并联,再将两者串联后启动一只带延时的继电器来判断是否出现非全相运行。当三相均在合闸位置或分闸位置时,总有一组辅助触点处于分开位置,继电器不动作。当三相断路器不一致,有一相或两相处于分闸位置时,两组辅助触点中总有触点处于接通状态,继电器动作,到整定延时接通断路器跳闸回路,跳开三相断路器。

294. 什么是自动重合闸?

答: 当断路器跳闸后,能够不用人工操作而很快使断路器自动重新合闸的装置叫自动重合闸。

295. 综合重合闸有几种运行方式?各是怎样工作的?

答: 综合重合闸由切换开关切换开关实现三种方式,分别是:

(1)单相重合闸方式:单相故障跳开故障相后单相重合,重合在永久发生故障上后跳开三相,相间故障跳开三相后不再重合。

(2)三相重合闸方式:任何类型故障均跳开三相、三相重合(检查同期或无电压),重合在永久性故障上时再跳开三相。

（3）综合重合闸方式：单相故障跳闸后单相重合，重合在永久性故障上跳开三相，相间故障跳开三相后三相重合，重合在永久性故障上再跳开三相。

296. 重合闸成功、不成功、未动、拒动分别如何定义？

答：重合闸成功是指断路器跳闸后，重合闸装置动作，断路器自动合上的过程。

重合闸不成功是指断路器跳闸后，重合闸装置动作，断路器自动合上送电后，由保护或自动装置再次动作跳闸的过程。

重合闸未动是指重合闸装置投入，但不满足动作的相关技术条件，断路器跳闸后重合闸装置不动作。

重合闸拒动是指重合闸装置投入，且满足动作的相关技术条件，但断路器跳闸后重合闸未动作。

297. 哪些情况应退出线路断路器重合闸？

答：（1）线路带电作业。

（2）断路器遮断容量不够。

（3）试送有故障线路。

（4）重合闸装置有故障。

（5）调度命令要求退出时。

298. 断路器跳闸位置继电器与合闸位置继电器有什么作用？

答：（1）可以表示断路器的跳、合闸位置，如果是分相操作的，还可以表示分相的跳、合闸信号。

（2）可以表示断路器位置的不对应或表示该断路器是否在非全相运行状态。

（3）可以由跳闸位置继电器触点去启动重合闸回路。

（4）在单相重合闸方式时，闭锁三相重合闸。

（5）发出控制回路断线信号和事故音响信号。

299. RCS-921A 数字式断路器保护与自动重合闸装置的功能有

哪些？

答：RCS-921A数字式断路器保护与自动重合闸装置的功能包括断路器失灵保护、三相不一致保护、死区保护、充电保护和自动重合闸。失灵保护、不一致保护、死区保护、充电保护动作均闭锁重合闸。

300. RCS-921A断路器保护装置重合闸放电条件有哪些？

答：(1) 重合闸启动前压力不足，经延时400ms后“放电”。

(2) 重合闸方式在退出位置，即重合方式1与重合方式2同时为“1”或者重合闸投入控制字置“0”时“放电”。

(3) 单重位置，即重合方式1与重合方式2同时为“0”，如果三相跳闸位置均动作或收到三跳命令或本保护装置三跳，则重合闸“放电”。

(4) 收到外部闭锁重合闸信号时立即“放电”。

(5) 合闸脉冲发出的同时“放电”。

(6) 失灵保护、死区保护、不一致保护、充电保护动作时立即“放电”。

(7) 收到外部发电机-变压器三跳信号时立即“放电”。

(8) 对于后合重合闸，当单重或三重时间已到，但后合重合延时未到，这之间如再收到线路保护的跳闸信号，立即放电不重合。这可以确保先合断路器合于故障时，后合断路器不再重合。

301. RCS-921A断路器保护沟三触点闭合的条件有哪些？

答：(1) 当重合闸在未充好电状态且未充电沟通三触控制字投入，将沟三触点闭合。

(2) 重合闸为三重方式时，将沟三触点闭合。

(3) 重合闸装置故障或直流电源消失，将沟三触点闭合。

沟三触点为动断触点，沟三触点是为了使断路器具备三跳的条件。

302. 断路器运行前应满足的条件有哪些？

答：(1) 断路器本体 SF_6 压力正常。

(2) 储能正常，弹簧机结构储能电动机运行正常；液压操动机构应无渗漏油，油位正常，油泵和电动机运行正常。

(3) 断路器、操动机构及控制箱连接应牢靠，外表无损伤。

(4) 电气连接牢固，接触良好。

(5) 断路器及其操动机构的联动应正常，无卡阻现象，分、合闸指示正确，辅助开关动作正确、可靠。

(6) 机构箱内端子及二次回路连接正确，元件完好。

(7) 机构箱接地良好，断路器动作计数器动作正确。

(8) SF_6 断路器在大小修后投入前，必须进行两次分、合闸试验，第一次分闸用第一组控制电源，第二次分闸用第二组控制电源。

(9) 新装或大修后断路器投运前须验收、试验合格才能投运。

303. 500kV 弹簧机构断路器运行中的巡检有什么注意事项？

答：(1) 支持瓷瓶、断口瓷瓶及并联电容、并联电阻管应完整，无电晕放电现象。

(2) 断路器引线、接线极及断口之间连线应无过热、发红及松脱现象。

(3) 实际位置与操动机构位置指示、控制室电气位置指示应一致。

(4) SF_6 气体压力应在正常范围内，无泄漏现象。

(5) 断路器储能正常。

(6) 机构箱密封良好，内部各电气元件运行正常，工作状态应与要求一致。

(7) 机械部分应无卡涩、变形及松动现象。

(8) 断路器的外观及二次部分应清洁、完整。

(9) 低温时应注意加热器的运行。

304. 220kV 液压机构断路器运行中的检查项目及要求有哪些？

答： (1) 套管管表面应清洁，无裂纹、破损及放电痕迹、异响。

（2）分合闸位置与机械指示、电气指示及报警信号应一致。

（3）液压机构压力、油位是否正常，有无渗漏油现象。

（4）SF_6气体压力正常，无漏气等缺陷。

（5）断路器机构箱、端子箱门关严，密封良好。

（6）机械部分应无卡涩、变形及松动。

（7）断路器引线、接线极应无过热、发红及松脱现象。

（8）外观清洁，设备名称编号及相位标识正确、无缺失。

（9）设备外壳接地是否保持良好。

（10）低温时应注意加热器的运行。

305. 断路器液压操动机构的检查巡视项目有哪些？

答：（1）油压表压力指示正常。

（2）油箱油位在上下限之间，无渗漏油现象。

（3）微动开关无位移、卡死、锈蚀及断线现象。

（4）储能电源开关位置正确。

（5）监视油泵启动情况。

（6）高压油管、接头、贮压筒行程杆无渗漏油现象。

（7）机构箱密封良好，清洁，无变形、凝露等，加热器（驱潮器）工作正常。

306. 断路器在操作时应重点检查的项目有哪些？

答：（1）套管表面应无破损、无放电痕迹、无异响。

（2）根据现场机械指示检查断路器的位置，同时根据电流、信号判断指示是否正确。

（3）检查断路器各相电流、电压和负荷转移情况。

（4）检查储能是否正常、动力机构是否正常。

（5）检查保护装置采样是否正常、有无异常报警。

（6）合闸后检查重合闸是否充电完成。

307. 断路器的特殊巡视检查项目有哪些？

答：（1）大风时，引线无剧烈摆动，上面有无落物，周围有无被刮起的杂物。

（2）雨天时，断路器各部件有无电晕、放电及闪络现象，触点有无冒汽现象。

（3）雾天时，断路器各部件有无电晕、放电及闪络现象。

（4）下雪时，断路器各接头积雪有无明显融化，有无冰柱及放电、闪络等现象。

（5）气温骤降时，检查机构箱及端子箱加热器投运情况，液压机构油位变化及有无渗漏油情况等。

308. 断路器检修后应进行哪些试验项目?

答：（1）辅助和控制回路绝缘电阻。

（2）导电回路电阻。

（3）合闸电阻值以及合闸电阻预投入时间。

（4）断路器分合闸时间、速度、同期性及行程等。

（5）断口并联电容器的绝缘电阻、电容量和 $\tan\delta$（介质损耗因数）。

（6）合、分闸线圈的动作电压。

（7）SF_6 气体密度继电器校验。

（8）SF_6 气体微水测试。

309. 断路器操作时应注意什么?

答：（1）经检修之后恢复运行操作前，应认真检查所有安全设施是否全部拆除，防误装置是否正常。

（2）合闸操作前检查报警信号、光字正常，无保护动作信号。

（3）储能机构已储能。

（4）SF_6 气体压力正常。

（5）合闸操作中应同时监视有关电压、电流、功率等表计的指示。

（6）断路器操作后的位置检查应通过断路器位置遥信信号变化、电气量遥测指示变化、断路器（三相）机械指示位置变化等方面判断。遥控操作断路器至少应有两个及以上元件指示位置已发生对应变化，才能确认该断路器已操作到位。装有三相表计的断路器应检查三相表计。

（7）正常运行中严禁就地分、合 500kV 及 220kV 断路器，但当开关远方操作失灵且在紧急情况，可允许就地进行分闸操作。

（8）任何开关正常操作均不允许进行手动机械合闸操作。

（9）开关在分闸后 300ms 内严禁合闸，每小时操作不超过 10 次。

（10）同时满足设备停送电的操作顺序规定。

310. 双母线接线倒停母线时拉母联断路器应注意什么？

答： 在倒母线结束前，拉母联断路器时应注意：

（1）对要停电的母线再检查一次，确认设备已全部倒至运行母线上，防止因“漏”倒引起停电事故。

（2）拉母联断路器前，检查母联断路器电流表应指示为零；拉母联断路器后，检查停电母线的电压表应指示零。

（3）当母联断路器的断口（均压）电容 C 与母线电压互感器的电感 L 可能形成串联铁磁谐振时，要特别注意拉母联断路器的操作顺序：先拉电压互感器，后拉母联断路器。

311. 设备停、送电的操作顺序有何规定？

答：（1）设备停电检修：运行→热备用→冷备用→检修；设备投入运行的顺序与此相反。

（2）单电源线路停送电的操作顺序：停电操作必须按照断路器→负荷侧隔离开关→母线侧隔离开关顺序依次操作；送电顺序与此相反。

（3）双电源线路停送电操作顺序：停电时应先将线路两侧的断路器断开，然后依次断开线路侧隔离开关→母线侧隔离开关；送电操作顺序与此相反。

（4）变压器的停送电操作顺序：停电时应先断开低压侧断路器→中压侧断路器→高压侧断路器，最后断开各侧隔离开关；送电顺序与此相反。

（5）停电操作时，先操作一次设备，再退出继电保护；送电操作时，先投入继电保护，在操作一次设备。

312. 何谓准同期并列？并列的条件有哪些？

答：当满足下列条件或偏差不大时，合上电源间开关的并列方法为准同期并列。

（1）并列开关两侧的电压相等，最大允许相差20%以内。

（2）并列开关两侧电源的频率相同，一般规定：频率相差0.5Hz即可进行并列。

（3）并列开关两侧电压的相位角相同。

（4）并列开关两侧的相序相同。

313. 双母线接线方式用母联断路器并列应如何操作？

答：操作方法如下：

（1）将双母线改为单母线运行方式。

（2）将母联断路器停用。

（3）将待并电源充电至待并母线。

（4）同期合母联断路器，如无异常则并列成功。

314. 断路器可能发生哪些故障？

答：高压断路器常见故障有拒绝合闸，拒绝跳闸，假分闸，假跳闸，三相不同期，操作机构损坏，密封件失效，绝缘损坏或不良，灭弧件触头故障，SF_6气体泄漏，液压油渗漏，切断短路能力不够造成的爆炸以及不按指令的相别合闸、跳闸动作等。

315. 断路器在运行中发生哪些现象时应立即申请停运处理？

答：（1）SF_6气体泄漏且无法带电补气。

（2）瓷套管断裂、严重损坏。

（3）绝缘子严重放电。

（4）引线接头松动、过热或发红。

（5）液压机构油压降至分闸闭锁压力以下无法恢复。

（6）二次设备损坏，影响开关正常运行。

（7）如果无法断开时需联系调度申请越级断开电源或采取其他可行办法。

316. 断路器故障跳闸后需重点检查哪些项目？

答：（1）支持瓷瓶及各瓷套管等有无裂纹破损、放电痕迹。

（2）各引线的连接有无过热发红、松动现象。

（3）SF_6 气体有无泄漏或压力大幅度降低现象。

（4）500kV 断路器并联电容器、并联电阻有无异常现象。

（5）500kV 断路器弹簧储能正常，220kV 断路器液压系统储能正常。

（6）机械部分有无异常现象，电气与机械位置三相指示是否一致。

（7）断路器动作计数器动作是否正确。

317. 断路器拒绝合闸应检查哪些项目？

答：（1）控制电源开关是否跳闸。

（2）断路器遥控合闸连接片是否投入，合闸控制回路是否正常。

（3）储能是否正常。

（4）SF_6 气体压力是否正常。

（5）同期回路工作是否正常，同期条件是否满足。

（6）“远方/就地”操作位置选择开关是否与操作相对应。

（7）防跳继电器触点接触是否良好。

（8）合闸继电器、合闸线圈是否断线、卡涩或触点接触不良。

（9）合闸闭锁继电器触点接触是否良好。

（10）辅助触点是否接触良好，机构是否损坏或卡涩。

318. 断路器拒绝分闸应检查哪些项目？

答：（1）控制电源开关是否跳闸。

（2）分闸控制回路有无断线，如为手动分闸检查遥控分闸连接片是否投入。

（3）操作位置选择开关是否与操作相对应。

（4）辅助触点是否接触良好，机构是否损坏或卡住。

（5）SF_6 气体压力是否正常。

（6）闭锁继电器是否动作，触点接触是否良好。

（7）跳闸继电器、跳闸线圈是否断线、烧伤、卡涩或触点接触不良。

（8）储能是否正常。

（9）控制开关触点接触是否良好。

319. 断路器拒绝分闸的后果有哪些？

答：断路器拒绝分闸有两种情况，一种是在正常的倒闸操作过程中拒绝分闸，另一种是在设备发生故障时拒绝分闸。后一种情况对系统安全运行威胁很大，一旦某一单元发生故障时，断路器拒绝分闸将会造成上一级断路器跳闸，称为“越级跳闸”。这将扩大停电范围，甚至有时会导致系统解列，造成大面积停电的恶性事故。

320. 在事故情况下断路器拒绝分闸的特征有哪些？

答：（1）有保护动作信号，但该断路器仍在合闸位置。

（2）上一级的后备保护如主变压器阻抗保护、断路器的失灵保护等动作。

（3）在个别的情况下，后备保护不能及时动作，元件会有短时电流指示值剧增，电压指示降低，功率指示摆动，主变压器发出沉重“嗡嗡”异常响声等现象，而相应断路器仍处在合闸位置。

321. 断路器合闸闭锁的原因有哪些？

答：（1）液压操动机构压力下降至合闸闭锁压力。

（2）合闸弹簧未储能。

（3）SF_6 压力低于分、合闸闭锁压力。

（4）3/2 接线断路器保护动作。

（5）超高压线路并联电抗器保护动作。

（6）主变压器主保护动作闭锁断路器合闸。

322. 断路器合闸直流电源消失如何处理？

答： 当断路器的合闸电源开关跳闸或断开时，将发出“合闸直流电源消失”信号，说明合闸回路有故障或合闸电源开关未合上。运行人员应检查合闸回路有无明显故障（如合闸继电器、合线圈等）或合闸电源开关未合上的原因。如果未发现明显异常现象，运行人员可将合闸直流电源开关试合一次，如果试合成功说明已正常；如果再次跳闸，说明直流回路确有问题，应申请调度停用该断路器的重合闸，并通知专业人员进行处理。

323. 断路器误跳闸有哪些原因？

答：（1）保护误动作。

（2）断路器机构的不正确动作。

（3）二次回路绝缘问题。

（4）有寄生跳闸回路。

324. 运行中断路器发生误跳闸如何处理？

答： 若系统无短路或接地现象，继电保护未动作，断路器自动跳闸称断路器“误跳”。当断路器误跳时应立即查明原因并处理。

（1）若因人员碰碰、误操作或机构受外力振动，保护盘受外力振动引起自动脱扣而“误跳”应不经汇报立即送电。

（2）若保护误动可能整定值不当或电压、电流回路故障引起的应查明原因后才能送电。

（3）二次回路直流系统发生两点接地（跳闸回路接地）引起应及时排除故障。

（4）并网或联络线断路器发生“误跳”时不能立即送电，必须汇报调度听候处理。

325. 断路器越级跳闸应如何检查处理？

答： 断路器越级跳闸后应首先检查保护及断路器的动作情况。

如果是保护动作，断路器拒绝跳闸造成越级，则应在拉开拒跳断路器两侧的隔离开关后，将其他非故障线路送电。

如果是因为保护未动作造成越级，则应将各线路断路器断开，再逐条线路试送电，发现故障线路后，将该线路停电，拉开断路器两侧的隔离开关，再将其他非故障线路送电。最后再查找断路器拒绝跳闸或保护拒动的原因。

326. 断路器出现非全相运行时应如何处理？

答： 根据断路器发生非全相运行情况，分别采取以下措施：

（1）断路器在运行中一相断开，可立即试合一次，合闸不成功则断开其余两相断路器。

（2）如果断路器是两相断开，应立即将断路器断开。

（3）断路器操作时，发生非全相运行，应立即断开该断路器。

（4）如上述措施仍不能断开或合上时，应尽快向调度申请越级停电，将故障断路器隔离检修。

327. 断路器 SF_6 气体压力异常如何处理？

答：（1）当 SF_6 气体压力降低信号发出后，应立即汇报，通知检修人员。

（2）就地检查断路器 SF_6 压力指示，判断信号的正确性。

（3）如果压力比较稳定，检修人员对断路器进行补气，观察运行，并定时记录 SF_6 压力值。

（4）如泄漏严重，无法恢复至正常压力时，应在压力低闭锁操作之前，申请停电处理。

（5）如严重泄压或压力到零，在压力低闭锁操作信号发出后，应断开断路器控制电源，严禁操作断路器，申请越级停电处理，将故障断路器隔离。

（6）SF_6 气体严重泄漏时，到断路器处检查应注意防毒或采取防毒措施。

（7）在断开位置的断路器，当气压降低信号发出后，任何情况下不应将断路器合闸。

328. 弹簧储能操动机构的断路器发出“弹簧未拉紧”信号时应如何处理?

答：弹簧储能操动机构的断路器在运行中，发出弹簧机构未储能信号（光字牌及音响）时，值班人员应迅速去现场，检查交流回路及储能电动机是否有故障，储能电动机有故障时，应用手动将弹簧拉紧，储能电动机无故障而且弹簧已拉紧，应检查二次回路是否误发信号，如果是由于弹簧有故障不能恢复时，应向调度申请停电处理。

329. 如何根据断路器液压机构压力表判断机构故障?

答：断路器液压机构压力表反映液压机构高压管道内实际压力，用压力表监视机构状态应当注意：

（1）观察到的压力指示应按实际温度换算到 20℃时的数值，再与标准相比较。

（2）观察压力表指示应与活塞杆位置相比较。如果活塞杆与微动开关位置正常，而压力表指示过高，可能是液压油渗入氮气空间内；如果活塞杆与微动开关位置正常，而压力表指示过低，可能是氮气渗漏至液压油空间内。

330. 什么原因会使液压操动机构的油泵打压频繁?

答：（1）储压筒活塞杆漏油。

（2）高压油路漏油。

（3）微动开关的停泵、启泵距离不合格。

（4）放油阀密封不良。

（5）液压油内有杂质。

（6）氮气损失。

331. 断路器液压机构压力异常降低的原因是什么？

答：除温度变化外，可能有以下原因：

（1）启动油泵微动开关触点接触不良，油泵电动机无法启动打压。

（2）油泵电动机电源交流回路故障。

（3）液压系统有多处漏油。

（4）焊接不良，充气阀漏气，使氮气减少，压力降低。

（5）机构内部、阀系统或其他部位故障。

（6）压力表故障。

332. 造成液压储能筒中油下降的因素有哪些？

答：（1）操作。

（2）在液压回路中内部泄漏，即使开关长时间不操作，油泵系统也会启动。

（3）环境温度下降。

（4）氮气泄漏。

333. 断路器液压机构压力下降应如何处理？

答：（1）检查压力表指示，判断压力是否确已下降。

（2）检查液压系统有无泄漏，油位是否正常，如泄漏缓慢，则联系带电堵漏或补油。

（3）如泄漏严重，压力下降至闭锁分闸压力以下而无法恢复时，应将故障断路器的控制电源断开，此时禁止操作故障断路器。应利用机械闭锁装置将断路器锁紧在合闸位置，防止断路器慢分。

（4）倒负荷，用母联断路器或上一级断路器将故障断路器停电，隔离检修。

（5）如压力下降而油泵未启动，应检查油泵电动机、储能电源、微动开关及控制回路等。

334. 断路器在运行中液压降到零如何处理？

答：断路器在运行中由于某种故障液压降到零，处理时首先应用卡板将断路器卡死在合闸位置，然后断开断路器控制电源开关。

（1）如有旁路断路器立即改变运行方式，带出负荷。将零压断路器两侧隔离开关断开，然后查找原因。

（2）若无旁路断路器，又不允许停电的，可在开关机械闭锁的情况下带电处理。

第十四章　高 压 电 抗 器

335. 什么是空载长线路的“容升”效应？

答：在超高压电网中，由于线路很长，因此线路的“电感-电容”效应显著增大。由于线路采用分裂导线，线路的相间和对地电容均很大，在线路带电的状态下，线路相间和对地电容中产生很大的容性无功功率，且与线路的长度成正比。如果线路处于空载状态，所产生的容性电流导致沿线电压分布不均匀，大量容性功率通过感性元件时，在线路末端电压要升高，这种由分布电容引起的电压升高称为“容升”效应。

336. 并联电抗器技术参数的含义是什么？

答：（1）额定容量：在额定电压下运行时的无功功率。

（2）额定电压：在三相电抗器的一个绕组的端子之间或在单相电抗器的一个绕组的端子间指定施加的电压。

（3）最高运行电压：电抗器能够连续运行而不超过规定温升的最高电压。

（4）额定电流：由额定容量和额定电压得出的电抗器线电流。

（5）损耗：表征并联电抗器质量优劣的一个重要指标，包括绕组损耗、铁芯损耗和杂散损耗。

337. 500kV 并联电抗器的主要技术参数有哪些？

答：（1）额定容量：30、40、50、60、80Mvar。

（2）额定电压：$525/\sqrt{3}$、$550/\sqrt{3}$kV。

（3）联结方式：三个单相接成Y接，经中性点电抗器接地。

（4）额定损耗：80、90、110、135、160、180kW。

（5）温升极限：电抗器在1.1倍额定电压下的温升限值应符

合以下标准：

1）顶层油温升：55K。

2）绕组平均温升：65K。

3）油箱壁表面温升：80K。

338. 并联电抗器型号的含义是什么？

答：以BKD-50000/550-154为例，并联电抗器型号的含义是：B—并联；K—电抗器；D—单相；50000—容量；550—首端额定电压（kV）；154—末端额定电压（kV）。

339. 并联电抗器如何分类？

答：（1）按铁芯结构分类：壳式电抗器和心式电抗器。

（2）按相数分类：单相和三相电抗器。

（3）按外壳分类：钟罩式和平顶式电抗器。

340. 并联电抗器由哪几部分组成？

答：（1）铁芯：包括铁芯饼和间隙元件。

（2）绕组：电抗器只有一个绕组。

（3）辅助设备：包括油箱、油枕、呼吸器、压力释放装置、冷却器、绝缘套管、套管电流互感器、气体继电器、温度表、油位计、控制箱等。

341. 并联电抗器的绕组形式有哪些？

答：电抗器的绕组有圆筒式和饼式两种。圆筒式绕组又分为单层圆筒式和多层圆筒式，饼式绕组有螺旋式、连续式、纠结式、纠结连续式、插入电屏式等多种形式。

342. 并联电抗器的套管形式有哪些？

答：套管为电抗器主要的组件，为并联电抗器的高压和中性点引线的引出提供绝缘和支撑作用。并联电抗器的高低套管通常为油纸电容式套管，也有的电抗器根据现场的需要采用油-SF_6油纸电容式变压器套管。

343. 并联电抗器铁芯由哪几部分组成?

答:(1)磁路部分:包括铁轭、芯柱、旁柱。

(2)机械支撑部分:由夹件、连接片、垫脚等金属结构件组成。

(3)接地系统:包括铁芯片接地、金属结构件接地和屏蔽接地。

344. 并联电抗器的铁芯芯柱是怎样构成的?铁芯大饼的叠片形式是怎样的?

答:并联电抗器的铁芯芯柱是由带气隙垫块的铁芯大饼叠成的,可以有效控制漏磁分布,降低漏磁在金属结构件产生的涡流损耗,防止产生局部过热。

铁芯芯柱的铁芯大饼为辐射形叠片,用特殊工艺浇注成整体,确保其机械强度。

345. 500kV 并联电抗器铁芯与 1000kV 并联电抗器铁芯结构有什么区别?

答:500kV 并联电抗器铁芯采用单芯柱带两旁轭的结构,而 1000kV 并联电抗器铁芯采用两芯柱带两旁轭及两个单相带旁轭的结构形式。

346. 并联电抗器铁芯为什么会存在较大的振动和噪声?

答:因为大容量的并联电抗器的铁芯柱一般由多个铁芯饼和间隙交替组成的,所以运行中会产生振动和噪声。

347. 并联电抗器铁芯带间隙有什么作用?

答:(1)为获得所需要的设计阻抗,使电抗器绕组能通过设计规定的电流获得设计容量。

(2)在规定的电压范围内,铁芯不会饱和,保持阻抗稳定,获得线性特性。

348. 并联电抗器铁芯气隙在运行中可能存在的问题有哪些?

答: 并联电抗器铁芯气隙材料为无磁材料，其作用是为铁芯饼之间提供机械支撑，在运行过程中，铁芯饼与饼之间不可避免地会出现因电磁力而产生的振动，需要采取多种措施来降低和减少振动。

349. 并联电抗器铁芯多点接地有何危害? 如何判断多点接地?

答: 正常时电抗器铁芯仅有一点接地。如果铁芯出现两点及以上的接地时，铁芯与地之间通过接地点产生环流，引起铁芯过热。

判断铁芯多点接地的方法是将原接地点解开后测量铁芯是否还有接地现象。

350. 并联电抗器如何接地?

答: 电抗器的接地系统分三部分：铁芯片接地、金属构件接地和屏蔽接地。

(1) 铁芯片和金属构件互相绝缘后并和油箱分别绝缘开以后，单独通过套管引出油箱外，接地线引至油箱下部接地。

(2) 铁芯片的接地线只有一根，直接通过电缆线引出，金属构件的接地要避免多点接地，重复接地，防止产生环流和发热，一般大型电抗器都是将其所有的金属件都单独接到夹件上，再通过一点由电缆线引出油箱。

(3) 屏蔽接地的接地线没有单独引出，将屏蔽的接地线接到夹件，通过夹件接地引出。

351. 什么是中性点电抗器?

答: 并联电抗器的中性点短接后经中性点电抗器接地，中性点电抗器是连接在系统和大地之间，用于限制系统故障时的接地电流，通常无持续电流通过或仅有很小的持续电流通过。

352. 中性点电抗器在什么情况下会有电流通过?

答: 中性点电抗器在以下情况会有电流通过:

(1) 系统接地。

(2) 三相电压不平衡。

(3) 并联电抗器三相参数不一致。

(4) 电压中含有三次谐波。

353. 中性点电抗器的结构如何?

答: 中性点电抗器为油浸自冷式结构，储油柜通过倾斜的导油管路和油箱相连接，油路上设有气体继电器和金属波纹管相连接，高压套管的升高座上也有套管和主油管相连，保证油箱、升高座内的气体都能收集到气体继电器中。

354. 中性点电抗器与并联电抗器在结构上有何区别?

答: (1) 它们都是一个电感绕组，其区别在于并联电抗器的绕组为带间隙的铁芯，而中性点电抗器的绕组没有铁芯。

(2) 并联电抗器有散热器，中性点电抗器没有散热器。

355. 并联电抗器在结构上采用哪些措施降低振动和噪声?

答: (1) 适当增加压紧力和铁芯大饼的填充系数，减小铁芯饼在脉动磁力作用下的振幅。

(2) 采取措施使铁芯柱整体化。

(3) 合理设计铁芯尺寸，提高整个铁芯的固有频率。

(4) 提高振动系统中各部分的刚度和强度。

(5) 在铁芯和油箱之间设有多处减振装置。

(6) 降低铁芯的额定工作磁密度。

(7) 采取磁屏蔽和电屏蔽措施，减少漏磁。

356. 中性点电抗器的作用有哪些?

答: (1) 中性点电抗器与三相并联电抗器相配合，补偿相间电容和相对地电容，限制过电压，消除潜供电流，提高线路单相自动重合闸成功率。

（2）限制电抗器非全相断开时的谐振过电压，原因是非全相断开是一个谐振过程，在谐振过程中可能产生很高的谐振电压。

357. 线路并联电抗器有什么作用？

答：（1）补偿超高压长线路空载所引起的“电容效应”，降低工频电压升高，均衡全电网电压。

（2）降低操作过电压，利用并联电抗器限制操作过电压。

（3）避免发电机带空载长线路出现自励磁过电压，限制由于自励磁而引起的工频过电压。

（4）降低超高压线路的有功损耗，补偿容性电流所产生的损耗。

358. 什么是潜供电流？

答：当故障相线路自两侧切除后，非故障相线路与断开相线路之间存在的电容耦合和电感耦合，继续向故障相线路提供的电流称为潜供电流。

359. 潜供电流有哪些危害？

答：潜供电流对灭弧产生影响，由于此电流的存在，将使短路时弧光通道去游离受到严重阻碍。另外，自动重合闸只有在故障点电弧熄灭且绝缘强度恢复以后才有可能成功，若潜供电流值较大，会导致重合闸失败。

360. 消除潜供电流为什么可以提高重合闸的成功率？

答：当线路单相接地后，电抗器的中性点电压将产生偏移。中性点电抗器在偏移电压作用下产生的感性电流，经接地点与非故障相对故障相间电容电流作补偿，使电弧不能重燃，从而提高单相重合闸成功率。

361. 什么叫并联电抗器的补偿度？其值一般为多少？

答： 并联电抗器的容量与空载长线路容性无功功率的比值称为补偿度。

通常补偿度选为60%～80%。

362. 并联电抗器的无功功率取决于什么？

答： 并联电抗器的无功功率取决于线路电压。当线路电压为额定电压时，所对应的电抗器无功功率为铭牌标示的额定容量；当线路电压为最高电压时，所对应的无功功率将高于额定容量，并与电压的平方成正比；当线路电压低于额定电压时，所对应的无功功率将低于额定容量。

363. 超高压线路按什么原则装设高压并联电抗器？

答：（1）正常及检修运行方式下，发生故障或任一处无故障三相跳闸时，必须采取措施限制母线侧及线路侧的工频过电压控制在规定值以下。

（2）经过比较，认为需要采用高压并联电抗器带中性点电抗器作为解决潜供电流的措施时。

（3）发电厂因无功平衡需要，而又无法装设低压电抗器时。

（4）系统运行操作（如同期并列）需要时。

（5）大型枢纽变电站由于出线较多，容性无功较大，可在母线上装设并联电抗器。

364. 并联电抗器绝缘的作用是什么？如何确定电抗器的绝缘水平？

答： 并联电抗器绝缘的作用是为了使不同电位的部件互相隔离。

对于电抗器绝缘结构和参数的确定主要依据电抗器的绝缘水平。在各种试验电压的作用下，电抗器绕组对绕组间以及电抗器绕组的线饼间、线匝间的电位分布和电场强度，针对其最严重的情况，来确定电抗器的绝缘参数和结构。

365. 并联电抗器的主绝缘分为哪几部分?

答: 并联电抗器的主绝缘分为绕组对芯柱地屏、旁轭围屏、上下铁轭、油箱壁及引线对地电位的绝缘。

366. 电抗器内部主要绝缘材料有哪些?

答:（1）油浸纸绝缘。

（2）绝缘油。

（3）绕组以及器身的绝缘材料主要有各种厚度的进口优质绝缘纸板，包扎引线用进口绝缘皱纹纸、波纹纸板，以及进口的绝缘成型件等。

367. 并联电抗器的漏磁通是如何产生的?

答: 并联电抗器的磁通由主磁通和漏磁通两部分组成。主磁通通过铁芯闭合，漏磁通通过空气闭合。并联电抗器的铁芯芯柱中串有气隙，气隙的旁路效应产生的漏磁通是漏磁的主要部分，它分布的空间大，在并联电抗器本身及其外壳中产生涡流。

368. 漏磁对并联电抗器运行有哪些影响?

答:（1）造成铁芯结构件和铜导线局部过热。

（2）涡流损耗增加。

（3）造成附加损耗增加，且这种损耗很难准确计算。

（4）漏磁也会造成电抗器的振动和增大噪声。

369. 什么是磁屏蔽？什么是电屏蔽?

答: 并联电抗器的内部屏蔽按屏蔽作用可分为电屏蔽和磁屏蔽。

电屏蔽主要是从电场的概念出发，降低电场强度从而降低局部放电。

磁屏蔽主要是吸收漏磁，以降低和消除漏磁在金属结构件上产生的涡流损耗，消除局部过热。

370. 并联电抗器接入线路的方式有哪几种？

答：并联电抗器一般接成星形接线，其中性点短接后经中性点电抗器接地。并联电抗器接入线路的方式有三种：

（1）通过断路器、隔离开关将电抗器接入线路。这种接入方式投资大，但运行方式较灵活。在线路重载时，能方便地切除部分电抗器，以保证系统电压正常。

（2）通过隔离开关或直接将电抗器接入线路。当电抗器故障或保护误动时，会使线路随之停电。

（3）将电抗器通过间隙接入线路。放电间隙应能耐受一定的工频电压，正常情况下，电抗器退出运行，当该处电压达到间隙放电电压时，电抗器自动投入，工频电压便会降至额定值以下。

371. 并联电抗器和普通变压器相比有哪些区别？

答：（1）铁芯结构方面。变压器的铁芯由高导磁硅钢片叠成，而并联电抗器铁芯由导磁的铁芯和非导磁的间隙交替叠成。

（2）电路方面。普通变压器有初级和次级两个（或三个）绕组，而并联电抗器只有初级一个绕组。

（3）工作原理方面。普通变压器工作原理是电磁感应原理，主要作用是升降电压；大型电抗器主要利用在额定电压下线性的特点来吸收系统容性无功。

（4）变压器的过励磁能力比较差，空载合闸时容易产生励磁涌流，而并联电抗器由于过励磁能力强，则不会产生励磁涌流。

372. 备用电抗器在储存期的维护注意事项有哪些？

答：（1）检查绝缘油的吸水量，如有必要应加以干燥。

（2）每三个月检查呼吸器硅胶一次，硅胶有40%以上颜色由蓝色变粉红色则需要更换。

（3）应定期检查油枕的油位计，确定油位是否与环境温度相适应。

（4）应定期检查控制箱内设备是否正常。

373. 500kV 线路并联电抗器运行中的规定有哪些?

答: (1) 运行中各电抗器所流过的电流不应超过额定值。

(2) 并联电抗器在投运前，必须检查各方面无问题。拉、合电抗器隔离开关时必须检查相应线路侧三相无压后，方可进行操作。

(3) 500kV 线路正常运行时，并联电抗器必须投入运行，否则经调度批准才允许退出。

(4) 电抗器不允许无避雷器运行。

374. 并联电抗器正常巡检项目有哪些?

答: (1) 声音无明显变化，无振动及放电现象。

(2) 油位计指示正常，各温度在允许范围内。

(3) 套管及气体继电器中应充满油，且油色正常。

(4) 无渗油、漏油现象。

(5) 套管和支持瓷瓶无损坏、无放电现象。

(6) 各电气连接处无松动、过热现象。

(7) 散热器应处于良好的运行状态。

(8) 呼吸器中吸潮剂应在正常状态，油封杯油位适当。

(9) 二次接线良好，无放电、短路、断线等现象。

(10) 外壳检查无变形，接地应良好。

375. 电抗器运行前的检查项目有哪些?

答: (1) 电抗器本体、套管、引出线、绝缘子清洁无损坏，各部无漏油、渗油。

(2) 电抗器油枕及油套管的油色透明，油位正常。

(3) 油枕、气体继电器各油路阀门已打开，气体继电器内充满油，无气体。

(4) 电抗器冷却器电源均已投入，启动风扇运转正常，转向正确。

(5) 电抗器压力释放阀完好，呼吸器畅通，硅胶颜色正常。

（6）检查电抗器温度表良好，读数正确；电抗器相连避雷器应投入，记录放电计数器数字。

（7）继电保护装置投入正确。

（8）电抗器外壳接地可靠，中性点电抗器接地可靠。

（9）消防器材齐全。

（10）油质分析合格。

（11）电抗器换油后，在施加电压前，静置时间不应少于 72h。

（12）设备标志齐全。

376. 并联电抗器大修前的试验项目有哪些？

答：（1）测量绕组的绝缘电阻和吸收比或极化指数。

（2）测量绕组连同套管的泄漏电流。

（3）测量绕组连同套管的 $\tan\delta$ 及套管末屏的绝缘电阻。

（4）本体及套管中的绝缘油试验。

（5）测量绕组连同套管的直流电阻及电压比试验。

（6）套管试验。

（7）测量铁芯及夹件对地绝缘电阻。

（8）测量低电压短路阻抗及低电压空载损耗，以供检修后进行比较。

377. 并联电抗器大修中的试验项目有哪些？

答：（1）测量电抗器铁芯对夹件、穿心螺栓，铁芯下夹件对下油箱的绝缘电阻，磁屏蔽对油箱的绝缘电阻。

（2）必要时做套管电流互感器的特性试验。

（3）非电量保护装置的校验。

（4）单独对套管及套管绝缘油进行额定电压下的 $\tan\delta$、局部放电和耐压试验。

378. 并联电抗器大修后的试验项目有哪些？

答：（1）测量绕组的绝缘电阻和吸收比或极化指数。

（2）测量绕组连同套管的泄漏电流。

(3) 测量绕组连同套管的 $\tan\delta$ 及套管末屏的绝缘电阻。

(4) 冷却装置的检查和试验。

(5) 测量绕组连同套管的直流电阻。

(6) 测量铁芯及夹件引线对地绝缘电阻。

(7) 总装后对电抗器油箱和冷却器做整体密封油压试验。

(8) 绕组连同套管的交流耐压试验。

(9) 电抗器的空载特性试验。

(10) 电抗器短路试验。

(11) 绕组变形试验。

(12) 空载试运前后油的色谱分析，干燥处理后应测量电抗器的局部放电量。

(13) 电抗器的振动和噪声测试。

379. 500kV 线路并联电抗器的操作规定有哪些？

答：(1) 电抗器在运行中禁止使用隔离开关分合，如果电抗器要停运时，必须检查电抗器所在线路侧无电压后，才允许断开电抗器隔离开关将其退出运行。

(2) 投入运行时必须检查电抗器所在线路无电压后，才允许合上电抗器隔离开关。

380. 简述 500kV 并联电抗器应装设哪些保护及其作用。

答：(1) 高阻抗差动保护。保护电抗器绕组和套管间的相间和接地故障。

(2) 匝间保护。保护电抗器的匝间短路故障。

(3) 气体保护和温度保护。保护电抗器内部各种故障、油面降低和温度升高。

(4) 过流保护。电抗器和引线的相间或接地故障引起的过电流。

(5) 过负荷保护。保护电抗器绕组过负荷。

(6) 中性点小电抗器过电流保护。保护电抗器外部接地故障引起中性点电抗器过电流。

(7) 中性点电抗器气体保护和温度保护。保护中性点电抗器内部各种故障、油面降低和温度升高。

381. WKB-801A 并联电抗器保护的保护性能有哪些?

答: WKB-801A 并联电抗器保护装置适用于 500kV 及以上电压等级的并联电抗器。WKB-801A 型装置集成了一台并联电抗器的全部电气量保护，可满足各种电压等级并联电抗器的双主双后配置及非电量类保护完全独立的配置要求。

382. 简述 WKB-801A 并联电抗器保护配置情况。

答: (1) 分相差动保护。

(2) 零序差动保护。

(3) 匝间保护。

(4) 分相过电流保护。

(5) 零序过电流保护。

(6) 中性点电抗器过电流保护。

383. WKB-801A 并联电抗器保护有哪些异常告警功能?

答: (1) 主电抗器过负荷告警。

(2) 中性点电抗器过负荷告警。

(3) TA 异常告警。

(4) TV 异常告警。

384. WKB-801A 并联电抗器分相电流差动保护原理是什么?

答: 分相电流差动保护是电抗器内部故障的主保护，能反应电抗器内部相间短路故障和单相接地故障。分相电流差动保护采用电抗器首端和尾端相电流形成的差流作为判据。

385. WKB-801A 并联电抗器 TA 异常判据有哪些?

答: 当差动电流大于 0.15 倍的额定电流时，启动 TA 异常判别程序，满足下列条件认为 TA 异常:

（1）本侧有一相电流为零。

（2）本侧有零序电流，另一侧无零序电流。

（3）最大相电流小于1.2倍额定电流。

386. WKB-801A 并联电抗器差流速断原理是什么？

答：当任一相差动电流值大于差流速断保护定值时，瞬时动作于跳闸。

387. WKB-801A 并联电抗器零序电流差动保护的原理是什么？

答：零序电流差动保护能反应电抗器内部单相接地短路故障。零序电流差动保护采用电抗器首端和尾端自产零序电流形成的差流作为判据。

388. WKB-801A 并联电抗器匝间保护的原理是什么？

答：电抗器的主要故障形式为匝间短路或单相接地。当短路匝数很少时，一相匝间短路引起的三相电流不平衡有可能很小，很难被保护装置检测出；本装置采用新原理的匝间保护，能灵敏地反应电抗器的匝间短路及单相接地故障。正确区分电抗器的内外部故障，对于电抗器内部匝间短路故障具有很高的灵敏度，而对于外部故障等非正常运行工况，保护可靠、不动作。

389. WKB-801A 并联电抗器过电流保护动作原理是什么？

答：电抗器过电流保护作为电抗器内部故障的后备保护。电流输入量取电抗器首端TA三相电流。当电抗器任一相电流大于动作电流整定值时，带时限动作于跳闸。

390. 并联电抗器零序过电流保护的作用及动作原理是什么？

答：零序过电流保护作为并联电抗器内部匝间短路及单相接地故障的后备保护。

电流输入量取电抗器首端TA三相电流，零序电流由保护装置自产。当自产零序电流大于动作电流整定值时，带时限动作于跳闸。

391. 并联电抗器过负荷保护的作用及动作原理是什么?

答: 并联电抗器所接系统如果电压异常升高，可造成电抗器过负荷，应装设过负荷保护。电流输入量取电抗器首端 TA 三相电流。当电抗器首端任一相电流大于动作电流整定值时，动作于告警。

392. 中性点电抗器过电流和过负荷保护的作用及动作原理是什么?

答: 电抗器过电流和过负荷保护作为此电抗器的过电流和过负荷保护。电流输入量取电抗器中性点侧零序 TA 电流，当电抗器中性点侧无零序 TA 时，则取电抗器尾端自产零序电流。当电抗器零序电流大于过电流保护的动作电流时，带时限动作于跳闸。当电抗器零序电流大于过负荷保护的动作电流时，带时限动作于告警。

393. WKB-801A 并联电抗器中性点电抗器反时限过电流保护的作用是什么?

答: 小电抗器反时限过电流保护作为电抗器的后备保护。

电流输入量取电抗器中性点侧零序 TA 电流，当电抗器中性点侧无零序 TA 时，则取电抗器尾端自产零序电流。保护带时限动作于跳闸。

394. 并联电抗器常见的故障及异常运行有哪些?

答:（1）电抗器内部声音异常或有爆裂声。

（2）电抗器温度不断上升。

（3）电抗器严重漏油。

（4）套管出现裂纹、破损或放电，套管渗油。

（5）电抗器着火。

（6）油位低于下限值。

（7）呼吸器硅胶变色。

（8）引线接头发热。

（9）压力释放装置喷油或溢油。

（10）电抗器铁芯多点接地。

（11）电抗器匝间故障。

（12）电抗器内部或外部局部过热。

395. 电抗器被烧毁的原因有哪些？

答：（1）长期工作电流量过大，进而加快了电抗器的绝缘层老化，减少了使用寿命。

（2）强烈的热胀冷缩，导致电抗器外皮绝缘层裂开，促使电抗器损坏。

（3）电压保护器在过电压前期不能及时动作防止事故发生。

（4）电抗器自身结构不够科学，烟尘污染影响散热。

396. 并联电抗器故障跳闸的处理原则有哪些？

答：（1）电抗器保护动作跳闸时，不得强送电。在未查明原因并消除故障前，不得对电抗器试送电。

（2）电抗器保护动作跳闸时，经查明不是电抗器内部故障，经调度许可后，方可试送电一次。

（3）恢复送电应按有关操作规定进行，当系统有条件时，可采取零起升压恢复送电。

（4）电抗器与线路只有隔离开关连接时，若电抗器保护与线路保护同时动作，则应按电抗器故障进行处理，在未经确定内部无故障前，不得对电抗器进行送电。

（5）在未查明电抗器保护动作原因并消除故障之前，系统急需送电时，应将电抗器退出。

397. 并联电抗器压力释放阀冒油应该怎么处理？

答：（1）若压力释放阀冒油而电抗器瓦斯保护和差动保护等电气保护位动作时，应立即取油样进行色谱分析。如果色谱分析正常，则压力释放阀动作可能是其他原因引起。

1）检查电抗器本体与储油柜连接阀是否已开启、呼吸器是否畅通、储油柜内气体是否排净，防止由于假油位引起压力释放阀动作。

2）检查压力释放阀的密封是否完好，必要时更换密封胶垫。

3）检查压力释放阀升高座是否有放气塞，如没有应增设，防止积聚气体因气温变化发生误动。

（2）压力释放阀冒油，且气体保护动作跳闸时，在未查明原因，故障未消除前不得将电抗器投入运行。

398. 并联电抗器套管渗漏、油位异常和套管末屏有放电声应该怎么处理？

答：（1）套管严重渗漏或瓷套破裂时，电抗器应立即停运。更换套管或消除放电现象，经电气试验合格后方可将电抗器投入运行。

（2）套管油位异常下降或升高，若确认套管发生内漏，应进行吊套管处理。当确认油位已漏至储油柜以下时，应停运电抗器进行处理。

（3）套管末屏有放电声时，应将电抗器停运，对该套管做试验，确认没有引起套管绝缘故障，对末屏可靠接地后方可将电抗器恢复运行。

399. 并联电抗器轻瓦斯保护动作的原因有哪些？

答：（1）因滤油、加油或检修等工作造成空气进入电抗器。

（2）因温度下降或漏油，使油面缓慢下降。

（3）二次回路故障影响，直流多点接地。

（4）储油柜空气不畅通以及直流回路绝缘破坏引起的误动作。

400. 并联电抗器轻瓦斯动作应该怎么处理？

答：（1）轻瓦斯动作发出信号后，应立即对电抗器进行检查，通过观察气体继电器动作次数、间隔时间长短等，并经过气体分析判断电抗器是否有内部故障。

（2）如短时无法对气体继电器内的气体进行色谱分析，可根据气体颜色、气味、可燃性等特征判断故障性质。

（3）如果分析判断为内部故障，且信号发生间隔时间逐次缩短，则说明故障正在发展，应尽快停运电抗器。

（4）气体继电器内大部分气体应保留，不要取出，由化验人员取样进行色谱分析。

（5）必要时进行预防性试验。

401. 并联电抗器重瓦斯保护动作的原因有哪些？

答：（1）电抗器内部发生严重故障。

（2）由于漏油等原因使油面迅速下降。

（3）呼吸器堵塞时，油温发生变化后，呼吸器突然冲开，油流冲动使气体继电器误动跳闸。

（4）二次回路问题误动作。

402. 并联电抗器重瓦斯动作应该怎么处理？

答：（1）电抗器重瓦斯保护动作后，若差动保护动作引起跳闸，应第一时间检查电抗器油温、油位，以及压力释放装置、气体继电器是否有异常，并检查直流系统是否接地。

（2）在未查明保护动作原因之前，不得将保护屏上的信号复归。

（3）如果不是由于保护装置二次回路故障引起保护误动，则说明电抗器内部发生故障，应进行气体色谱分析及电气试验分析。

（4）第一时间向调度汇报故障情况并严格按照调度指令进行操作。

（5）故障未消除前不得对电抗器送电。

403. 并联电抗器差动保护动作的原因有哪些？

答：（1）电抗器及其套管引出线、各侧差动电流互感器以内的一次设备故障。

（2）保护二次回路问题引起保护误动作。

（3）差动电流互感器二次开路或短路。

（4）电抗器内部故障。

404. 并联电抗器差动保护动作应该怎么处理？

答：（1）检查电抗器所连线路断路器是否跳闸，检查套管有无放电痕迹或爆炸、气体继电器有无气体、压力释放阀是否动作、一次设备有无接地短路现象。

（2）在未查明差动保护动作原因之前，不得将保护屏上的信号复归。

（3）如判断差动保护是由于电抗器外部原因引起的，而非内部故障，则可不经内部检查而重新投入运行。

（4）如不能判断为外部原因时，则应进一步检查、试验、分析，以确定保护动作原因及故障性质，必要时作吊芯检查。

（5）如差动保护与重瓦斯保护同时动作，则可认为内部发生故障，故障未消除前不得进行送电。

405. 哪些情况应立即将故障电抗器停运？

答：（1）电抗器大量漏油无法补救。

（2）电抗器着火无法扑救。

（3）电抗器向外喷油或冒烟。

（4）电抗器内部有严重的放电声和强烈的爆炸。

（5）电气连接部分发红熔断。

406. 并联电抗器油温高应该怎么处理？

答：（1）确认监视画面和就地温度表显示温度一致且正确，并根据电流大小及就地检查情况判断信号的正确性。

（2）如为信号误发时，应尽快找到原因并处理。

（3）如因环境温度过高引起电抗器温度升高，在温度不超过允许值时，应采取临时冷却措施降温。

（4）如果温度持续上升且电抗器有异声时，应将电抗器停运。

407. 并联电抗器油位异常应该怎么处理？

答：（1）检查电抗器油位计，判断信号的正确性。

（2）电抗器轻微漏油，油位未降至油位计最低时，应通知检修人员，如能带电加油，尽快恢复正常油位，并处理漏油处。加油时将重瓦斯保护改投信号。

（3）电抗器如大量漏油，应申请将电抗器停运处理。

（4）电抗器内部有异声使油位升高时，应申请将电抗器停运进行处理。

408. 并联电抗器声音异常应该怎么处理？

答：根据声音判断电抗器内部是否发生故障，如电抗器内部有故障，且有危及系统运行的危险，应立即申请停运该电抗器，尽快进行处理。

409. 并联电抗器着火应该怎么处理？

答：（1）应检查本线路断路器是否已跳闸，否则应立即手动断开，同时向调度汇报，断开对侧断路器。

（2）立即断开电抗器所有二次控制电源。

（3）立即向消防部门报警。

（4）如无法将火扑灭，应立即将电抗器停运。

（5）电抗器内部着火，压力释放阀不停向外喷油时，应立即将对应的线路停运，不得打开电抗器事故放油阀，以防引起爆炸。

410. 电抗器表面放电怎么处理？

答：干式空气并联电抗器在干燥状态下不存在任何形式的表面放电现象。但降雨时，温升较低的部位会出现导电性水膜和较大的表面泄漏电流，在表面泄漏电流集中的端部回流铅排附近，以及腰部表面的瑕点会出现污湿放电现象，并逐渐产生漏电痕迹。憎水性涂层则可大幅度抑制表面泄漏电流，防止任何形式的表面放电。端部采用预埋环形均流电极的结构改进措施，可克服下端表面泄漏电流集中的现象，即使不喷涂憎水性涂层或憎水性涂层完全失效，也能防止电极附件部位出现电弧。顶戴防雨帽和外加防雨夹层也可在一定程度上抑制表面泄漏电流，是较好的结构改进措施。

411. 电抗器局部发热怎么处理?

答：若发现电抗器有局部过热现象，则应减少该电抗器的负荷，并加强通风，必要时可采取临时散热措施，加强强力风扇吹风冷却，待有机会停电时再进行消缺工作；若局部过热现象发展到严重程度，则应立即停电进行处理。

412. 电抗器支持瓷绝缘子破裂怎么处理?

答：若发现水泥支柱损伤、支柱瓷绝缘子有裂纹、线圈凸出和接地，则启用备用电抗器或断开线路断路器，将故障电抗器停运，并进行检修处理，待缺陷消除后再投入运行。

413. 电抗器高压套管升高座螺钉断裂怎么处理?

答：（1）电抗器本体的振动频率与均压环的振动频率不一致。均压环因为有油的阻尼作用，其振动频率较低，加上均压环为单点、铝片焊接，其机械强度相对较差。在长期运行中，电抗器接地片受与均压环振动频率不一致的振动影响，导致金属疲劳，产生裂纹。其解决办法是将电抗器高压套管升高座与本体尽量固定，减少振动的不同步。

（2）由于漏磁较大产生的环流发热，以及高压出线的设计缺陷和螺钉的表面氧化，使单个螺钉内产生局部涡流发热而导致其机械强度下降。其解决办法是将电抗器高压套管升高座的固定螺钉更换为不锈钢螺钉，减少漏磁的影响。

第十五章 隔 离 开 关

414. 什么是隔离开关？

答：隔离开关是一种主要用于“隔离电源、倒闸操作、用以连通和切断小电流电路”，无灭弧功能的开关器件。隔离开关在分位置时，触头间有符合规定要求的绝缘距离和明显的断开标志；在合位置时，能承载正常回路条件下的电流及在规定时间内异常条件（例如短路）下的电流的开关设备。

415. 什么是快分隔离开关？

答：分闸时间等于 0.5s 的隔离开关称快分隔离开关。

416. 什么是接地开关？

答：接地开关是指释放被检修设备和回路的静电荷以及为保证停电检修时检修人员人身安全的一种机械接地装置。它可以在异常情况下（如短路）耐受一定时间的电流，但在正常情况下不通过负荷电流。它通常是隔离开关的一部分。

417. 简述隔离开关的作用。

答：（1）分闸后，建立可靠的绝缘间隙，将需要检修的设备或线路与电源用一个明显断开点隔开，以保证检修人员和设备的安全。

（2）根据运行需要，换接线路。

（3）可用来分、合线路中的小电流，如套管、母线、连接头、短电缆的充电电流，开关均压电容的电容电流，双母线换接时的环流以及电压互感器的励磁电流等。

418. 什么是隔离开关的断口距离?

答: 隔离开关的主闸刀在正常分闸位置时，同相两极触头之间的距离最短，对多断口隔离开关而言，最短距离是指全部断口最短绝缘距离。

419. 隔离开关有哪些特点?

答:（1）在分闸状态有明显可见的断口（支柱式）。

（2）隔离开关的断口在任何状态下都不能被击穿，因此它的断口耐压一般要比其对地绝缘的耐压高出10%～15%。

（3）在合闸状态能可靠地通过正常工作电流和故障短路电流。

（4）必要时应在隔离开关上附设接地开关，供检修时接地用。

420. 高压隔离开关有哪些典型的类型?

答:（1）按装设地点的不同，分为户内式和户外式两种。

（2）按支柱绝缘子的数目，可分为单柱式、双柱式和三柱式三种。

（3）按隔离开关的运动方式，可分为水平旋转式、垂直旋转式、摆动式和插入式四种。

（4）按有无接地装置及附装接地开关的数量不同，分为不接地（无接地开关）、单接地（有一把接地开关）和双接地开关（有两把接地开关）三类。

（5）按极数，可分为单极和三极两种。

（6）按操动机构的不同分为手动、电动和气动等类型。

（7）按使用性质不同，分为一般用、快分用和变压器中性点接地用三类。

421. 隔离开关的传动元件有几种?

答: 隔离开关的传动元件有操动支柱绝缘子和机械传动件。

422. 隔离开关主要由哪几部分组成?

答: 隔离开关主要由绝缘部分、导电部分、支持底座或框架、传动机构和操动机构五部分组成。

423. 隔离开关的支持绝缘由哪几部分组成?

答: 隔离开关的支持绝缘由对地绝缘和断口绝缘组成。

424. 隔离开关的对地绝缘在结构上由哪几部分组成?

答: 隔离开关的对地绝缘由支持绝缘子和操作绝缘子构成。

425. 隔离开关的动作原理是什么?

答: (1) 隔离开关由操动机构通过连接钢管将力矩传递给操作绝缘子，操作绝缘子带动导电闸刀实现水平伸展的动作，完成合闸操作；反向操作，完成分闸操作。

(2) 接地开关操动机构分、合闸操作时，通过传动轴及水平连杆使接地开关转轴旋转，带动接地开关杆垂直伸缩，完成接地动触头分、合闸的操作。

(3) 隔离开关与接地开关间的机械闭锁装置，能确保隔离开关和接地开关按主分-地合，地分-主合的方式动作。隔离开关和接地开关可实现三相机械联动，也可单相电动或手动操作。

426. 变电站常规防误闭锁装置有哪些?

答: (1) 机械闭锁。

(2) 电磁闭锁。

(3) 电气闭锁。

(4) 带电显示装置。

427. 什么是微机防误操作闭锁装置?

答: 微机防误闭锁装置是通过将大量的二次闭锁回路的数据进行分析，输入到五防闭锁规则库中实现闭锁。

428. 什么情况下要采用电气闭锁或微机五防闭锁?

答: 机械闭锁只能与本身隔离开关处的接地开关进行闭锁，

如果需要和断路器及其他隔离开关或接地开关进行闭锁，机械闭锁就无能为力了，因此，在这种情况下就要采用电气闭锁或微机五防闭锁。

429. 为什么高压断路器与隔离开关之间要加装闭锁装置?

答: 因为隔离开关没有灭弧装置，只能接通和断开空载电路。所以断路器断开的情况下，才能拉、合隔离开关，否则将发生带负荷拉、合隔离开关的错误。

430. 恶劣天气隔离开关检查注意事项有哪些?

答: 天气寒冷时，应将加热器电源开关投入，加热器运行时应注意防火，大风、大雪天应检查室外母线及隔离开关是否有落物、摆动和覆冰现象，雷雨后应检查母线及隔离开关支持瓷瓶无破损、放电痕迹，大雾天应检查各部无放电现象。

431. 隔离开关运行中的检查项目有哪些?

答:（1）标志牌名称、编号齐全，完好。

（2）瓷绝缘完整，无裂纹和放电现象，各部清洁、无杂物。

（3）操作连杆及部件有开焊、变形、锈蚀、松动、脱落等现象，连接的轴销子紧固的螺母完好。

（4）闭锁装置完好，销子是否锁牢，辅助触点位置正确且接触良好，机构外壳接地良好。

（5）操动机构箱、端子箱、辅助触点盒等应关闭且密封良好，位置指示器正确，连杆及机械部分无锈蚀、损坏、歪斜、松动及脱落等。

（6）带有接地开关的隔离开关在接地时，三相接地开关是否接触良好。

（7）隔离开关合闸后，两触头是否完全进入刀嘴内，触头之间接触是否良好，在额定电流下，温度是否超过70℃。

（8）隔离开关通过短路电流后，应检查隔离开关的绝缘子有无破损和放电痕迹，以及动静触头及接头有无熔化现象。

（9）天气寒冷时，应将加热器电源开关投入，加热器运行时应注意防火，大风、大雪天应检查室外母线及隔离开关是否有落物、摆动和覆冰现象，雷雨后应检查母线及隔离开关支持瓷瓶无破损、放电痕迹，大雾天应检查各部无放电现象。

（10）隔离开关接触部分发热、发红、冒火花时应汇报调度员转移或减轻负荷运行并加强监视。

（11）在送电的隔离开关二次回路上进行工作时，应采取足够的安全措施，防止隔离开关突然分闸，造成带负荷断开隔离开关的事故发生。

（12）检查均压环应牢固、可靠、平整。

（13）底座连接轴的开口销子是否断裂、脱落，法兰螺栓是否紧固，有无松动，底座法兰有无裂纹。

（14）检查导线、金具有无损伤，母线应无下垂现象，表面光洁、无开裂现象，接头及触头接触处无过热、发红、烧熔现象。

（15）母线各连接部分的螺钉应紧固，接触良好，无松动、振动、过热现象。

432. 隔离开关在什么情况下需要进行特殊巡视？

答：（1）设备异常运行或过负荷运行时。

（2）天气异常，雷雨后。

（3）下雪后，应重点检查触头、触点处的积雪情况。

（4）倒闸操作。

433. 隔离开关检修前检查和试验项目有哪些？

答：（1）隔离开关在停电前、带负荷状态下的红外测温。

（2）隔离开关主回路电阻测量。

（3）隔离开关的电气传动及手动操作。

434. 隔离开关性能试验包括哪几项？

答：（1）机械性能试验。

（2）温升试验。

（3）短路耐受试验。

（4）绝缘耐受试验。

（5）开合环流试验。

（6）开合小电容和电感电流试验。

（7）无线电干扰电压试验。

（8）破冰试验。

（9）耐震试验。

（10）密封试验。

（11）防雨试验。

435. 对隔离开关承受峰值短路电流和短时短路电流时的性能有哪些要求？

答：（1）不造成隔离开关任何部件机械损坏。

（2）不发生触头分离。

（3）不造成载流元件绝缘损坏。

436. 隔离开关允许进行哪些操作？

答：（1）拉、合电压互感器和避雷器（无雷雨、无故障时）。

（2）拉、合变压器中性接地点。

（3）拉、合经断路器或隔离开关闭合的旁路电流（在拉、合经开关闭合的旁路电流时，应先退出断路器操作电源）。

（4）拉、合 220kV 及以下母线和直接连接在母线上的设备的电容电流。

（5）拉、合 3/2 断路器接线方式的站内短线。

（6）拉合励磁电流不超过 2A 的空载变压器、电抗器和电容器电流不超过 5A 的空载线路。

（7）对于 3/2 断路器接线，某一串断路器出现分、合闸闭锁时，可用隔离开关来解环，但要注意其他串的所用断路器必须在合闸位置。

（8）双母线单分段接线方式，当两个母联断路器和分段断路器中某断路器出现分、合闸闭锁时，可用隔离开关断开回路。操作前必须确认3个断路器在合位，并取下其操作电源熔断器。

437. 隔离开关不允许进行哪些操作？

答：（1）带负荷分、合操作。

（2）配电线路的停送电操作。

（3）雷电时，拉合消弧线圈。

（4）系统有接地（中性点不接地系统）或电压互感器内部故障时，拉合电压互感器。

（5）系统有接地时，拉合消弧线圈。

438. 隔离开关操动机构有什么要求？

答：隔离开关操动机构应是就地或远方控制的电动操动机构。操动机构还应装设手动操动装置。

439. 隔离开关电动操动机构的控制方式有哪些？

答：电动操动机构的电动机电压为三相380V AC。其控制方式为就地或远方操作。就地控制箱应装设“就地/远方”选择开关和“分闸/停止/合闸”按钮。

440. 电动隔离开关手动操作时的要求是什么？

答：电动隔离开关手动操作时，应断开其动力电源，将专用手柄插入转动轴，逆时针摇动为合闸，顺时针摇动为分闸。500kV隔离开关不得带电进行手动操作。对于所有隔离开关和接地开关手动操作完毕后，应将箱门关好，以防电动操作被闭锁。

441. 隔离开关有哪几项基本要求？

答：（1）隔离开关应有明显的断开点。

（2）隔离开关的断开点间应具有可靠的绝缘。

（3）应具有足够的短路稳定性。

（4）结构简单、动作可靠。

（5）主隔离开关与其接地开关间应相互闭锁。

442. 隔离开关和接地开关有几种操作方式?

答: 隔离开关和接地开关可实现三相机械联动，也可单相电动或手动操作。

443. 隔离开关的控制电源与电动机电源如何选择?

答: 隔离开关控制电源是直流的，电动机电源有使用交流电源也有使用直流电源，可靠性要求高和驱动功率大的使用直流电源，一般使用交流驱动即可，以简化日常维护工作，交流电可通过外置 UPS 以保障不间断供电。

444. 对 500kV 隔离开关机构箱中的方式选择手柄有什么要求?

答: 500kV 隔离开关机构箱中的方式选择手柄正常时必须在“三相”位置，检修或试验时根据实际要求可在“分相”位。

445. 隔离开关操作时运行人员应对其重点进行哪些检查?

答: 隔离开关操作（包括接地开关）时，运行人员应在现场逐相检查实际位置的分、合闸是否到位，触头插入深度是否适当和接触良好，确保隔离开关动作正常，位置正确。

446. 手动分合隔离开关操作时注意什么?

答: 手动合上隔离开关时，必须迅速果断。在隔离开关快合到位时，不能用力过猛，以免损坏支持绝缘子。当合到底时发现有弧光或为误操合时，不准再将隔离开关拉开，以免由于误操作而发生带负荷拉隔离开关，扩大事故。手动拉隔离开关时，应慢而谨慎。如触头刚分离时发生弧光应迅速合上并停止操作，立即进行检查是否为误操作而引起电弧。

447. 手动分相操动机构操作隔离开关时对操作顺序有什么要求?

答: 分相操动机构操作隔离开关在失去操作电源或电动失灵

需要手动操作时，除按解锁规定履行必要手续，在合闸操作时应先合A、C相，最后合B相；在分闸操作时应先拉开B相，再拉开其他两相。

448. 操作隔离开关前对断路器有什么要求？

答：操作隔离开关前，应检查相应断路器分、合闸位置是否正确，以防止带负荷拉合隔离开关。

449. 隔离开关操作时注意事项有哪些？

答：（1）在操作隔离开关时，检查相应回路的断路器确实在断开位置，防止带负荷拉、合隔离开关。

（2）线路停、送电时，按顺序拉、合隔离开关。停电操作时，拉断路器，拉线路侧隔离开关，拉母线侧隔离开关。送电操作顺序与停电顺序相反。这是因为发生误操作时，按上述顺序可缩小事故范围，避免人为使事故扩大到母线。

（3）操作中，如发现绝缘子严重破损、隔离开关传动杆严重损坏等严重缺陷时，不得进行操作。

（4）隔离开关操作时，应有值班人员在现场逐相检查其分、合闸位置，同期情况，触头接触深度等项目，确保隔离开关动作正确、位置正确。

（5）隔离开关一般应在主控室进行操作。当远控电气操作失灵时，可在现场就地进行手动或电动操作，但必须征得站长或技术负责人的许可，并在有现场监督的情况下才能进行。

（6）隔离开关、接地开关和断路器之间安装有防止误操作的电气、电磁和机构闭锁装置。倒闸操作时，一定要按顺序进行。如果闭锁装置失灵或隔离开关和接地开关不能正常操作时，必须严格按闭锁的要求条件检查相应的断路器、隔离开关位置状态，只有核对无误后，才能解除闭锁进行操作。

450. 防止隔离开关错误操作的要求有哪些？

答：（1）在隔离开关和断路器之间应装设机械联锁，通常采用连杆机构来保证在断路器处于合闸位置时，使隔离开关无法分闸。

(2) 利用油断路器操动机构上的辅助触点来控制电磁锁，使电磁锁能锁住隔离开关的操作把手，保证断路器未断开之前，隔离开关的操作把手不能操作。

(3) 在隔离开关与断路器距离较远而采用机械联锁有因难时，可将隔离开关的锁用钥匙，存放在断路器处或在该断路器的控制开关操作把手上，只能在断路器分闸后，才能将钥匙取出打开与之相应的隔离开关；避免带负荷拉闸。

(4) 在隔离开关操动机构处加装接地线的机械联锁装置，在接地线未拆除前，隔离开关无法进行合闸操作。

(5) 检修时应仔细检查带有接地开关的隔离开关，确保主刀片与接地开关的机械联锁装置良好，在主刀片闭合时接地开关应先打开。

451. 隔离开关在操作过程中出现什么现象应停止操作，待缺陷消除后再继续进行?

答: 隔离开关在操作过程中，如有卡滞、动触头不能插入静触头、合闸不到位、严重振动等现象时，应停止操作，待缺陷消除后再继续进行。

452. 在停电时，可能出现的误操作情况有什么?

答: 断路器开关尚未断开电源，先拉隔离开关闸刀，造成带负荷拉隔离开关闸刀。

453. 对无法进行直接验电的设备，如何通过隔离开关进行间接验电?

答: 对无法进行直接验电的设备，可以进行间接验电。即检查隔离开关的机械指示位置、电气指示、仪表及带电显示装置指示的变化，且至少应有两个及以上指示同时发生对应变化；若进行遥控操作，则应同时检查隔离开关的状态指示、遥测、遥信信号及带电显示装置的指示进行间接验电。

454. 为何不能用隔离开关接通和切断负荷电流和短路电流？

答：高压隔离开关因为没有专门的灭弧装置，所以不能用来断开负荷电流和短路电流。高压隔离开关能将电气设备与带电的电网隔离，保证被隔离的电气设备有明显的断开点，能安全地进行检修，因而获得普遍应用。

455. 简述绝缘棒操作隔离开关的规定。

答：用绝缘棒拉合隔离开关或经传动机构拉合断路器和隔离开关，均应戴绝缘手套。雨天操作室外高压设备时，绝缘棒应有防雨罩，还应穿绝缘靴。接地网电阻不符合要求的，晴天也应穿绝缘靴。雷电时，一般不进行倒闸操作，禁止在就地进行倒闸操作。

456. 操作隔离开关使用绝缘工具的要求有哪些？

答：用绝缘棒拉合隔离开关或经传动机构拉合隔离开关，均应戴绝缘手套。雨天操作室外高压设备时，绝缘棒应有防雨罩，还应穿绝缘鞋。

457. 为何操作500kV电抗器隔离开关之前必须检查线路侧三项无电压？

答：因为并联电抗器是一个电感线圈，一加电压，就有电流通过线路电抗器（一般未装断路器），如在线路带有电压的情况下操作电抗器隔离开关，就会造成带负荷拉合隔离开关的严重事故。因此在操作线路电抗器隔离开关之前，必须检查线路侧三相确无电压。

458. 隔离开关电动操作失灵时，该如何检查？

答：（1）操作有无差错。

（2）操动机构的接地开关机械闭锁是否到位。

（3）操作电源电压是否正常。

（4）电动机电源回路是否完好，熔断器、空气断路器是否正常。

（5）电气闭锁回路是否正常。

459. 当在设备检修过程中检修、试验隔离开关需要解锁时有何要求？

答：当在设备检修过程中检修、试验隔离开关需要解锁时，运行人员必须到现场确认应检修、试验的隔离开关的拉合不会造成误操作，并在相邻回路的防误装置上挂“禁止合闸”标示牌。方可使用钥匙操作，设备检修、试验完毕后，运行人员检查设备位置正确，将防误装置锁具置于闭锁状态。

460. 高压隔离开关允许切合的电感或电容电流很小，而切合并列线路、母线或变压器时的均衡电流却可以很大，为什么？

答：电感或电容电流分别落后或超前于电压 90°相位角，都是不容易切断的。因为交流电弧的切断是利用电流通过“零点”的瞬间熄灭的，而这时加在触头间的电压正是瞬时最大值，所以电弧又容易重燃起来，因此不能用普通隔离开关断开 10A 以上的电感或电容电流。但电流很小时，电弧波及扩散的范围不大，在空间造成的电离作用较弱，当刀片移开一定距离后，电压就不能维持电弧重燃而终于熄灭。对于 10kV 以下的并列线路、母线或变压器的均衡电流（由电压差产生）允许切合值可达 70A。当触头分离瞬间，由于负荷电流在重新分配过程中回路间有一定的电压差，所以总会引起电弧。但这电压差只有线电压的百分之几，加在触点两端不能维持电弧继续燃烧而使电弧自动熄灭。因为一般隔离开关自然电动力的灭弧作用在 70A 以下较为有效，如电流过大将会造成触头严重烧损，甚至形成相间短路，所以允许切合值取为 70A。

461. 操作电动机构隔离开关（包括接地开关）时对操动机构电源有何要求?

答: 操作电动机构隔离开关（包括接地开关）时，应先合上隔离开关操动机构电动机电源小开关，操作完毕后立即断开隔离开关操动机构电动机电源小开关。

462. 停送电对隔离开关操作顺序有什么要求?

答: 停电操作隔离开关时，应先拉负荷侧隔离开关，后拉电源侧隔离开关。送电操作隔离开关时，应先合电源侧隔离开关，后合负荷侧隔离开关。

463. 电动操作的隔离开关远控操作无法执行应如何进行?

答: 电动操作的隔离开关一般应在后台机上进行操作，当远控失灵时，可在就地测控单元（保护小室）上就地操作，或在现场就地操作，但必须满足“五防”闭锁条件，并采取相应技术措施，且征得上级有关部门的许可。220kV 隔离开关可在就地操作，但必须严格核实电气闭锁条件和采取相应的技术措施；500kV 隔离开关不得在现场进行带电状态下的手动操作，若需手动操作时，必须征得调度和本单位总工程师的同意后方可进行。

464. 拉/合隔离开关后为什么应对现场开关实际位置进行检查?

答: 拉/合隔离开关后，应到现场检查其实际位置，以免因控制回路或传动机构故障出现拒分/拒合现象；同时应检查隔离开关触头位置是否符合规定要求，以防出现不到位现象。操作隔离开关后，要将防误闭锁装置锁好，以防止下次操作时，隔离开关失去闭锁。

465. 为什么停电时要先拉负荷侧隔离开关，再拉电源侧；送电时先合电源侧，再合负荷侧?

答: 停电时先拉负荷侧隔离开关，送电时先合电源侧隔离开关，都是为了在发生错误操作时，缩小事故范围，避免人为扩大事故。当断路器开关尚未断开电源时，误拉隔离开关，如先拉电源侧隔离开关，弧光短路点在断路器内侧，将造成母线短路，但如先拉负荷侧隔离开关，则弧光短路点在断路器外，断路器开关保护动作跳闸，能切除故障，缩小了事故范围，所以停电要先拉负荷侧隔离开关。送电时，如断路器误在合闸位置，便去合隔离开关，此时如先合负荷侧隔离开关，后合电源侧隔离开关，等于用电源侧隔离开关带负荷送电，一旦发生弧光短路便造成母线故障，人为扩大了事故范围。如先合电源侧隔离开关，后合负荷侧隔离开关，等于用负荷侧隔离开关带负荷送电。发生弧光短路时，断路器保护动作跳闸，切除故障，缩小了事故范围。因此，送电时先合电源则隔离开关。

466. 隔离开关控制柜应具有哪些附件？

答：(1) 柜中应配备可调节温度的加热器，以防止柜内凝露。加热器电源为单相 AC 220V。

(2) 加热器应备有控制开关、限流空气断路器以及防止过热和燃烧的保护措施。加热器应接成平衡的三相负载，控制柜内应有防潮装置。

(3) 控制柜应装有 AC 220V 50Hz 的门控照明灯和 10A 单相插座。

(4) 控制柜内端子排应有足够的接线端子，每个端子排至少有 15%的备用端子，并且端子适合连接 $6mm^2$ 的导线。

(5) 控制柜内采用具有限流特性的空气断路器。

(6) 为便于接地和安装接线端子，柜内应配有铝、钢或其他类似材料制作的导轨。导轨长度应有 10%裕度，并且有两个接地端子。

(7) 所有仪表、控制设备、电源、报警和照明导线均应是铜导线，且导线截面不小于 $2.5mm^2$。所有导线均应耐受 2000V 工频电压 1min。

467. 停电操作时为什么先拉线路侧隔离开关，后拉母线侧隔离开关？

答： 在停电操作时，可能出现误操作的一种情况是断路器尚未拉开，先拉隔离开关造成带负荷拉隔离开关；另一种情况是断路器虽已断开，但当操作隔离开关时，因走错间隔而误拉不应停电的隔离开关。当断路器尚未拉开时误拉隔离开关，如先拉母线侧隔离开关弧光短路点在断路器与母线之间，造成母线短路；如先拉线路侧隔离开关，则短路点在断路器线路侧，保护动作，断路器跳闸，能够切除故障点缩小了事故范围。因此，停电操作时先拉线路侧隔离开关，后拉母线侧隔离开关。

468. 送电操作时为什么先合母线侧隔离开关，后合线路侧隔离开关？

答： 在送电操作时，如果断路器在合闸位置，误合隔离开关，此时如果先合线路侧隔离开关，后合母线侧隔离开关，等于用母线侧隔离开关带负荷给线路送电，一旦发生弧光短路，便会造成母线故障。如先合上母线侧隔离开关，后合线路侧隔离开关，等于用线路侧隔离开关担负和给线路送电。一旦发生弧光短路，保护动作断路器跳闸，切除故障，缩小了事故范围。因此，送电操作时先合母线侧隔离开关，后合线路侧隔离开关。

469. 可调式隔离开关辅助触点应满足哪些要求？

答：（1）当主触头没到达完全合闸位置，“合闸”信号不发出。

（2）当主触头没到达完全分闸位置，“分闸”信号不发出。

470. 简述 500kV 隔离开关的支柱绝缘子的结构性能要求。

答：（1）在运行条件下，瓷绝缘子应有足够的绝缘和机械强度及刚度。

（2）绝缘子的任何部件和固定部件承受膨胀和压缩的应力时不会导致缺陷发展。

（3）瓷绝缘子应满足有关IEC标准。

（4）绝缘子应为圆形、无缺陷和瓷质。

（5）瓷釉应光滑、坚硬、均匀，为深棕色，并整个绝缘子外表涂釉，绝缘子附件不会因运行中大气、酸、碱、灰尘和温度的激烈变动而受到影响。

（6）支柱绝缘子应装备屏蔽环。

471. 隔离开关操作失灵的原因有哪些？

答：（1）三相操作电源不正常。

（2）闭锁电源不正常。

（3）热继电器动作未复归。

（4）操作回路断线、端子松动、接线错误等。

（5）接触器或电动机故障。

（6）开关辅助触点转换不良。

（7）接地开关与辅助触点闭锁。

（8）控制开关把手触点切换不良。

（9）隔离开关辅助触点切换不良。

（10）机构失灵。

472. 运行中的隔离开关出现哪些异常现象应迅速处理，以免事故发生？

答：（1）紧固件松动。

（2）绝缘子因外部创伤、胶合剂老化而松动。

（3）绝缘子上严重积垢。

（4）合闸不严和合闸不到位。

（5）因接触不良升温过高。

473. 母线侧隔离开关接触部分发热如何处理？

答：在巡视设备时，对隔离开关接触部分，可根据其触头部分的热气流、发热或变色，并测得其触头部分的温度是否超过70℃等方法来判断其发热的情况。造成发热的原因通常是压紧的弹簧式螺柱松动和表面氧化等。根据不同的接线方式分别进行处理。

（1）双母线接线方式时：如果是母线侧隔离开关发热，应将该回路倒至另一组母线运行，然后拉开发热的隔离开关。在检修发热的隔离开关时，应将母线停电，同时其回路的断路器也应停电，可以用旁路断路器代其运行；若无旁路断路器，则应将该回路停电。

（2）单母线接线方式时：如果母线侧隔离开关发热，应汇报调度，要求减轻负荷。若有旁路断路器，应用旁路断路器代其运行；若无旁路断路器，最好将该线路停电。若因为负荷关系不能停电又不能减轻负荷时，必须加强监视，当发热到比较严重的程度时，应拉开其断路器。当检修发热的隔离开关时，应将该母线停电，即造成该母线上的回路全部停电，或者该母线不停电，采用带电作业的方法。

474. 线路隔离开关发热如何处理？

答：应尽量减少故障母线隔离开关回路的负荷电流，改善冷却条件，如加装通风机，因为线路隔离事项关有串联断路器，可以防止事故的发展，所以，隔离开关可以继续运行，但需加强监视，同时与调度申请创造条件，尽快停电处理。

475. 隔离开关瓷瓶有裂纹、破损如何处理？

答：隔离开关瓷瓶有裂纹、破损程度不严重时，可以继续运行，但是当有放电现象或者损坏程度严重时，应将其停电。注意：操作该隔离开关时，不要带电拉开，防止操作时瓷瓶断裂造成母线或线路故障。例如，其回路的母线侧隔离开关瓷瓶严重损坏，应该将其所在的母线停电，断开该回路的断路器和线路侧隔离开关，最后拉开隔离开关。

476. 隔离开关拉闸拉不开如何处理？

答：隔离开关出现拒绝拉、合闸时，应禁止盲目强行操作，分析原因，不同的故障原因应采取不同的处理方法。

（1）如果是防误装置（电磁锁、机械闭锁、电气回路闭锁、程序锁）失灵，应检查其操作程序是否正确。如果程序正确，应立即停止操作，检查确定为防误装置失灵，才能解除其闭锁进行操作，或处理正常后，方可操作。

（2）若是电动操动机构的闸刀不能分、合，应用万用表测量电动机电源是否有电，如果电源正常、接触器正常，可能是电动机故障，需拉开电动机电源，改为手动操作。

（3）如果是因为隔离开关本身的传动机械故障不能操作，应将故障的隔离开关转检修进行处理。

（4）因冰冻或设备锈蚀造成不能正常操作，不能用很大的冲击力操作，而是应用较小的推动力来回晃动去克服不正常的阻力。

（5）当操作中发现隔离开关的刀刃与刀嘴接触部分有抵触时，不应强行操作，否则可能因支持瓷瓶的破坏而造成事故，应立即将隔离开关停电处理。

477. 隔离开关合闸不到位如何处理？

答：隔离开关合闸不到位，多数是因为机械锈蚀、卡涩、未能做好检修调试等原因引发，发生此情况，可拉开隔离开关再合闸，可使用绝缘棒推入，必要时可申请停电处理。

478. 隔离开关电动机构分合闸时，电动机不启动，隔离开关拒动如何处理？

答：电气二次回路串联的控制保护元器件较多，包括微型断路器、熔断器、转换开关（远方、就地、停止）、交流接触器、限位开关及联锁开关、热继电器以及辅助开关等。任一元件故障，就会导致隔离开关拒动。当按动分合闸按钮而电动机不启动时，要首先检查操作电源是否完好，熔断器是否熔断，然后停电对各元件进行检查。发现元件损坏时，必须查明原因，并予以更换。

479. 隔离开关夹紧力不够或无夹紧力处理方法是什么？

答：（1）中间接头装配与上导电杆装配相连的定位螺塞及紧固螺栓松动。必须将定位螺栓插到位，起到限位作用，如果螺栓孔窜大，按照定位螺栓的位置，在管壁同一圆周上重新打孔；之后再拧紧紧固螺栓。

（2）夹紧弹簧过热退火失效或弹性不足。处理方法。如果退火失效，应更换新弹簧，若弹性不足，可将上导电管向连接叉里插进一些，再进行装复。

480. 隔离开关操作错误，造成带负荷拉、合隔离开关，应如何处理？

答：（1）当错拉隔离开关，在切口发现电弧时应急速合上；若已拉开，不允许再合上，如果是单极隔离开关操作一相后发现错拉，则其他两相不应继续操作，并将情况及时上报有关部门。

（2）当错合隔离开关时，无论是否造成事故，都不允许再拉开，因带负荷拉开隔离开关，将会引起三极弧光短路，并迅速报告有关部门，以便采取必要措施。

481. 闭锁装置失灵或隔离开关不能正常操作时如何处理？

答：隔离开关、接地开关和断路器等之间安装和设置有防误操作的闭锁装置，在倒闸操作时，必须严格按照操作顺序进行。如果闭锁装置失灵或隔离开关不能正常操作时，必须按闭锁要求的条件逐一检查相应的断路器、隔离开关和接地开关的位置状态，待条件满足，履行审批许可手续后，方能解除闭锁进行操作。

482. 隔离开关操作过程中，发现绝缘子异常如何处理？

答：操作过程中，如果发现隔离开关支持绝缘子严重破损、隔离开关传动杆严重损坏等严重缺陷时，不准对其进行操作，要特别注意绝缘子有断裂等异常时应迅速撤离现象，防止人身受伤。

483. 隔离开关被闭锁不能操作时，如何处理？

答：操作中，如果隔离开关被闭锁不能操作时，应查明原因，不得随意解除闭锁，操作带有闭锁装置的隔离开关时，应按闭锁装置的使用规定进行，不得随便动用解锁钥匙或破坏闭锁装置。

第十六章 避 雷 器

484. 什么叫过电压?

答: 在电力系统正常运行时，电气设备的绝缘处于电网的额定电压下，但由于雷击、操作或故障等原因，系统中某部分的电压可能升高，有时会大大超过正常状态下的数值，此种电压升高称之为过电压。

485. 简述大气过电压产生的原因。

答: 大气过电压产生原因为雷、云对大地放电后直接作用于电气设备而产生过电压或在电气设备上感应产生过电压。

486. 什么是直击雷过电压?

答: 雷电放电时，不击中地面而是击中输配电线路、杆塔或其构筑物。大量雷电流通过被击中物体，经其阻抗接地，在阻抗上产生电压降，使被击点出现很高的电位，被击点对地电压叫直击雷过电压。

487. 如何防止直击雷?

答: 在建筑物的顶部装设避雷针或避雷带，两者都是经引下线连接到接地装置，而与大地间有良好相接。当建筑物附近上空出现雷云时，在地面感应产生的负电荷，就会沿接地装置、引下线和避雷针进入大气中，与雷云正电荷中和，避免强烈放电现象，即防止雷击发生。

488. 电力系统过电压有哪几种类型?

答: 按产生机理分为外部过电压（又叫大气过电压或雷电过

电压）和内部过电压，外部过电压又分为直接雷过电压和感应雷过电压；内部过电压又分为操作过电压、工频过电压和谐振过电压三类。

489. 什么情况下易产生操作过电压？

答：（1）切合电容器或空载长线路。

（2）断开空载变压器、电抗器、消弧线圈及同步发电机。

（3）在中性点不接地系统中，一相接地后产生间歇性电弧引起过电压。

490. 什么是感应雷过电压？

答：雨季雷云带有电荷，对大地及地面上的一些导电物体都会有静电感应，地面和附近输电线路都会感应出异种电荷，当雷云对地面或其他物体放电时，雷云的电荷迅速流入地中，输电线上的感应电荷不再受束缚而迅速流动，电荷的迅速流动产生感应雷电波，其电压很高，这种情况产生的就是感应雷过电压。

491. 静电感应雷如何产生？

答：当金属屋顶或其他导体处于雷云和大地之间所形成的电场中时，屋顶或导体上都会感应出与雷云异性的大量电荷。雷云放电后，云与大地之间的电场消失，导体和屋顶上的电荷来不及立即流散，因而产生了对地很高的静电感应过电压，引起火花放电，使存放有易燃或易爆物品的建筑物发生火灾或爆炸。

492. 电磁感应雷如何产生？

答：由于雷击时能产生幅度和陡度都很大的雷电流，在它周围的空间里就会形成强大的变化的磁电场，处于其中的导体就会感应出非常高的电动势。若导体恰巧形成间隙不大的闭合回路，那么在间隙处就会产生火花放电现象。

493. 如何防止电磁感应雷？

答：为了防止电磁感应引起的不良后果，应将所有相互靠近的金属物体，如金属设备、管道与金属结构之间，很好地用金属线跨接起来，并最好都与接地装置有良好连接。

494. 什么是侵入雷电波过电压？

答：线路的导线上受到雷电直击或产生感应时，电磁波沿着导线以光速向发电厂升压站或变电站传递，从而使发电厂或变电站的设备上出现过电压，这种过电压即为侵入雷电波过电压。

495. 什么叫内部过电压？

答：内部过电压是由于操作（合、分闸）、事故（接地、短路、断线等）或其他原因，引起电力系统的状态发生突然变化，出现从一种稳态转变为另一种稳态的过程，在此过程中可能产生对系统有威胁的过电压。这些过电压是系统内部电磁能的振荡和积聚所引起的，所以叫内部过电压。

496. 简述内部过电压对设备的危害。

答：内部过电压可能引起绝缘弱点的闪络、电气设备的绝缘损坏，甚至烧毁，在超高压和特高压系统中，内部过电压成为反映绝缘水平的主要因素之一。

497. 简述限制内部过电压的措施。

答：（1）合空载线路：采用有中值或低值并联电阻的断路器。

（2）切断空载变压器或电抗器：装设氧化锌避雷器。

（3）中性点不接地电力系统间歇性弧光接地：中性点装设消弧线圈。

（4）铁磁谐振：选用励磁特性较好的电磁式电压互感器或电容式电压互感器；在电压互感器开口三角形侧加装一个电阻；10kV及以下母线上装设一组三相对地电容器；改变运行方式。

（5）断路器非同期动作：在变压器中性点加装高阻尼电阻。

498. 简述造成工频过电压的原因及其特点。

答：（1）空载长线路电容效应引起的工频过电压，由长线路的电容效应及电网运行方式的突然改变引起，特点：持续时间长，过电压倍数不高，一般对设备绝缘危险性不大，但在超高压、远距离输电确定绝缘水平时起重要作用。

（2）不对称短路引起的工频过电压，在单相或两相不对称对地短路时，非故障相的电压一般会升高，其中单相接地时非故障相的电压可达较高值。

（3）突然甩负荷引起的工频电压升高，在输电线路传输重负荷时，线路末端断路器跳闸，突然甩负荷，也将造成线路工频过电压。

499. 工频过电压的限制措施有哪些？

答：（1）利用并联高压电抗器补偿空载线路的电容效应。

（2）利用无功补偿装置起到补偿空载线路电容效应的作用。

（3）变压器中性点直接接地可能降低由于不对称接地故障引起的工频过电压。

（4）发电机配置性能良好的励磁调节器或调压装置，使发电机突然甩负荷时能抑制容性电流对发电机的助磁电枢反应，从而防止过电压的产生和发展。

（5）发电机配置反应灵敏的调速系统，使得突然甩负荷时能有效限制发电机转速上升造成的工频过电压。

500. 简述限制谐振过电压的主要措施。

答：（1）提高断路器动作的同期性。由于许多谐振电压是在非全相运行条件下引起的，因此提高断路器动作同期性，防止非全相运行，可有效防止谐振电压。

（2）在并联高压电抗器中性点加装中性点电抗器。用这个措施可以防止线性谐振过电压和削弱潜供电流的影响。

（3）破坏发电机产生自励磁的条件，防止参数谐振过电压。

501. 引起变压器谐振过电压的情况有哪些?

答:(1)近区故障。

(2)从短路容量大的母线处向短路线路——变压器组充电。

(3)在断开带电抗器负载的变压器时,断路器发生重燃。

(4)切断变压器励磁涌流。

502. 防止变压器谐振过电压的措施有哪些?

答:(1)在高电压、大容量变压器内采用氧化锌避雷器以限制谐振过电压。

(2)尽量改善变压器避雷器的性能,例如将带间隙的阀型避雷器改为氧化锌避雷器,并尽可能选用额定电压低一些的氧化锌避雷器。

(3)对高电压、大容量的变压器尽可能不使用分接头,必要时也仅用调整范围不大的无载调压变压器。

(4)对单一的线路变压器组的变电站,应特别加强变电站进线段的防雷保护。

(5)对线路变压器组送电时,如变压器高压侧有断路器,则先向线路充电,后由该断路器向变压器充电。

(6)应避免操作仅仅带电抗器负荷的变压器,变压器三次绕组连接的电抗器应能自动投切。

(7)设计选型及整定变压器保护时,应避免因变压器充电励磁涌流而误动作。

503. 简述超高压电网中产生谐振过电压的原因。

答:(1)超高压变压器的中性点都是直接接地的,电网中性点电位已被固定,若无补偿设备,超高压电网中的谐振过电压一般很少,主要是电容效应的线性谐振和空载变压器带线路合闸引起的高频谐振。

(2)在超高压电网中往往有串联、并联补偿装置,这些集中的电容、电感元件使网络增添了谐振的可能性,主要有非全相切合并联电抗器的工频传递谐振；串、并补偿网络的分频谐振及带电抗器空长线的高频谐振等。

504. 限制内部过电压的主要措施有哪些？

答：（1）以断路器并联电阻作为防护超高压系统过电压的第一道防线，以氧化锌避雷器作为第二道防线。

（2）用断路器的分闸电阻和合闸电阻限制操作过电压。

（3）用氧化锌避雷器限制操作过电压。

（4）用正确参数选择、改进断路器性能等措施避开谐振过电压。

（5）用并联电抗器限制工频过电压。

（6）线路中增设开关站，缩短线路长度。

（7）改变系统运行接线。

505. 简述操作过电压的特点。

答：操作过电压的持续时间在250～2500μs之间，特点是具有随机性，但在最不利情况下过电压倍数较高。因此，330kV及以上超高压系统的绝缘水平往往由防止操作过电压决定。

506. 限制操作过电压的措施有哪些？

答：（1）保证电网运行中有足够数量的变压器中性点直接接地，对运行中中性点不直接接地的变压器，应在投、停时直接接地，然后在正常运行后断开变压器接地开关。

（2）增大电网容量可降低过电压倍数。

（3）选用灭弧能力强的高压断路器，以防止断路器内电弧重燃。

（4）提高断路器动作的同期性。

（5）断路器断口加装并联电阻。

（6）采用性能良好的避雷器，如ZnO避雷器。

507. 变电站装有哪些防雷设备？

答：（1）为了防止直击雷对变电站设备的侵害，变电站装有避雷针或避雷线，常用的是避雷针。

（2）为了防止进行波的侵害，按照相应的电压等级装设氧化锌避雷器和与此相配合的进线保护段，如架空地线或火花间隙等，在中性点不直接接地系统装设消弧线圈，可减少线路雷击跳闸次数。

（3）为了防止感应过电压，旋转电动机还装设保护电容器。

（4）为了可靠防雷，所以上述避雷针、避雷线、避雷器、消弧线圈、旋转电机等都必须装设可靠的接地装置。防雷设备的主要功能是引雷、泄流、限幅、均压。

508. 防雷装置由哪几部分组成？起什么作用？

答：防雷装置由接闪器、引下线和接地装置三部分组成。

（1）接闪器是防直击雷保护中接受雷电流的金属导体，其形式可分为避雷针、避雷带（线）及避雷网。

（2）引下线又称引流器，它的作用是将接闪器承受的雷电流引到接地装置。

（3）接地装置主要作用有：

1）将直击雷电流发散到大地中去以防直击雷接地。

2）将引下线引流过程中对周围大型金属物体产生感应电动势的防感应雷接地。

3）防止高电位沿架空线侵入的放电间隙或避雷器接地。

509. 什么叫放电动作计数器？

答：放电动作计数器是监视避雷器运行，记录避雷器动作次数的一种电器。它串接在避雷器与接地装置之间，避雷器每次动作，它都以数字形式累计显示出来，以便运行人员检查和记录。

510. 电力系统内部过电压的高低与哪些因素有关？

答：内部过电压的高低不仅取决于系统参数及其配合，而且与电网结构、系统容量、中性点接地方式、断路器性能、母线出线回路数量及电网的运行方式、操作方式等因素有关。

511. 简述保护间隙的构成。

答： 保护间隙一般由两个相距一定距离的、敞露于大气的电极构成，将它与被保护设备并联，适当调整电极间的距离（间隙），使其放电电压低于被保护设备绝缘的冲击放电电压，并留有一定的安全裕度，设备就能得到可靠保护。

512. 简述保护间隙的缺点。

答： 当雷电波入侵时，主间隙先击穿，形成电弧接地。过电压消失后，主间隙中仍有正常工作电压作用下的工频电弧电流（称为工频续流）。对中性点接地系统而言，这种间隙的工频续流即为间隙处的接地短路电流。由于这种间隙的熄弧能力较差，间隙电弧往往不能自行熄灭，将引起断路器跳闸，这是保护间隙的主要缺点。此外，由于间隙敞露，其放电特性也受气象和外界条件的影响。

513. 什么是避雷器？

答： （1）避雷器是一种能释放过电压能量、限制过电压幅值的保护设备。

（2）使用时将避雷器安装在被保护设备附近，与被保护设备并联。

（3）正常情况下避雷器不导通，仅流过微安级的泄漏电流。

（4）当作用在避雷器上的电压达到避雷器的动作电压时，避雷器导通，通过大电流，释放过电压能量并将过电压限制在一定水平，以保护设备的绝缘。

（5）在释放过电压后，避雷器恢复到原状态。

514. 简述避雷器正常巡检项目。

答： （1）瓷套表面是否脏污、是否出现放电现象，瓷套、法兰有无出现裂纹、破损。

（2）避雷器内部是否存在异响。

（3）避雷器动作计数器动作次数是否有变化、计数器内部有无积水、泄漏电流有无明显变化、电流指示是否在正常范围。

（4）与避雷器、计数器连接的导线及接地引下线有无烧伤痕迹或断股现象，检查动作计数器是否烧坏。

（5）避雷器引线上端引线处密封是否完好，密封不好进水易受潮。

（6）均压环是否有松动、歪斜。

（7）金属氧化物避雷器串联间隙是否与原来位置发生偏移。

（8）接地良好，无松脱现象。

515. 避雷器在哪些情况下必须进行特殊巡视？

答：（1）避雷器存在缺陷。

（2）阴雨天气后。

（3）大风沙尘天气。

（4）雷电活动后或系统过电压等异常后。

（5）运行15年以上。

516. 简述避雷器特殊巡视项目。

答：（1）雷雨天气后检查动作计数器动作情况，检查避雷器表面有无放电闪络痕迹。

（2）避雷器引线及引下线是否松动。

（3）本体是否摆动。

（4）结合停电检查避雷器上法兰泄孔是否畅通。

517. 简述500kV升压站避雷器型号Y10W5-444/1015W和Y20W-420/960的含义。

答：（1）Y代表产品型式为瓷绝缘外套、罐式金属氧化物避雷器。

（2）Y后的10/20为标称放电电流，单位为kA。

（3）W表示无间隙，若C则为有串联间，B有并联间隙。

（4）10W 后的数字为区分前述特征相同产品的设计序号。

（5）“/”前数字代表额定电压，kV。

（6）“/”后数字代表标称放电电流下残压（kV），W 代表附加特征代号为耐污型。

518. 简述避雷器主要类型及其作用。

答：避雷器的类型主要有保护间隙、阀型避雷器和氧化锌避雷器。

保护间隙主要用于限制大气过电压，一般用于配电系统、线路和变电站进线段保护。阀型避雷器和氧化锌避雷器用于变电站和发电厂电气设备的保护，在 220kV 及以下系统中主要用于限制大气过电压，在超高压系统中还用来限制内部过电压或作为其后备保护。

519. 简述阀型避雷器的构成。

答：阀型避雷器由封装在密封瓷套中的间隙（又称火花间隙）和非线性电阻（又称阀片）串联构成。阀片的电阻值与流过的电流有关，具有非线性特性，电流越大电阻越小。

520. 简述阀型避雷器保护原理。

答：（1）避雷器阀片伏安特性关系为

$$U=CI\alpha$$

式中 U——电流在阀片电阻上的压降；

C——阀片通流电容；

I——流过阀片的电流；

α——非线性系数。

α 越小，当大的电流冲击通过阀片时，阀片上的电压降（残压）越接近常数（即阀片电阻越接近常数）。

（2）正常时，火花间隙将带电部分和阀片隔开。当雷电波的幅值超过避雷器的冲击放电电压时，火花间隙被击穿，冲击电流经阀片流入大地，阀片上出现残压。只要使避雷器的冲击放电电压和残压低于被保护设备的冲击耐压值，设备就能得到保护，且残压越低设备越安全。

521. 简述阀型避雷器的分类、构成及简单原理。

答：阀型避雷器分普通型和磁吹型两类。

普通型避雷器的火花间隙由许多单个间隙串联而成，单个间隙的电极由黄铜板冲压而成，两电极间用云母垫圈隔开形成间隙，间隙距离为0.5～1.0mm。单个间隙的工频放电电压为2.7～3.0kV。避雷器动作后，工频续流电弧被各单个间隙分割成许多段短弧，使其熄灭。

磁吹型避雷器的火花间隙也由多个单一间隙串联而成，但每个间隙结构较为复杂，利用与间隙串联的磁吹线圈的磁场使电弧产生运动（旋转或拉长）来加强去游离，以提高间隙灭弧能力。磁吹线圈两端并联的辅助间隙是为了消除磁吹线圈在冲击电流通过时产生过大的压降而使保护性能变坏。

522. 阀型避雷器为充分发挥每个间隙的灭弧能力采取了何种措施?

答：阀型避雷器各单一间隙对地和对高压端存在寄生电容，故电压在各个间隙上的分布是不均匀的，为改善此种状况，常在间隙组（若干间隙一组）上并联适当的均压电阻。

523. 简述阀型避雷器阀片的作用及材料。

答：阀片的主要作用是限制工频续流，使间隙电弧能在工频续流第一次过零时就熄灭。

普通型和磁吹型阀型避雷器的电阻阀片都是金刚砂SiC和结合剂烧结而成，称碳化硅阀片，区别在于普通型避雷器是在低温下烧结而成，非线性系数较低（约0.2），但通流容量小，不能承受持续时间较长的内部过电压冲击电流；磁吹型阀片则是在高温下烧制的，非线性系数较高，通流容量大，能用于限制内部过电压。

524. 金属氧化锌避雷器如何分类?

答：（1）按电力系统分交流、直流。

（2）按结构分无间隙、带串联间隙、带并联间隙。

（3）按外瓷套分瓷套式、罐式、复合外套。

（4）按使用场合分电站用、配电用、并联补偿电容器用、发电机用，发动机用、发电机中性点用、线路用。

525. 简述 35～500kV 非线性金属氧化物避雷器的结构特点。

答：（1）金属氧化物避雷器是将相应数量的氧化锌电阻片密封在瓷套或其他绝缘体内而组成的。无任何放电间隙。

（2）避雷器设有压力释放装置，当其在超负载动作发生意外损坏时，内部压力剧增，使其压力释放装置动作，排除气体。

（3）500kV 避雷器由 3 个元件（220kV 2 个元件）、均压环、底座或绝缘端子组成；220kV 以下避雷器由 1 个元件、底座或绝缘端子组成。

526. 简述非线性金属氧化物电阻阀片的特点。

答：电阻阀片是避雷器的主要工作部件。由于其具有非线性伏安特性，在过电压时呈低电阻，从而限制避雷器端子间的电压。在正常运行电压下，避雷器呈高阻绝缘状态，当受到过电压冲击时，避雷器呈低阻状态，迅速泄放冲击电流入地，使与其并联的电气设备上的电压限制在规定值内，以保证电气设备安全运行。

527. 避雷器压力释放装置的作用是什么？

答：用于释放避雷器内部压力，并防止外套由于避雷器的故障电流或内部闪络时间延长而发生爆炸。

528. 什么是操作冲击残压？

答：操作冲击残压是在操作冲击放电电流通过避雷器时其端子间的最大电压值，是表征避雷器保护特性的重要参数之一。

529. 什么是续流？

答： 具有串联间隙的普通阀式和磁吹式避雷器动作（间隙放电）将冲击电流释放时及释放后，与此连接的随之流入大地的电力系统的工频电流，也称为工频续流。放电间隙应能在灭弧电压作用下切断工频续流。

530. 阀式避雷器切断工频续流的能力是多少？

答： 普通阀式避雷器所能切断的工频续流不超过100A（幅值）；磁吹式避雷器切断工频续流的能力要大得多，旋转电弧型磁吹间隙能切断300 A（幅值），而拉长电弧型磁吹间隙则可熄灭高达1000 A（幅值）的续流。

531. 如何监视氧化锌避雷器泄漏电流表？

答： 正常运行时，氧化锌避雷器内部电流主要是容性的，数量级为1mA到几mA。通过避雷器和放电动作计数器到接地网的电流监视可从以下几个方面进行：

（1）定期对三相泄漏电流表的值进行监视、三相进行比较。

（2）将本次的读数与以往读数比较。

（3）若发现某相值偏大，应加强监视，并跟踪观察。若继续增大应按本站的缺陷管理规定上报缺陷，必要时停电检查。

（4）一般，电压等级越高，电阻片的内径越大，其允许的泄漏电流表的值就越大，如500kV一般不超3mA。

532. 简述氧化锌避雷器的主要电气参数。

答：（1）额定电压：是指施加在避雷器端子间的最大允许工频电压有效值。

（2）持续运行电压：允许持久施加在避雷器端子间的工频电压有效值，为额定电压的75％～80％。

（3）标称放电电流：侵入变电站的雷电波作用于避雷器时，通过避雷器的放电电流峰值限值。

（4）直流参考电压：直流参考电流下测出的避雷器的电压，直流参考电流通常取1mA，此时参考电压不低于额定电压的峰值。

533. 简述对避雷器的基本要求。

答：（1）避雷器的冲击放电电压任何时刻都要低于被保护设备的冲击电压。

（2）避雷器动作后的残压要比被保护设备通过同样电流时的能耐受电压低。

（3）避雷器的灭弧电压与安装地点的最高工频电压要正确配合，使得系统发生单相接地故障时，避雷器也能可靠熄灭工频电流电弧，避免避雷器爆炸。

（4）当电压超过限值时，避雷器产生放电动作，将导线直接或经电阻接地，限制过电压。

534. 简述220kV及以上避雷器上部均压环的作用。

答：此种避雷器一般为多元件组合，每一节对地电容不一样，影响工频电压分布，加装均压环后，使避雷器电压分布均匀，否则在有并联电阻的避雷器中，当其中一个元件的电压分布增大时，其并联电阻中的电流很多，会使电阻烧坏，同时电压分布不均，还可能使避雷器不能灭弧。

535. 简述氧化锌避雷器的特点。

答：（1）无放电间隙仅有氧化锌电阻片组成的避雷器，无放电延时有效改善避雷器在陡波下的保护性能。

（2）雷电过电压动作后无工频续流，使通过避雷器的能量大为减少，延长工作寿命。

（3）氧化锌阀片通流能力大，提高了避雷器的动作负载能力和电流耐受能力。

（4）无串联火花间隙，可直接将阀片置于 SF_6 组合电器中或充油设备中。

（5）残压低，保护性能优越。

（6）正常工作电压下仅有几百微安的电流，运行中利于监测。

（7）通流容量大，吸收过电压能量的能力强。

536. 简述氧化锌避雷器日常运行维护的项目。

答：（1）瓷套有无裂纹、破损及放电现象，表面无严重污秽。

（2）法兰、底座瓷套有无裂纹。

（3）均压环有无松动、锈蚀、倾斜、断裂。

（4）避雷器内部有无响声。

（5）与避雷器连接的导线及接地引下线有无烧伤痕迹或烧断、断股现象，接地端子是否牢固。

（6）动作计数器的示数是否有改变，泄漏电流是否正常，计数器连接是否牢固，计数器内部有无积水。

537. 简述避雷器运行注意事项。

答：（1）每年对投运的避雷器进行一次特性试验，并对接地网的接地电阻进行一次测量，电阻值应符合接地规程要求，一般不应超过5Ω。

（2）6～35kV的避雷器应于每年3月底投入运行，10月底退出运行；110kV以上的避雷器常年投运。

（3）应保持避雷器瓷套的清洁。

（4）在装拆动作计数器时，应首先用导线将避雷器直接接地，然后再拆下。检修完毕后，再拆去临时接地线。

（5）6～10kV系统为中性点不接地系统，当避雷器发生爆炸时，如引线未造成接地，则应将引线解开或加以支持，以防造成相间短路。

538. 简述架空避雷线的主要作用。

答：（1）防止雷直击导线。

（2）对塔顶雷击起分流作用，从而减低塔顶电位。

（3）对导线有耦合作用，从而降低绝缘子串上的电压。

（4）对导线有屏蔽作用，从而降低导线上的感应过电压。

539. 简述避雷器的检修项目有哪些。

答：（1）避雷器整体或原件更换。

（2）避雷器连接部位的检修。

（3）外绝缘的处理。

（4）放电动作计数器及在线监测装置的检修。

（5）绝缘基座的检修。

（6）避雷器引流线及接地装置的检修。

（7）气体介质的补充。

540. 简述氧化锌避雷器的试验项目。

答：（1）测量绝缘电阻。

（2）直流 1mA 电压 U_{1mA} 及 0.75 倍 U_{1mA} 下泄漏电流。

（3）运行电压下的交流泄漏电流。

（4）工频参考电流下的工频参考电压。

（5）底座绝缘电阻。

（6）放电计数器动作检查。

541. 简述无间隙氧化锌避雷器测量绝缘电阻合格标准。

答：（1）35kV 以上电压：用 5000V 绝缘电阻表，绝缘电阻不小于 2500MΩ。

（2）35kV 及以下电压：用 2500V 绝缘电阻表，绝缘电阻不小于 1000MΩ。

（3）低压（1kV 以下）：用 500V 绝缘电阻表，绝缘电阻不小于 2MΩ。

542. 氧化锌避雷器绝缘电阻试验周期及试验注意事项是什么？

答：周期：

（1）交接时。

（2）3～6 年。

（3）必要时。

注意事项：试验后对被试品和邻近试品进行放电。

543. 避雷器预防性试验的目的及意义是什么？

答：（1）避雷器在制造过程中可能存在缺陷而未被检查出来，如在空气潮湿的时候或季节出厂预先带进潮气。

（2）在运输过程中受损，内部瓷碗破裂，并联电阻震断，外部瓷套碰伤。

（3）在运输中受潮、瓷套端部不平、滚压不严、密封橡胶垫圈老化变硬、瓷套裂纹等。

（4）并联电阻和阀片在运行中老化。

（5）其他劣化。

这些劣化都可以通过预防性试验来发现，从而避免避雷器在运行中误动作和爆炸。

544. 简述氧化锌避雷器试验的方法和步骤。

答：（1）使用2500V及以上绝缘电阻表，摇测避雷器的两极绝缘电阻1min，记录绝缘电阻值。

（2）用接地线对避雷器的两极进行充分放电。

（3）升压，在直流泄漏电流超过200μA时，此时电压升高一点电流将急剧增大，因此应放慢升压速度，在电流达到1mA时，读取电压值U_{1mA}后降压至零。

（4）计算0.75倍U_{1mA}值。

（5）升压至0.75倍U_{1mA}，测量泄漏电流大小。

（6）降压至零，断开试验电流。

（7）待电压表指示基本为零时，用放电杆对避雷器进行放电，恢复接地线，拆试验接线。

（8）记录环境温度。

545. 简述直流1mA电压U_{1mA}及0.75倍U_{1mA}下泄漏电流试验合格标准及试验意义。

答：（1）测量避雷器的U_{1mA}主要是检查其阀片是否受潮，确定其动作性能是否符合要求，其测量接线通常采用半相半波整流电路。

（2）U_{1mA}实测值与初始值或制造值相比，其变化不应大于

5%，U_{1mA}过高会使被保护电气设备的绝缘裕度降低，U_{1mA}过低会使避雷器在各种操作和故障的瞬态过电压下发生爆炸。

（3）测量0.75倍U_{1mA}下的直流泄漏电流，主要检测长期允许工作电流的变化情况。

（4）规程规定，0.75倍U_{1mA}下的泄漏电流不大于50μA，且与初始值相比较不应有明显变化。如试验数据虽未超过标准要求，但是与初始数据出现比较明显变化时应加强分析，并在确认数据无误的情况下加强监视，如增加带电测试的次数等。

546. 简述直流1mA电压U_{1mA}及0.75倍U_{1mA}下泄漏电流试验注意事项。

答：（1）由于无间隙氧化锌避雷器表面的泄漏原因，在试验时应尽可能地将避雷器瓷套表面擦拭干净。如果仍然试验直流1mA电压不合格，应在避雷器瓷套表面装一个屏蔽环，让表面泄漏电流不通过测量仪器，而直接流入地中。

（2）测量时应记录环境温度，阀片的温度系数一般为0.05%～0.17%，即温度升高10℃，直流1mA电压约降低1%，因此在必要的时候应该进行换算，以免出现误判。

（3）注意安全距离，试验前后对试品和相邻试品放电。

（4）测量接线正确：设备、仪器接地，屏蔽线不和试品或芯线接触，高压测试线无较大弧垂。

（5）泄漏电流应在高压侧读表，测量导线须使用屏蔽线。

（6）由于氧化锌避雷器的非线性特性，在直流泄漏电流超过200μA时，电压略有升高，电流将会急剧增大，所以此时应该放慢升压速度，在电流达到1mA时，读取电压值。

（7）降压至零再断高压电源。

547. 简述运行电压下的交流泄漏电流试验测量步骤及判断方法。

答：测量步骤：

（1）升压。当电压达到运行电压时，测量避雷器的泄漏电流。

（2）降压至零。

（3）断开电源，恢复原接地线，拆除试验地线。

判断方法：

（1）该试验主要的判断方法是将相邻的避雷器试验数据进行比较，并且与以前试验的数据进行比较来判断设备是否运行正常。

（2）全电流、阻性电流和初始值相比应无明显变化，阻性电流增加一倍时，须停电检查；阻性电流增加到初始值1.5倍，应加强监视。

548. 试述运行电压下的交流泄漏电流试验的目的。

答：在运行电压下测量全电流、阻性电流可在一定程度上反映氧化锌避雷器运行的状况。全电流的变化可反映氧化锌避雷器的严重受潮、内部元件接触不良、阀片严重老化，而阻性电流的变化对阀片的初期老化的反应更为灵敏。如阻性电流峰值从50增大到250A时，全电流的增大可能只有百分之几。

549. 简述工频参考电流下的工频参考电压试验的目的、试验设备及判断合格标准、注意事项。

答：试验目的：判断MOA阀片的老化、劣化程度。

试验设备：阻性电流测试仪、试验变压器、分压器。

判断合格标准：应符合制造厂规定。

注意事项：测量应每节单独进行，尽量缩短工频参考电压的加压时间，应控制在10s以内。

550. 避雷器常见故障及异常运行有哪些？

答：（1）避雷器爆炸。

（2）避雷器阀片（电阻片）击穿。

（3）避雷器内部闪络。

（4）避雷器外绝缘套的污闪或冰闪。

（5）避雷器受潮造成内部故障。

（6）避雷器断裂。

（7）避雷器瓷套破裂。

（8）避雷器在正常情况下（系统无内部过电压和大气过电压）计数器动作。

（9）引线断股或松脱。

（10）氧化锌避雷器的泄漏电流值有明显变化。

（11）上下引下线烧断。

551. 简述避雷器故障及异常运行的处理原则。

答：（1）发生故障后，运行人员在初步判断了故障类别后立即向调度及上级主管部门汇报。

（2）详细记录异常发生时间，是否有异常信号。

（3）若一时不能停电进行处理，应加强对避雷器的监视。

（4）若属于避雷器故障，应申请停电处理。

（5）迅速通知电气一、二次回路检修人员到位。

552. 简述避雷器爆炸及阀片击穿或内部闪络故障如何处理。

答：（1）运行人员应立即安排人到现场对设备进行检查，初步判断故障类别、故障相和巡视避雷器引流线、均压环、外绝缘、放电动作计数器及泄漏电流在线监测装置、接地引下线的状态后，向调度及主管部门汇报。

（2）对粉碎性爆炸事故，还应巡视故障避雷器临近的设备外绝缘的损伤状况，运行人员不得擅自将碎片挪位或丢弃。

（3）在事故调查人员到来之前，运行人员不得接触故障避雷器及其附件。

（4）避雷器爆炸尚未造成接地时，在雷雨过后拉开相应隔离开关，停用、更换避雷器。

（5）避雷器爆炸已造成接地者，需停电更换，禁止使用隔离开关停用故障避雷器。

（6）运行人员要做好现场安全措施，以便检修人员对故障设备进行检查。

553. 简述避雷器裂纹如何处理。

答： 运行中发现避雷器瓷套有裂纹，应视具体情况处理如下：

（1）如天气正常，应请示调度停下裂纹相的避雷器，更换为合格避雷器。当前无备件时，在考虑不至于威胁安全运行的条件下，可在裂纹深处涂漆和环氧树脂防止受潮，并安排在短期内更换。

（2）如天气不正常（如雷雨、雪雹）应尽可能不使避雷器退出运行，待雷雨等天气后再处理。如果因瓷质裂纹已造成闪络，但未接地者，在可能条件下应将避雷器停运。

（3）避雷器瓷套裂纹已造成接地者，需停电更换，禁止用隔离开关停用故障的避雷器。

554. 简述避雷器外绝缘套的污闪或冰闪故障如何处理。

答：（1）运行人员应立即安排人到现场对设备进行检查，初步判断故障类别、故障相和巡视避雷器引流线、均压环、外绝缘、放电动作计数器及泄漏电流在线监测装置、接地引下线的状态后，向调度及主管部门汇报。

（2）在事故调查人员到来之前，运行人员不得清擦故障避雷器的绝缘外套。

（3）若不能停电处理，运行人员应用红外线检测设备对避雷器进行检测，并加强对避雷器的监视。

（4）若闪络严重，应申请停电进行处理。

555. 简述避雷器断裂如何处理。

答：（1）运行人员应立即安排人到现场对设备进行检查，初步判断故障类别、故障相后，向调度及上级主管部门汇报，申请停电处理。

（2）在确认已不带电并做好相应的安全措施后，对避雷器的损伤情况进行巡视。

（3）在事故调查人员到来之前，运行人员不得挪动故障避雷器的断裂部分，也不得对断口部分造成进一步的损伤。

（4）运行人员要做好现场的安全措施，以便检修人员对故障设备进行检查。

556. 简述避雷器引线脱落如何处理。

答：（1）运行人员应立即安排人到现场对设备进行检查，初步判断故障类别、故障相后，向调度及上级主管部门汇报，申请停电处理。

（2）在确认已不带电并做好相应的安全措施后，对引线连接端部、均压环的状况进行巡视。

（3）检查避雷器周围的设备是否有放电或损伤。

（4）在事故调查人员到来之前，运行人员不得接触引线的连接端部，也不得攀爬避雷器或构架检查连接端子。

（5）运行人员要做好现场的安全措施，以便检修人员对故障设备进行检查。

557. 简述避雷器的泄漏电流值异常如何处理。

答：当运行人员发现避雷器的泄漏电流值明显增大时，应当：

（1）立即向调度及上级主管部门汇报。

（2）对近期的巡检记录进行对比分析。

（3）用红外测温仪对避雷器的温度进行测量。

（4）若认为不属于测量误差，经分析确认为内部故障，应申请停电处理。

558. 简述避雷器泄漏电流读数异常增大的原因。

答：（1）内部受潮。如果增大较大，已到警戒区域，或出现顶表，应申请停电。

（2）应综合气候、环境及历史数据，并结合红外线测温图像分析。

559. 简述避雷器泄漏电流读数降低，甚至为零的原因。

答：（1）支持底座瓷套过度脏污或天气潮湿，使表面泄漏电流增大，造成分流加大，使读数降低。

（2）引下线松脱或电流表内部损坏。

（3）表计指针卡涩。

560. 避雷器、避雷针用什么方法记录放电？

答：（1）避雷器、避雷针用装设磁钢棒和放电计数器两种方法记录放电。

（2）放电计数器的基本原理是当雷电流通过避雷器入地时，对计数器内部电容器进行充电；当雷电消失后，电容器对计数器的线圈放电，记录放电次数。

（3）磁钢棒记录放电的基本原理是当雷电流通过避雷针入地时，磁钢棒被雷电流感应而磁化，记录雷电流数值。

561. 接地网能否与避雷针连接在一起？为什么？

答：（1）110kV 及以上的屋外配电装置，可将避雷针装在配电装置的构架上，构架除了应与接地网连接以外，还应在附近加装接地装置，其接地电阻不得大于 10Ω。

（2）构架与接地网连接点至变压器与接地网连接点沿接地网接地体的距离不得小于 15m。构架的接地部分与导电部分之间的空间距离不得小于绝缘子串的长度。

（3）在变压器的门形构架上不得安装避雷针。在土壤电阻率大于 1000Ωm 时，用独立避雷针。

（4）对 35kV 变电站，由于绝缘水平很低，构架上避雷针落雷后感应过电压的幅值对绝缘有发生闪络的危险，因此宜采用独立避雷针。

562. 各种防雷接地装置工频接地电阻的最大允许值是多少？

答：一般不大于下列值：

（1）独立避雷针为 10Ω。

（2）电力架空线路的避雷线，根据土壤电阻率不同，分别为 10～30Ω。

（3）变电站、配电站母线上的阀型避雷器为 5Ω。

（4）变电站架空进线段上的管型避雷器为 10Ω。

（5）低压进户线的绝缘子铁角接地电阻为 30Ω。

（6）烟囱或水塔上避雷针的接地电阻值为 0～30Ω。

第十七章 消 弧 线 圈

563. 变电站中性点接地方式有哪几种?

答:（1）中性点不接地方式。

（2）中性点经小电阻接地方式。

（3）中性点经消弧线圈接地方式。

564. 中性点不接地系统有什么缺点?

答: 中性点不接地系统，在发生单相接地时，单相接地电流决定于另两相的电容电流。如果系统对地电容不大，则接地电流引起的电弧能自行熄灭。当接地电流较大时，则会产生弧光接地过电压，其结果可能使健全相的绝缘损坏，从而造成两相接地短路；直接由接地电弧引起相间短路，造成停电和设备损坏等事故。

565. 变电站理想的中性点接地方式是哪种?

答: 变电站理想的中性点接地方式是采用快速动作的消弧线圈作为接地设备，对瞬时性单相接地故障，能快速补偿，正确识别故障消除并迅速退出补偿；对非瞬时性单相接地故障，系统在消弧线圈补偿的同时在很短的时间（远小于10s）内能正确判断接地线路，将故障线路切除，从而提高配电网的供电可靠性。

566. 简述消弧线圈的作用。

答: 消弧线圈是一种带铁芯的电感线圈，应用在中性点接地系统中，电力系统输电线路经消弧线圈接地，为小电流接地系统的一种。消弧线圈的作用是当电网发生单相接地故障后，提供一电感电流，补偿接地电容电流，使接地电流减小，也使得故障相接地电弧两端的恢复电压速度降低，达到熄灭电弧的目的。当消孤线圈正确调谐时，不仅可以有效地减少产生弧光接地过电压的概率，还可以有效地抑制过电压的幅值，同时也最大限度地减小了故障点热破坏作用及接地网的电压等。

567. 简述消弧线圈的装设规定。

答：3～10kV 架空线路构成的系统和 35、66kV 电网，当单相接地故障电流大于 10A 时，中性点应装设消弧线圈；3～10kV 电缆线路构成的系统，当单相接地故障电流大于 30A 时，中性点应装设消弧线圈。

568. 消弧线圈的系统接线如何规定？

答：消弧线圈既不接在高压侧，也不接在低压侧，应该说是接在“本级电压侧”，也就是说，35kV 的消弧线圈就接在 35kV 侧，10kV 的消弧线圈就接在 10kV 侧，6kV 的消弧线圈就接在 6kV 侧。

569. 简述消弧线圈种类主要有哪些及各自的特点。

答：（1）调匝式。有载调匝式消弧线圈是一带铁芯的电感线圈，设有多挡位分接头，通过有载开关调整分接头的位置，实现改变消弧线圈的电感量。调匝式消弧线圈装置补偿效果最佳，补偿速度快，无谐波。对瞬时性单相接地故障具有快速补偿能力，减少了系统由瞬时性单相接地故障发展成永久接地故障的概率。

（2）调容式。调容式消弧线圈主要是在消弧线圈的二次侧并联若干组晶闸管（或真空开关）通断的电容器，用来调节二次侧电容的容抗值。电容器组的合理组合使级差电流做得比较小，输出范围有所增加，调节速度也提高了不少，不用阻尼电阻。

（3）高短路阻抗变压器式。高短路阻抗变压器式消弧线圈把高短路阻抗变压的一次绕组作为工作绕组接入 6～66kV 系统中性点，二次绕组作为控制绕组由 2 个反向并接的晶闸管短路，系统正常运行时消弧线圈处于远离与电网电容发生谐振的状态，不会发生串联谐振，不需设置阻尼电阻，响应速度快，接地残流小，但是若二次回路发生故障，不能实现随调，有可能导致接地残流过大。

（4）调气隙式。调气隙式消弧线圈将电感线圈的铁芯制成带有气隙的型式，利用气隙长度的改变实现励磁阻抗的改变。其输出的电流可以连续无级调节，但仍然有一个最小补偿电流的限制，装置更为复杂，较易损坏，调节过程噪声较大，调节速度慢。

570. 消弧线圈的调节方式有哪些？

答：消弧线圈的调节方式可分为预调式及随调式。预调式的消弧线圈在正常运行时其电感量在最佳补偿值，即在谐振点附近运行，残流和调谐度都控制在允许范围内。随调式自动补偿消弧线圈在正常运行时工作在远离谐振点的位置，这样中性点位移电压很低，不需要串入阻尼电阻器来限制串联谐振引起的位移电压的幅值。

571. 消弧线圈正常运行采用哪种补偿方式？

答：消弧线圈正常运行采用过补偿方式，只有在消弧线圈容量不足，不能满足过补偿运行时，可采用欠补偿运行方式，不得采用全补偿运行方式。

572. 消弧线圈采用欠补偿方式有什么缺点？

答：欠补偿电网发生故障时，容易出现很高的过电压。当电网中因故障或其他原因而切除部分线路后，在欠补偿电网中就有可能形成全补偿的运行方式而造成串联共振，从而引起很高的中性点位移电压与过电压，在欠补偿电网中也会出现很大的中性点位移而危及绝缘。

573. 为什么消弧线圈要串接阻尼电阻？

答：在自动跟踪消弧线圈中，调节精度较高，残流较小，接近谐振点运行，为防止产生谐振过电压，在消弧线圈上串接了阻尼电阻。系统发生接地时，经可控硅保护短接串联电阻，真正实现接地后零响应时间。确保系统正常运行时，中性点位移电压不超过15%相电压。

574. 为什么消弧线圈要接在接地变压器引出的中性点上?

答: 消弧线圈一般接在电源变压器二次侧中性点上；若电源变压器二次侧绕组为星形接线，则消弧线圈直接接在中性点上；若电源变压器二次侧绕组为角形接线，没有中性点，则消弧线圈不能直接接在中性点上，由此发明了“接地变压器”，人为制造出一个“中性点”，然后再将消弧线圈接在接地变压器引出的中性点上。

575. 简述接地变压器的结构和特点。

答: 接地变压器每相由匝数相等的两个串联分绕组组成，每个磁芯上的两个分绕组之间及它们对次级分绕组的零序互磁通为零。如果变电站变压器绕组为星形接法，不需要使用接地变压器。如果变电站变压器绕组为三角形接法，需要增加接地变压器引出中性点，接地变压器的一次侧设有无励磁调压。接地变压器具备零序阻抗低、激磁阻抗大、功耗小等特征。绕组为曲折形接线，可以只有一次绕组，也可以根据需要增加二次绕组（即所用负荷）。

576. 接地变压器的额定容量如何选择?

答: 当接地变压器兼做站用变压器使用时，接地变压器的额定容量大于或等于所带消弧线圈的额定容量加上站用变压器的容量；独立使用时，接地变压器的额定容量大于或等于消弧线圈的额定容量。

577. 简述消弧线圈正常巡检项目。

答: （1）检查消弧线圈保护投入，内部运行声音正常，无焦味。

（2）检查消弧线圈各接头紧固，无过热变色现象，导电部分无生锈、腐蚀现象，套管清洁、无爬电现象。

（3）检查线圈及铁芯无局部过热和绝缘烧焦的气味，外部清洁，无破损、无裂纹。

（4）检查电缆无破损，变压器本体无搭挂杂物。

（5）检查消弧线圈及接地变压器线圈温度正常，变压器温控仪工作正常。

（6）检查消弧线圈开关及隔离开关运行状态及远方指示正确。

（7）检查消弧线圈前后柜门均在关闭状态。

（8）检查消弧线圈室无漏水、积水现象，照明充足。

（9）检查消弧线圈室内通风设备正常，消防器材齐全。

（10）检查消弧线圈分接头指示就地与远方一致，各机械连接部件无松动、脱落。有载调压电动机构箱密封良好，电加热器功能正常，传动机构与箱体连接处无渗油等现象。

（11）检查阻尼电阻箱内引线端子无松动、过热、打火现象。

（12）检查中性点电压小于15%相电压。

（13）检查消弧线圈控制器电源正常，各参数运行正常，无异常告警。

578. 消弧线圈在哪些情况下必须进行特殊巡检？

答：（1）在高温运行前。

（2）大风、雾天、冰雪、冰雹及雷雨后。

（3）设备经过检修、改造，在投运后72h内。

（4）设备有严重缺陷时。

（5）设备长期停运后重新投入运行48h内。

（6）设备发热、系统冲击、内部有异常声音。

579. 简述消弧线圈特殊巡检项目。

答：（1）高温天气检查消弧线圈及接地变压器线圈温度是否正常，必要时用红外测温设备检查消弧线圈、阻尼电阻、接地变压器的内部，引线接头发热情况。

（2）气候骤变时，检查各引线接头是否有断股或接头处发红现象，各密封处是否有渗漏油现象。

（3）大雨、雷电、冰雹后，检查引线是否断股、设备上有无其他杂物、套管有无放电痕迹及破裂现象。

（4）浓雾、小雨、下雪时，检查套管有无闪络或放电，各接头在小雨中或下雪后不应有水蒸气上升或立即融化现象，否则表示该接头运行温度比较高，应用红外测温仪进一步检查。

580. 简述调匝式消弧线圈自动跟踪补偿成套装置的构成及工作原理。

答：调匝式消弧线圈自动跟踪补偿成套装置由接地变压器、调匝式消弧线圈、档位调节有载开关、微机控制柜、阻尼电阻箱等构成。

调匝式消弧线圈在消弧线圈设有多个抽头，采用有载调压开关调节消弧线圈的抽头以改变电感值。在电网正常运行时，微机控制器通过实时测量流过消弧线圈电流的幅值和相位变化，计算出电网当前方式下的对地电容电流，根据预先设定的最小残流值或失谐度，由控制器调节有载调压分接头，使之调节到所需要的补偿档位，在发生接地故障后，故障点的残流可以被限制在设定的范围之内。

581. 简述消弧线圈各参数意义及技术要求。

答：（1）位移电压：系统不平衡电压值。位移电压不应高于额定电压的15%。

（2）电容电流：系统发生单相接地时，流过接地点的电容电流。系统接地电容电流测量误差小于或等于±2%。

（3）电感电流：消弧线圈工作档位电流值。

（4）接地残流：系统发生单相接地时，接地点对地电容电流被消弧线圈补偿后的残余电流。消弧线圈补偿范围内，接地最大残流不超过5A。

（5）脱谐度：系统偏谐振状态的程度。脱谐度在5%～20%之间。

582. 简述消弧线圈新设备验收的项目及要求。

答: (1) 产品的技术文件应齐全。

(2) 消弧线圈器身外观应整洁，无锈蚀或损伤。

(3) 包装及密封应良好。

(4) 油浸式消弧线圈油位正常，密封良好，无渗油现象。

(5) 干式消弧线圈表面应光滑、无裂纹和受潮现象。

(6) 本体及附件齐全、无损伤。

(7) 备品备件和专用工具齐全。

(8) 运行单位要参加安装、检修中和投运前验收，特别是隐蔽工程的验收。

583. 简述消弧线圈新设备安装、试验完毕后的验收一般要求。

答: (1) 本体及所有附件应无缺陷且不渗油。

(2) 油漆应完整，相色标志应正确。

(3) 器顶盖上应无遗留杂物。

(4) 建筑工程质量符合国家现行的建筑工程施工及验收规范中的有关规定。

(5) 事故排油设施应完好，消防设施齐全。

(6) 接地引下线及其与主接地网的连接应满足设计要求，接地应可靠。

(7) 储油柜和有载分接开关的油位正常，指示清晰，呼吸器硅胶应无变色。

(8) 有载调压切换装置的远方操作应动作可靠，指示位置正确，分接头的位置应符合运行要求。

(9) 接地变压器绕组的接线组别应符合要求。

(10) 测温装置指示应正确，整定值符合要求。

(11) 接地变压器、阻尼电阻和消弧线圈的全部电气试验应合格，保护装置整定值符合规定，操作及联动试验正确。

(12) 设备安装用的紧固件应采用镀锌制品并符合相关要求。

(13) 干式消弧线圈表面应光滑、无裂纹和受潮现象。

584. 消弧线圈新设备安装、试验完毕后的验收要做哪些交接项目?

答:(1)绕组连同套管的直流电阻。

(2)绕组连同套管的绝缘电阻及吸收比。

(3)接地变压器的结线组别和消弧线圈极性。

(4)接地变压器所有分接头的电压比。

(5)消弧线圈伏安特性曲线。

(6)35kV及以上油浸式消弧线圈和接地变压器绕组连同套管的介质损耗因数。

(7)35kV及以上油浸式消弧线圈和接地变压器绕组连同套管的直流泄漏电流。

(8)绝缘油试验。

(9)非纯瓷套管的试验。

(10)干式消弧线圈和接地变压器,以及进行器身检查的油浸式消弧线圈和接地变压器,应测量铁芯绝缘、绑扎钢带绝缘。

(11)绕组连同套管的交流耐压试验。

(12)调匝式消弧线圈有载调压切换装置的检查和试验。

(13)检查相位。

(14)控制器模拟试验。

(15)额定电压下冲击合闸试验。

585. 消弧线圈新设备安装、试验完毕后的验收需要哪些竣工资料?

答:(1)消弧线圈装置订货技术合同。

(2)产品合格证明书。

(3)安装使用说明书。

(4)出厂试验报告。

(5)安装、调试记录。

(6)交接试验报告。

(7)实际施工图以及变更设计的技术文件。

（8）备品配件和专用工具移交清单。

（9）监理报告。

（10）安装竣工图纸。

586. 消弧线圈新设备整体验收的条件有哪些？

答：（1）消弧线圈装置及附件已安装调试完毕。

（2）交接试验合格，施工图、竣工图、各项调试及试验报告、监理报告等技术资料和文件已整理完毕。

（3）施工单位自检合格，缺陷已消除。

（4）施工场所已清理完毕。

（5）备品备件已按清单移交。

587. 消弧线圈新设备整体验收的要求和内容有哪些？

答：（1）建设单位应在工程竣工验收之前，与项目负责单位签订质量保修书，作为合同附件。质量保修书的主要内容应包括质量保修的主要内容及范围、质量保修期、质量保修责任、质量保修金的支付方法。

（2）项目负责单位应在工程竣工前提前通知有关单位准备工程竣工验收，并组织相关单位、监理单位配合。

（3）验收单位应组织验收小组进行验收。在验收中检查发现的施工质量问题，应以书面形式通知相关单位并限期整改，经复验合格后方可投运。

（4）必须经验收合格后的设备方可投入生产运行。

（5）在投产设备质保期内发现质量问题，应由建设单位负责处理。

588. 消弧线圈装置投运前验收的内容有哪些？

答：（1）项目负责单位应通知运行维护单位进行验收并组织相关单位配合。

（2）在验收中检查发现缺陷，应要求相关单位立即处理，必须经验收合格后方可投入生产运行。

589. 消弧线圈投运前的验收的一般要求有哪些？

答：（1）构架基础符合相关基建要求。

（2）设备外观清洁完整、无缺损。

（3）一、二次接线端子应连接牢固，接触良好。

（4）消弧线圈装置本体及附件无渗漏油，油位指示正常。

（5）三相相序标志正确，接线端子标志清晰，运行编号完备。

（6）消弧线圈装置需要接地的各部位应接地良好。

（7）反事故措施符合相关要求。

（8）油漆应完整，相色应正确。

（9）验收时应移交详细技术资料和文件。

（10）变更设计的证明文件。

（11）制造厂提供的产品说明书、试验记录、合格证件及安装图纸等技术文件。

（12）安装的技术记录、器身检查记录及修试记录完备。

（13）竣工图纸完备。

（14）试验报告完备，并且试验结果合格。

590. 消弧线圈投运前验收的条件有哪些？

答：（1）消弧线圈装置及附件工作已结束，人员已退场，施工场所已清理完毕。

（2）各项调试、试验合格。

（3）施工单位自检合格，缺陷已消除。

591. 消弧线圈检修后验收的项目和要求有哪些？

答：（1）所有缺陷已消除并经有关部门验收合格。

（2）一、二次接线端子应连接牢固，接触良好。

（3）消弧线圈装置本体及附件无渗、漏油，油位指示正常。

（4）三相相序标志正确，接线端子标志清晰，运行编号完备。

（5）消弧线圈装置需要接地的各部位应接地良好。

（6）金属部件油漆完整，整体擦洗干净。

（7）预防事故措施符合相关要求。

592. 消弧线圈检修后验收的试验项目有哪些？

答：（1）绕组连同套管的直流电阻。

（2）绕组连同套管的绝缘电阻及吸收比。

（3）接地变压器所有分接头的电压比。

（4）35kV及以上油浸式消弧线圈绕组连同套管的介质损耗因数。

（5）35kV及以上油浸式消弧线圈绕组连同套管的直流泄漏电流。

（6）绝缘油试验。

（7）非纯瓷套管的试验。

（8）干式消弧线圈和接地变压器，以及进行器身检查的油浸式消弧线圈和接地变压器应测量铁芯绝缘。

（9）绕组连同套管的交流耐压试验（大修后）。

（10）调匝式消弧线圈有载调压切换装置的检查和试验。

（11）检查相位（大修后）。

593. 消弧线圈检修后竣工资料有哪些？

答：（1）缺陷检修记录。

（2）缺陷消除后质量检验报告。

（3）检修报告。

（4）试验报告。

594. 消弧线圈检修后的验收条件有哪些？

答：（1）消弧线圈装置及附件已检修、调试完毕。

（2）交接试验合格，调试报告等技术资料和文件已整理完毕。

（3）施工单位自检合格，缺陷已消除。

（4）施工场所已清理完毕。

595. 消弧线圈检修后的验收内容有哪些？

答：（1）项目负责单位应提前通知验收单位准备工程竣工验收，并组织检修单位配合。

（2）验收单位应组织验收小组进行验收。在验收中检查发现的施工质量问题，应以书面形式通知有关单位并限期整改，经验收合格后的设备方可投入生产运行。

596. 油浸式消弧线圈装置主要检修项目有哪些？

答：（1）消弧线圈及附件的外部检查及修前试验。

（2）检查阻尼电阻箱、接地变压器。

（3）吊起器身，检查铁芯及绕组。

（4）更换密封胶垫。

（5）调匝式消弧线圈有载调压切换装置的检查和试验。

（6）绝缘油的处理或更换。

（7）吸湿器检修，更换干燥剂。

（8）油箱清扫除锈。

（9）真空注油。

（10）密封试验。

（11）绝缘油试验及电气试验。

（12）金属部件补漆。

597. 干式消弧线圈装置主要检修项目有哪些？

答：（1）消弧线圈及附件的外部检查及修前试验。

（2）检查阻尼电阻箱、接地变压器。

（3）主绝缘干燥。

（4）电气试验。

（5）金属部件补漆。

598. 阻尼电阻箱主要试验项目有哪些？

答：（1）测量绝缘电阻。

（2）测量直流电阻。

（3）交流耐压试验（大修后）。

（4）其他必要的试验项目。

599. 消弧线圈装置存在哪些问题时应进行更新改造?

答:（1）电气试验不合格，存在严重缺陷的设备。

（2）防污等级不能满足运行环境的设备。

（3）接地变压器二次绕组容量不能满足站用电源要求的设备。

（4）运行时间较长（30年以上）、绝缘严重老化的设备。

600. 简述不同运行线路方式下，消弧线圈应该避免的运行挡位。

答: 单回线路运行应避免消弧线圈挡位在1运行（谐振点附近），双回线路并列运行应避免消弧线圈挡位在8运行（谐振点附近），水源Ⅲ线及单回线路并列运行应避免消弧线圈挡位在6运行（谐振点附近），水源Ⅲ线及双回线路并列运行应避免消弧线圈挡位在11运行（谐振点附近）。

601. 简述消弧线圈投运与停运顺序。

答: 消弧线圈投运顺序：合上消弧线圈隔离开关→合上接地变压器进线开关→合上控制屏开关。

消弧线圈停运顺序：断开控制屏开关→断开接地变压器进线开关→断开消弧线圈隔离开关。

602. 消弧线圈投运过程中，消弧线圈的挡位应如何操作?

答: 投入消弧线圈前，根据运行方式将消弧线圈挡位至于相应挡。消弧线圈投运后，再手动进行一次挡位调节，检验有载开关是否正常，确认有载开关正常后恢复到相应挡，投入使用。

603. 消弧线圈正常运行时的注意事项有哪些?

答:（1）正常情况下，消弧线圈自动调节装置应投入自动运行状态。

（2）禁止将一台消弧线圈同时接在两台接地变压器的中性

点上。

（3）正常运行方式下，消弧线圈经隔离开关接入规定变压器的中性点，如两台变压器共用一台消弧线圈，按正常运行方式，将消弧线圈接入某变压器的中性点上。

（4）接地变压器与系统母线之间应装设断路器，不能用熔断器代替。

（5）正常运行中，当消弧线圈的端电压超过相电压的15%时，不管消弧线圈信号是否动作，都应按接地故障处理，寻找接地点。

（6）系统正常运行时，消弧线圈必须投入，当系统中有操作或接地故障时，不得停运消弧线圈。

（7）在进行消弧线圈的停运、投运、调整挡位操作时，操作其隔离开关之前，应查明系统内确定无单相接地故障。

（8）接地变压器与系统母线之间应装设断路器，不能用熔断器代替。

（9）运行人员应熟知整套设备的功能及操作方法。

604. 简述消弧线圈的停运操作要求。

答：（1）正常停运消弧线圈只需拉开消弧线圈的隔离开关即可。

（2）消弧线圈有故障停运，应先断开连接消弧线圈的变压器各侧断路器，然后再拉开消弧线圈的隔离开关，禁止用隔离开关停运有故障的消弧线圈。

605. 哪些情况下禁止操作消弧线圈或手动调节消弧线圈挡位？

答：（1）系统接地信号动作。

（2）消弧线圈发生异常嗡嗡声。

（3）中性点位移电压大于15%相电压。

606. 消弧线圈的例行试验项目有哪些？

答：（1）绕组直流电阻测量。

（2）整个调节范围内的线圈阻抗测量。

（3）绝缘试验。

（4）主绕组和辅助绕组、主绕组对二次绕组之间的电压比测量。

（5）分接开关和调节机构的操作试验。

607. 简述发生单相接地时，调匝式消弧线圈自动跟踪补偿成套装置如何工作。

答：根据系统电容电流，调节消弧线圈到合适的挡位，接地发生后立刻进行补偿，并且在接地消失前闭锁当前挡位。当发生单相接地时，控制屏显示接地信息，同时阻尼电阻被退出，直至故障解除。当本站发生单相接地时，控制器自动闭锁消弧线圈挡位。

608. 发生单相接地时，消弧线圈有哪些现象？

答：（1）NCS显示故障相对地电压为零，非故障相对地电压升高为电网的线电压，电网出现零序电压和零序电流，零序电压大小等于电网正常运行时的相电压，消弧线圈两端的电压为零序电压。

（2）消弧线圈发出异常嗡嗡声。

（3）消弧线圈控制器“接地告警”光字牌亮，位移电压、电容电流、电感电流、接地残流、脱谐度表值增大，接地消失后打印机会自动打印有关接地信息。

609. 发生单相接地时，应禁止哪些操作？

答：（1）系统发生单相接地时，严禁按“复位”键复位消弧线圈控制器。

（2）系统发生单相接地时，禁止关闭控制器及断开控制器的交直流电源。

610. 发生单相接地时，消弧线圈如何操作？

答：（1）在系统接地故障的情况下，不得停运消弧线圈。消弧线圈带负荷运行时，加强监视，运行时间不得超过铭牌规定的允许时间。

（2）发生单相接地必须及时排除，接地时限一般不超过2h。中性点位移电压在相电压额定值的15%～30%之间，允许运行时间不超过1h。中性点位移电压在相电压额定值的30%～100%之间，允许在事故时限内运行。

（3）切除故障线路后，调节消弧线圈挡位至相应挡位运行。

（4）故障处理完毕投运线路时，按停运消弧线圈，投运线路，消弧线圈至于对应挡，投运消弧线圈的顺序操作。

611. 发生单相接地时，应监视并记录哪些数据？

答：（1）接地变压器和消弧线圈运行情况。

（2）阻尼电阻运行情况。

（3）微机调谐器显示参数：电容电流、残流、脱谐度、中性点电压和电流、有载开关挡位和有载开关动作次数等。

（4）单相接地开始和结束时间。

（5）单相接地线路及单相接地原因。

612. 消弧线圈正常运行时可能出现哪些异常情况？

答：（1）接地线折断或接触不良、接地线腐蚀或机械损伤断线、接地线螺栓松动，造成接触不良。

（2）分接调挡开关接触不良，消弧线圈多次调挡及检修安装不良，造成接头松动。

（3）消弧线圈的隔离开关严重接触不良，隔离开关本身存在多方面的缺陷，使其触头接触不良或根本不接触。

613. 消弧线圈调挡失败应如何处理？

答：控制器发出调挡命令后，未监测到相应的变挡信息。一次设备调容式消弧线圈检测电容箱内是否有故障，包括电容是否损坏、真空开关是否故障、调匝式消弧线圈检测有载开关是否故障（包括有载电动机和航空插头以及挡位分接头）。二次设备的检测，执行机构包括继电器以及相关器件是否故障，连线是否接通。

614. 消弧线圈中性点位移过限应如何处理？

答：若发生接地时，该信号输出为正常，无须处理；若未发生接地，则需检查中性点电压为何太高。首先查看系统三相负荷有没有因为其他原因造成严重不平衡，当发生单相接地故障时，检查母线互感器一次侧中性点是否连接有消除谐振的设备接地，如果有，应去除，因为消弧线圈的接头已经改变了系统电感参数，起到防止铁磁谐振的作用。

615. 消弧线圈挡位到底和挡位到顶应如何处理？

答：调容式消弧线圈在最低挡（0 挡）时补偿电流最大，最高挡时补偿电流最小；调匝式消弧线圈在最低挡（1 挡）时补偿电流最小，最高挡时补偿电流最大。此时注意观察，必要时可以相应改变一挡（接地时严禁操作），预调谐装置在偏离谐振点太远的挡位将无法保证计算的准确性，也无法正常自动跟踪补偿。如果容量不适的报警同时出现，检测系统电容电流，确定是否消弧线圈的容量不适合系统的要求。

616. 消弧线圈控制器出现故障应如何处理？

答：控制器出现故障、主机与触发控制板之间的通信异常、触发异常等，检查电源是否故障，以及控制器内部是否故障。断开控制器电源，检查触发控制板是否插牢，板表面是否有异常现象，检查同步信号回路、控制柜回路。

617. 消弧线圈残流超标（补偿失败）应如何处理？

答：残流大于设定值时，检查是否与容量不适同时出现，以此确定消弧线圈容量是否已经不适合当前系统的要求。

618. 消弧线圈母线电压异常应如何处理？

答：检查母线TV电压以及连接线，确定是否因为TV异常引起，或因为连接线虚接引起故障报警。

619. 消弧线圈中性点电压异常应如何处理？

答：中性点电压低于设定电压，检查中性点电压是否满足设定值，可能原因是该段投运的出线过少，可调节接地变压器分接头进行调整。

620. 消弧线圈在什么情况下会发生严重的内部故障？

答：消弧线圈出现故障与系统中故障及异常运行情况有很密切的关系。因为在网络正常情况下，作用在消弧线圈上的电压，只是较低的中性点位移电压，所以只有很小电流流过。只有在系统中发生单相接地故障时，或系统严重不对称时，消弧线圈才有较大的补偿电流。因此，消弧线圈一般只有在系统有接地、断线及三相严重不对称时，并有较大的电流长时间通过时，才可能发生严重的内部故障。

621. 消弧线圈动作后，发现内部有故障应如何处理？

答：消弧线圈动作后，发现内部有故障，应立即停止运行。若接地故障已查明，将接地故障切除以后，检查接地信号已消失，中性点位移电压很小时，方可用隔离开关将消弧线圈拉开。若接地故障未查明，或中性点位移电压超过相电压的15%时，接地信号未消失，不准用隔离开关拉开消弧线圈。可做如下处理：

（1）投入备用变压器或者备用电源。

（2）将接有消弧线圈的变压器各侧断路器断开。

（3）拉开消弧线圈的隔离开关，隔离故障。

（4）恢复原运行方式。

622. 消弧线圈发生事故时有哪些情况？该如何处理？

答：消弧线圈运行时，发生下述故障之一者，则为消弧线圈发生事故：

（1）消弧线圈防爆门破裂，漏油发生。

（2）消弧线圈动作后，带负荷运行超过允许运行时间。

（3）消弧线圈本体内有强烈不均匀的噪声或放电声。

（4）消弧线圈冒烟或着火。

（5）消弧线圈套管放电或接地。

在系统存在接地故障的情况下，不得停用消弧线圈，且应严格对其上层油温加强监视，并迅速寻找和处理单相接地故障，应注意允许单相接地故障运行时间不得超过 2h，否则应将故障线路断开，停用消弧线圈。若发现消弧线圈因运行时间过长，绝缘老化而引起内部着火，且电流摆动时，应立即停用消弧线圈，断开变压器各侧的断路器，再用隔离开关切除该消弧线圈，然后进行灭火。

623. 消弧线圈在欠补偿运行时产生串联谐振过电压故障应如何处理？

答：消弧线圈在欠补偿运行时，由于线路发生一相导线断线、两个导线同一处断线、线路故障跳闸或断路器三相触头动作不同步，均可能产生串联谐振过电压。在故障时，消弧线圈动作光字牌亮及警铃响、中性点位移电压表及补偿电流表指示值增大、消弧线圈本体指示灯亮、绝缘监视电压表各相指示值升高且不同、消弧线圈芯发出强烈的“吱吱”声、温度急剧上升。

当发生上述故障时，值班人员应按以下方法进行处理：

（1）降低总负荷，停用连接消弧线圈的主变压器。

（2）将发电厂或变电站与系统解列。

在停用连接消弧线圈的主变压器后，拉开消弧线圈隔离开关，停用消弧线圈。

624. 在装设消弧线圈的系统中如何寻找接地故障？

答：在装设消弧线圈系统中，当一相发生接地，其他两相对地电压升高时，对于系统的安全威胁很大。存在着使另一相绝缘击穿，发展成为两相接地短路的可能性。值班人员应迅速寻找接地点，及时消除。

接地故障点的寻找应在发电厂值长或系统调度员的指导下进行，其寻找方法如下：

（1）询问有无新投入的用电设备，并检查这些设备有无漏气、漏水及焦味等不正常现象，否则停用。

（2）如发电厂接地自动选择装置已启动，应检查其选择情况。若自动选择已选出某一馈线，应联系用户停用。

（3）利用并联电路，转移负荷及电源，观察接地是否变化。

（4）若该系统未装设接地选择装置或接地自动装置未选出时，可采用分割系统法，缩小接地选择范围。

（5）当选出某一部分系统有接地故障时，则利用自动重合闸装置对送电线路瞬停、寻找。

（6）利用倒换备用母线运行的方法，顺序鉴定电源设备（发电机、变压器等）母线隔离开关、母线及电压互感器等元件是否接地。

（7）选出故障设备后，将其停电，恢复系统的正常运行。

第十八章　输　电　线　路

625. 架空输电线路按电压等级怎么划分？

答：（1）35、110、220kV输电线路称为高压输电线路。

（2）330、500、750kV输电线路称为超高压输电线路。

（3）800、1000kV输电线路称为特高压输电线路。

626. 架空输电线路主要组成部分有哪些？

答：架空输电线路主要由基础、杆塔、导线、绝缘子、金具、防雷保护设备（包括架空避雷线、避雷器等）及接地装置组成。

627. 简述导线、避雷线巡视项目。

答：（1）导线有无锈蚀、断股、烧伤等现象。

（2）导线连接处有无接触不良、过热现象。

（3）导线对各种交叉跨越距离、对地面距离及各类建筑物的距离符合规定。

（4）线夹、防震锤等附件有无异常。

（5）引流线对接地部位的距离是否符合规定。

628. 导线接头过热的原因是什么？

答：导线在运行过程中，常因氧化、腐蚀、连接螺栓未紧固等原因而产生接触不良，使接头处的电阻远远大于同长度导线的电阻，当电流通过时，由于电流的热效应使接头处导线的温度升高，从而造成接头过热。

629. 如发现导线断线应怎么处理？

答：巡线人员如发现导线断线，应设置防护物，并悬挂“止步，高压危险!”的警告牌，防止行人接近断线地点 8m 以内，并迅速告知调度和有关领导，等候处理。

630. 杆塔巡视项目有哪些?

答:（1）杆塔有无倾斜、横担有无歪扭及各部件有无变形。

（2）基础有无下沉、冲刷、裂开。

（3）各部螺栓、销子有无松动、退扣或脱落。

（4）金属构件、部件有无磨损、锈蚀现象。

（5）杆塔上有无鸟巢、锡箔纸、风筝、绳索等杂物。

（6）线路双重名称和标志是否清楚。

（7）杆塔的接地引线是否完好等。

631. 绝缘子巡视项目有哪些?

答:（1）绝缘子有无损伤、裂纹、闪络放电现象。

（2）绝缘子表面脏污是否严重。

（3）悬式绝缘子的开口销、弹簧销是否锈蚀、脱出、变形或已掉落。

（4）针式绝缘子有无倾斜。

632. 拉线巡视项目有哪些?

答:（1）有无松弛、锈蚀、断股等现象。

（2）上、下把连接是否牢固，附件是否齐全、完整。

（3）拉线棒及地锚块有无异常现象。

633. 拉线分为哪几种?

答: 拉线按用途可分为普通拉线、人子拉线、十字拉线、水平拉线、共用拉线、弓形拉线六种。

634. 架空线路保护区内巡视项目有哪些?

答: 架空线路保护区是为了保证架空电力线路的安全运行、保证人民生活的正常供电而必须设置的安全区域，其内巡视项目如下：

（1）架空线路附近有无危及安全运行的挖土、堆土、建筑、吊车装卸、爆破、射击等活动。

（2）有无新建的交叉跨越物，其跨越距离是否符合规定。

（3）有无危及安全运行的树木或天线等物。

635. 夜间、雾天特殊巡视项目有哪些？

答：（1）绝缘子有无放电火花及闪络现象。

（2）35kV以上的架空线路有无严重的电晕现象。

（3）导线接头处有无因接触不良而造成滋火或过热发红现象。

（4）引流线对杆塔、横担、拉线等接地物有无放电现象。

636. 大风、大雨后特殊巡视项目有哪些？

答：（1）杆塔有无倾斜、基础有无下沉及被雨水严重冲刷，拉线、地锚有无变化。

（2）横担有无倾斜。

（3）导线弧垂有无变化、异常。

（4）引流线对接地部位的距离有无变化。

（5）绝缘子有无受雷击放电或损坏、有无被冰雹砸破现象。

（6）防震锤有无位移、掉头。

（7）防雷装置有无损坏、有无动作。

（8）杆塔、导线上有无被风刮起的杂物等。

637. 架空线路故障后巡视项目有哪些？

答：（1）导线有无搭连、烧伤或断线情况。

（2）绝缘子有无破碎及放电烧伤现象。

（3）电杆、拉线、接地线有否被车辆撞坏。

（4）导线或杆塔上有无金属遗留物。

（5）架空线路及杆塔下的地面上有无被烧伤的导线。

（6）有无受其他外力破坏的迹象。

638. 线路故障跳闸后不具备强送电条件的情况有哪些?

答:(1)空充电线路。

(2)试运行线路。

(3)电缆线路。

(4)带电作业无论是否停用重合闸,跳闸后均不得立即强送。

(5)已发现明显故障。

(6)线路断路器有明显故障或遮断容量不足的线路。

(7)已掌握明显缺陷的线路,如水淹,导线断股等。

639. 为什么线路故障跳闸后不允许多次对线路强送电?

答:为提高送电的可靠性,一般线路都装有自动重合闸装置。当线路发生瞬时故障跳闸后,经过很短时间(重合闸的整定时间)自动合上断路器,恢复线路供电。但由于某些故障的特殊性,如重复雷击、故障点熄弧时间较长或由于断路器、自动重合闸装置本身的缺陷,都会使重合闸在线路发生瞬时故障时不能保证完全重合成功。

640. 什么是线路的越级跳闸?

答:线路发生故障时,由于断路器拒动、保护拒动或保护整定错误等原因,本级断路器不跳闸,引起上级断路器跳闸的现象,称为线路越级跳闸。

641. 简述线路越级跳闸处理方法。

答:(1)监控人员记录故障时间,查看信号、表计指示、保护动作情况,记录并复归有关音响和信号。根据上述现象初步判断故障性质、范围,并将跳闸线路名称、时间、保护发信、动作情况等向调度汇报。

(2)令检修人员检查失压线路及其连接设备,例如跳闸断路器是否正常、有无损坏、拒动断路器至线路出口有无故障。根据保护发信、动作情况,断路器跳闸情况,现场检查情况等进行综合分析判断。

（3）令操作班人员设法拉开拒跳断路器或其两侧的隔离开关，以隔离故障设备。然后恢复其他线路和其他无故障设备。

642. 什么是接地装置?

答：架空电力线路避雷器经杆塔、接地线与接地体连接起来称为接地装置。

643. 接地装置是什么的总称?

答：接地装置是接地体与接地线的总称。

644. 巡视时，接地装置应检查的项目有哪些?

答：（1）放电间隙变动、烧坏。

（2）避雷器、避雷针等防雷装置和其他设备的连接、固定情况。

（3）绝缘避雷器间隙变化情况。

（4）线路型氧化锌避雷器动作情况，其连线是否完好。

（5）地线、接地引下线、接地装置连接地间的连接、固定以及锈蚀情况。

645. 接地电阻的阻值等于什么?

答：接地电阻的阻值等于接地装置的对地电压与通过接地体流入大地中的电流的比值。

646. 接地电阻由哪几部分组成?

答：接地电阻由接地线电阻、接地体电阻、接地体与土壤间的接触电阻和地电阻四部分组成。前两部分相对很小，接地电阻的大小取决于后两部分。

647. 接地装置包括哪几部分?

答：接地装置包括接地体和接地引下线两部分。

648. 接地体是指什么?

答：接地体是指埋在地中并直接与土地接触的金属导体，分为单个接地体和多个接地体。

649. 接地装置的引下线是什么?

答：引下线是指由杆塔电气设备的接地螺栓至接地体的连接及多个接地体的连线。

650. 采用接地距离保护有什么优点?

答：接地距离保护的最大优点是瞬时段的保护范围固定，还可以比较容易获得有较短延时和足够灵敏度的第二段接地保护。特别适合于短线路一、二段保护。对短线路说来，一种可行的接地保护方式是用接地距离保护一、二段，再结合以完整的零序电流保护。

651. 什么是线路维修?

答：为维持输电线路及其附属设备的安全运行和供电可靠性而进行的检修工作称为维修，有时也称为小修。

652. 什么是线路大修?

答：为了提高设备的健康水平，恢复输电线路及其附属设备至原设计的电气性能或机械性能而进行的检修称为大修。一般每年一次。

653. 何为线路的事故抢修?

答：事故抢修是指由于自然灾害，如洪水、地震、冰雹、暴风、大雪以及外力破坏等，所造成的输电线路的倒杆、杆塔倾斜、断线、金具或绝缘子脱落和混线等停电事故，为此而进行的抢修工作。

654. 输电线路的检修一般分为几类?

答：输电线路的检修一般分为维修、大修、改进工程和事故抢修四类。

655. 输电线路带电作业指什么？

答：带电作业指在运行的电气设备上进行测量、维护和更换部件的一种特殊作业方式。

656. 输电线路带电作业项目有哪些？

答：我国带电作业的项目主要有更换绝缘子，更换金具，更换或修补导线及避雷线，更换杆塔，杆塔加高，带电水冲洗，带电测试，更换熔断器、断路器和断接引线等。

657. 输电线路带电作业在什么天气条件下进行？

答：带电作业应在良好天气下进行，如遇雷、雪、雾不得进行带电作业，风力大于5级时，一般不进行带电作业。

658. 什么叫重合闸后加速？

答：当线路发生故障后，保护有选择性地动作切除故障，重合闸进行一次重合以恢复供电。若重合于永久性故障时，保护装置即不带时限无选择性地动作断开开关，这种方式称为重合闸后加速。

659. 在检定同期和检定无压重合闸装置中为什么两侧都要装检定同期和检定无压继电器？

答：如果采用一侧投无电压检定，另一侧投同期检定接线方式，那么，在使用无压检定的那一侧，当其开关在正常运行情况下由于某种原因（如误碰、保护误动等）而跳闸时，由于对侧并未动作，因此线路上有电压，因而就不能实现重合，这是一个很大的缺陷。为了解决这个问题，通常都是在检定无压的一侧也同时投入同期检定继电器，两者的触点并联工作，这样就可以将误跳闸的开关重新投入。为了保证两侧开关的工作条件一样，在检定同期侧也装设无压检定继电器，通过切换后，根据具体情况使用。但应注意，一侧投入无压检定和同期检定继电器时，另一侧则只能投入同期检定继电器。否则，两侧同时实现无电压检定重合闸，将导致出现非同期合闸。在同期检定继电器触点回路中要串接检定线路有电压的触点。

660. 为什么采用检定同期重合闸时不用后加速？

答：检定同期重合闸是当线路一侧无压重合后，另一侧在两端的频率不超过一定允许值的情况下才进行重合的，若线路属于永久性故障，无压侧重合后再次断开，此时检定同期重合闸不重合，因此采用检定同期重合闸后加速也就没有意义了。若属于瞬时性故障，无压重合后，即线路已重合成功，不存在故障，故同期重合闸时不采用后加速，以免合闸冲击电流引起误动。

661. 单相重合闸与三相重合闸各有哪些优缺点？

答：（1）使用单相重合闸时会出现非全相运行，除纵联保护需要考虑一些特殊问题外，对零序电流保护的整定和配合产生了很大影响，也使中、短线路的零序电流保护不能充分发挥作用。

（2）使用三相重合闸时，各种保护的出口回路可以直接动作于开关。使用单相重合闸时，除了本身有选相能力的保护外，所有纵联保护、相间距离保护、零序电流保护等，都必须经单相重合闸的选相元件控制，才能动作开关。

662. 线路断路器跳闸后重合于永久故障上对电力系统有什么不利影响？

答：当重合闸重合于永久性故障时，主要有以下两个方面的不利影响：

（1）使电力系统又一次受到故障的冲击。

（2）使开关的工作条件变得更加严重，原因是在很短时间内，开关要连续两次切断电弧。

663. 电力系统中为什么要采用自动重合闸?

答: 电力系统运行经验表明，架空线路绝大多数的故障都是瞬时性的，永久性故障一般不到10%。在由继电保护动作切除短路故障之后，电弧将自动熄灭，绝大多数情况下短路处的绝缘可以自动恢复。自动将开关重合，不仅提高了供电的安全性和可靠性，减少了停电损失，而且还提高了电力系统的暂态稳定水平，增大了高压线路的送电容量，也可纠正由于开关或继电保护装置造成的误跳闸。因此，架空线路要采用自动重合闸装置。

664. 什么是重合闸的前加速?

答: 当线路上发生故障时，靠近电源侧的保护先无选择性地瞬时动作于跳闸，而后再靠重合闸来纠正这种非选择性动作，前加速一般用于具有几段串联的辐射线路中，重合闸装置仅装在靠近电源的一段线路上。

665. 线路带电作业为什么要退出重合闸?

答: 带电作业时，由于作业人员的失误或设备的原因，有可能发生单相接地、相间短路等故障，如果自动重合闸未退出，线路跳闸后，自动重合闸会迅速合闸使设备重新带电，因此会将事故范围继续扩大，严重威胁带电作业人员的安全，同时也对设备造成损坏。

666. 哪些情况下应停用线路重合闸装置?

答: 遇有下列情况应立即停用有关线路重合闸装置:

(1) 装置不能正常工作时。

(2) 不能满足重合闸要求的检测条件时。

(3) 可能造成非同期合闸时。

(4) 长期对线路充电时。

(5) 开关容量不允许重合时。

(6) 线路上有带电作业时。

(7) 开关超过其跳合闸次数时。

667. 什么是线路覆冰?

答: 当气温在0℃以下时，从高空落下的雨滴或湿雪附在导线避雷器线绝缘子上，凝结成冰，且越结越厚，称为线路覆冰。

668. 线路覆冰时对线路有哪些危害?

答:（1）闪络。

（2）断线、断股。

（3）杆塔倒塌、变形及横担损坏。

（4）绝缘子及金具损坏。

（5）对跨越物的危害。

（6）对电力系统载波通信的影响。

669. 简述一般线路停、送电操作顺序。

答: 线路停电操作应先断开线路断路器，然后拉开线路侧隔离开关，最后拉开母线侧隔离开关；线路送电操作应光合上母线侧隔离开关，然后合上线路侧隔离开关，最后合上线路断路器。

670. 线路断路器在断开位置时，为什么先拉合线路侧隔离开关再拉合母线侧隔离开关?

答: 在正常情况下，线路断路器在断开位置时，先拉合线路侧隔离开关还是先拉合母线侧隔离开关没有多大区别。之所以要求遵循一定操作顺序，是为了防止万一发生带负荷拉合隔离开关时，可把事故缩小在最小范围之内。若断路器未断开，当拉开线路侧隔离开关时，发生带负荷拉隔离开关故障，保护动作，使断路器分闸，紧停本线路；当先拉母线侧隔离开关，发生带负荷拉隔离开关故障，保护动作，将整条母线上所有连接元件停电，事故范围扩大。

671. 简述3/2接线停、送电操作顺序。

答: 线路停送电操作时，先断开中间断路器，后断开母线侧断路器；拉开隔离开关时，由负荷侧逐步拉向母线侧。线路送电操作时，先合母线侧断路器，再合中间断路器；合隔离开关时，由母线侧逐步合向负荷侧。

672. 为什么3/2接线要先断开中间断路器？

答：正常情况下先断开（或合上）还是后断开（或合上）中间断路器都没有关系，之所以遵循一定顺序，主要是为了防止停、送电时发生故障，导致同串的线路或变压器停电。

673. 简述线路并联电抗器停、送电操作顺序。

答：在超高压电网中，为了降低线路电容效应引起的工频电压的升高，在线路上并联电抗器。因电抗器未装断路器，停送电操作应在线路无压的情况下，才能拉开和合上隔离开关。线路运行时，电抗器一般不退出运行，当需要退出并联电抗器时，应经过计算，电抗器退出后线路运行时的工频过电压不能超过允许值。

674. 简述线路合环操作条件。

答：有多电源或双电源供电的变电站，线路合环时，要经过同期装置检定，并列点电压相序一致，相位差不超过允许值，电压差不得超过允许值。新投入或线路检修后可能改变相位，在合环前要进行核相。

675. 简述一、二次设备停、送电操作顺序。

答：电气设备停、送电操作顺序是停电操作时，先停一次设备，后停保护、自动装置；送电操作时先投入保护、自动装置，后投入一次设备。

676. 一、二次设备停电操作，为什么先停一次设备，后停保护、自动装置？

答：电气设备操作过程是事故发生率比较高的时期，要求事故时能及时断开断路器，使故障设备退出运行，因此，保护及自动装置在一次设备操作中始终处于投入状态（操作过程中容易误动的保护及自动装置除外）。

677. 简述架空线路登杆巡视检查项目。

答：一般可在地面上并用望远镜观察，但必要时则应登杆巡视检查，主要内容有：

（1）进一步检查杆塔上的有关部位。

（2）进一步检查接头的发热情况。

（3）拆除鸟巢、悬挂物。

（4）测量交叉跨越距离和导线的弧垂。

678. 巡视人员巡视线路中的注意事项有哪些？

答：（1）巡视地点的特点，如带电、交叉跨越、同杆架等可能给巡视人员带来的危险因素。

（2）巡视环境的情况，如雷雨、大雪、大雾、酷暑、大风等天气，可能给巡视人员安全健康造成的危害。

（3）巡视人员的身体状况不适、思想波动、不安全行为、技术水平能力不足等可能带来的危害或设备异常。

（4）其他可能给巡视人员带来危害或造成设备异常的不安全因素。

679. 巡视时，附件及其他部分应检查的项目有哪些？

答：（1）预绞丝滑动、断股或烧伤。

（2）防震锤移位、脱落、偏斜、钢丝断股，阻尼线变形、烧伤、绑线松动。

（3）均压环、屏蔽环锈蚀及螺栓松动、偏斜。

（4）相分裂导线的间隔棒松动、位移、折断、线夹脱落、连接处磨损和放电烧伤。

（5）防鸟设施损坏、变形或缺损。

（6）相位、警告、指示等标志缺损、丢失，杆号牌缺损，线路名称、杆塔编号字迹不清。

680. 巡视目的是什么？

答：线路定期巡视是为了经常掌握线路各部件运行情况及沿线情况，及时发现设备缺陷和威胁线路安全运行的情况，并为线路维修提供资料。

681. 测量绝缘电阻的目的是什么？

答：测量绝缘电阻是为了检查架空送电线路的绝缘状况，以排除相对地或相间短路的缺陷。

682. 简述测量绝缘电阻的注意事项。

答：测试必须在晴朗干燥天气进行。在确知线路无人工作并通知末端人员后，用2500V绝缘电阻表分别测量线路各相对地绝缘电阻，非被测试两相线路应接地。读取绝缘电阻值后先脱开绝缘电阻表相再停止摇动绝缘电阻表，以免线路电容反充电损坏绝缘电阻表。测量完毕后，将被测线路短路接地，并记录环境温度。对所测的数据应根据试验时具体情况进行分析判断。线路太长、湿度太大、绝缘子表面污秽和结露等情况均能导致线路绝缘电阻值偏低，但三相绝缘电阻值应大体一致。

683. 什么是绝缘配合？

答：绝缘配合是指电力系统中可能出现各种过电压，在考虑采用各种限压措施后，充分研究投资费用、运行费用，经技术比较后，确定出必要的绝缘水平，按此水平选定的绝缘物和空气绝缘间隙。

684. 什么是线路绝缘配合？

答：输电线路绝缘配合主要是指根据大气过电压和内部过电压的要求，确定绝缘子片数和正确选择塔头空气间隙，包括导线对杆塔、导线对避雷器、导线对地、不同相导线间的电气间隙的选择和配合。

685. 简述核对相色的方法。

答：核对相色可与绝缘电阻测量一起进行。核对相色时，使线路末端某一相接地，令两相开路，绝缘电阻表测得零阻值的相即为接地相。三相对应轮换核对完毕后，将线路两端短路接地。

686. 在输电线路非全相运行状态下，哪些保护应投退？

答：在线路非全相运行状态下，应退出与断开相相关的相间快速距离保护，同时将纵联零序 1、2、3 段退出，保留零序 4 段。

687. 线路开关非全相运行怎么办？

答：（1）开关单相掉闸，造成两相运行，当保护未动作则现场值班人员应自行迅速恢复全相运行；如无法恢复，则可立即自行断开该线路开关；如果线路开关两相断开，应立即将开关拉开。

（2）如果非全相开关采取以上措施无法拉开或合入时，则马上将线路对侧开关拉开，然后到开关机构箱就地断开关。

688. 中心点不接地线路发生单相接地能长时间运行吗？

答：不能。中性点不接地系统或经消弧线圈接地的电网中，发生单相接地时，该网对地电压一相下降，其他两相电压升高。网络内长时间接地会造成电气设备或其他的绝缘击穿而发生多相短路，故一般不允许超过 2h。

689. 架空输电线路防雷措施有哪些？

答：（1）装设避雷线及降低杆塔接地电阻。

（2）系统中性点采用经消弧线圈接地。

（3）增加耦合地线。

（4）加强绝缘。

（5）装设线路自动重合闸。

690. 何为避雷器的保护角？其大小对线路防雷效果有何影响？

答：避雷线的保护角是指导线悬挂点与避雷线悬挂点连线同铅垂线间的夹角。保护角越小，避雷线对导线的保护效果越好，通常根据线路电压等级取20°～30°。

691. 架空线路的防振措施有哪些？

答：在导线悬挂点附近安装防振锤，可以减少导线的振动幅值，甚至能消除导线的振动，起到保护导线的作用。

692. 导线振动与哪些因素有关？

答：(1) 风速、风向。

(2) 导线直径及材料。

(3) 线路的档距及张力。

(4) 地形、地物。

693. 线路防污闪事故的措施有哪些？

答：(1) 定期清扫绝缘子。

(2) 定期测试和更换不良绝缘子。

(3) 采用防污型绝缘子。

(4) 增加绝缘子串的片数，提高线路绝缘水平。

(5) 采用憎水性涂料。

694. 简述正常频率范围、事故频率允许持续时间。

答：我国电网频率正常为50Hz，对电网容量在300万kW及以上者，偏差不超过(50±0.2)Hz；对电网容量在300万kW以下者，偏差不超过(50±0.5)Hz。

事故频率允许持续时间：超过(50±0.2)Hz，持续时间不得超过30min；超过(50±0.5)Hz，持续时间不得超过15min。

695. 采取高电压输送电能的原因是什么？

答：因为采取高电压输送电能有以下优点：

(1) 减少线路网损。

（2）提高送电功率。

（3）输送距离远。

（4）相对提高线路安全性。

所以，电力系统大部分都采用高压输电线路作为电力网内长距离、大功率的主要联络干线。

696. 架空线路导线排列相序是如何规定的？

答：（1）高压线路：面向负荷侧从左侧起，导线排列相序为A、B、C；环状线路或导线有换位时，按设计规定。

（2）低压线路：面向负荷侧从左侧起，导线排列相序为A、O、B、C，同一根导线向两侧供电时与其中一侧导线排列一致。

697. 线路泄漏电流的数值反应什么？

答：反应线路绝缘内部是否整体受潮或有贯通性缺陷、表面脏污。

698. 影响架空导线弛度变化的主要因素有哪些？

答：影响架空导线弛度变化的主要因素有气温、风速、覆冰厚度、线胀系数和导线张力等。

699. 为什么低压线路中都采用三相四线制？

答：（1）任意两相线间电压为线电压。

（2）任一相线与零线间电压为相电压。

即存在两种电压可分别供给照明和动力负载。

700. 串联补偿装置的益处是什么？

答：（1）提供功率输送能力。

（2）改善系统的稳定性。

（3）控制潮流。

（4）改善电压调节。

（5）避免建设新的输电线路。

（6）经济实用，应用广泛。

701. 导地线型号怎么表示？

答： 导地线型号表示：LGJ—钢芯铝绞线；LJ—铝绞线；GJ—钢绞线。

每种导线型号后要标以数字，表示导线的标称截面积，如LGJ-300表示标称截面积为300mm^{2}的钢芯铝绞线。

702. 什么是光纤复合架空地线（OPGW）？

答： OPGW就是把光纤放置在架空高压输电线路的地线中，用以构成输电线路的光纤通信网，这种结构形式兼具地线与通信双重功能，一般称作OPGW光缆。

703. 输电线路过电压保护“三取一”方式、“三取三”方式指的是什么？

答：“三取一”方式是单相过电压跳单相，“三取三”方式是三相过电压跳三相。

704. 电力工业发展以来采用的主要输电方式是什么？

答： 架空线路输电是电力工业发展以来采用的主要输电方式。

705. 与地下输电线路相比，架空输电线路有什么优、缺点？

答： 与地下输电线路相比，架空输电线路的优点是建设成本低、施工周期短、检修维护方便、传输容量大。

与地下输电线路相比，架空输电线路的缺点是运行故障率相对较高、运行维护费用较高、可靠性相对低。

706. 架空线路导线常见的排列方式有哪些类型？

答：（1）单回线架空导线：水平排列、三角形排列。

（2）双回线架空导线：鼓形排列、伞形排列、垂直排列和倒伞形排列。

707. 架空线路为什么需要换位?

答:(1)架空线路三相导线在空间排列往往是不对称的，由此引起三相系统电磁特性不对称。

(2)三相导线电磁特性不对称引起各相电抗不平衡，从而影响三相系统的对称运行。

(3)为保证三相系统能始终保持对称运行，三相导线必须进行换位。

708. 对同杆架设的多层电力线路如何验电？如何挂接地线?

答: 进行验电时，先验低压，后验高压；先验下层，后验上层；先验近侧，后验远侧。禁止工作人员穿越未经验电、接地的10kV及以下线路对上层进行验电。

挂接地线时，应先挂低压，后挂高压；先挂下层，后挂上层；先挂近侧，后挂远侧。拆除时与此相反。

709. 在冬季进行高处作业应注意哪些问题?

答: 在气温低于零下10℃时，不宜进行高处作业。确因工作需要进行作业时，作业人员应采取保暖措施，施工现场附近设置临时取暖休息场所，并注意防火。高处连续作业时间不宜超过1h。在冰雪、霜冻、雨雾天气进行高处作业，应采取防滑措施。

第二篇

设 备 篇

第十九章 发 电 机

710. 简述氢冷发电机漏氢主要部位及原因。

答：（1）氢管路系统的焊缝、阀门及法兰不严密引起的漏氢。

（2）机座、端罩及出线罩的结合面，由于密封胶未注满密封槽或密封橡胶条老化引起的漏氢。

（3）密封瓦有缺陷或密封油压过低，使油膜产生断续现象，造成漏氢。

（4）氢气冷却器上下部位由于密封胶条老化、螺栓松动引起的漏氢。

（5）定子内冷水系统、绝缘引水管接头等部位不严密或定子线棒有破损导致的漏氢。

（6）发电机本体人孔门由于密封垫老化及螺栓松动引起的漏氢。

711. 简述发电机漏氢如何处理。

答：（1）查找漏氢点并设法阻止漏氢的发展，并按时检测发电机油系统、主油箱内、封闭母线内的氢气体积含量，超过1%时，应停机查漏、消缺。当内冷水系统中含氢量（体积含量）超过2%应加强对发电机的监视，若超过10%，应立即停机处理。

（2）根据氢压降机组负荷，使各部温度保持正常。

（3）如氢压继续下降，补氢仍不能维持，申请停机。

712. 简述发电机运行过程中对氢气温度有何要求。氢气温度

过高或过低有哪些影响。

答：通过水量的调节可控制合适的冷氢气温度在35～48℃。

氢气温度过高，加速发电机绝缘材料老化，减少寿命；同时，发电机绝缘材料热应力大，破坏发电机绝缘材料，影响发电机的寿命。氢气温度过低，容易使发电机绝缘材料内层水分析出，易出现老化，绝缘性下降，危害机组安全运行。

713. 简述刷盒、风扇的径向间隙标准，以及刷架对地绝缘。

答：刷盒的径向间隙为2～4mm，风扇的径向间隙大于或等于1.5mm。

刷架对地的绝缘电阻：1000V绝缘电阻表不低于0.5MΩ。

714. 简述起吊刷架注意事项。

答：（1）起吊时防止碰伤滑环表面，并用3mm厚胶皮板把裸露的滑环表面和励磁回路铜排包住。

（2）刷架下面垫好胶皮，上面用塑料布苫盖好，防止人员跌落。

715. 简述发电机风扇的作用。

答：发电机风扇的主要作用是使发电机内部气体流动，使发电机内部与外部进行热交换，保证发电机温度稳定、均匀，发电机的风扇也有一定的冷却作用，使定子、转子绕组铁芯位置的热空气与绕组两端端部位置的较凉空气进行交换。

716. 简述发电机风扇拆除过程及注意事项。

答：（1）拆卸前应检查风扇叶是否完整无损，并用小锤轻轻敲打叶片，根据声音判断装配有无松弛。检查叶片上原有的字码、号码是否明显、牢固、齐全。

（2）逐一扳开风扇叶止动垫片，垫片损坏的需做好标记，以便更换。

（3）测量各风扇叶间的间隙。标准为2～3mm。

(4) 测量风扇叶与导风圈的间隙。标准为25mm±10%。

(5) 用扳手将风扇叶上的紧固螺栓拆除。

717. 简述氢气冷却器的作用。

答：(1) 氢气冷却器与机座之间的密封结构，既可密封氢气，又可在氢气冷却器因温度变化而膨胀时起到补偿作用，保证运行时具有良好的密封性能。

(2) 氢气冷却器的容量设计是按以下条件考虑的：

1) 5%的冷却水管堵塞时，发电机可以在额定出力下连续运行。

2) 一组氢气冷却器退出运行时，允许发电机带80%负荷连续运行。

718. 简述集电环、刷握的维护项目。

答：(1) 集电环上电刷有无打火花现象。

(2) 电刷在刷盒内有无跳动或卡住情形，电刷在刷盒内应能上下活动，但不得有摇摆情形。

(3) 刷辫是否完好，接触是否良好，有无过热现象。如出现发黑、烧伤等现象，则应更换电刷。

(4) 电刷压力是否正常。每个电刷对集电环的压力都应基本相等，电刷压力应是14N±20%/只（用弹簧秤测量），否则应更换弹簧。

(5) 检查电刷的磨耗程度，电刷磨损至30mm时应予以更换；检查刷块边缘是否存在剥落现象，如果电刷磨损厉害或刷块有剥离现象，必须更换电刷。

(6) 检查有无电刷颤振的情形，即集电环磨损不均，电刷松弛，机组振动等原因引起的电刷颤振。如电刷发生颤振，必须将其从刷盒中拨出来检查是否有损坏情形。查明颤振原因并消除。

(7) 刷盒和刷架上有无积垢，若有积垢须用刷子扫除或用吹风机吹净。

（8）集电环表面应无变色、过热现象，其温度应不高于120℃。

719. 简述电刷与刷架的作用。

答：（1）电刷是将励磁电流通入高速旋转的转子的关键部件。为保证发电机在运行时能安全、迅速地更换电刷，采用了盒式刷握结构，每次可更换一组（4个）电刷。电刷采用天然石墨材料黏结制成，有较低的摩擦系数和一定的自润滑作用，每个电刷带有两根柔性的铜引线（即刷辫），螺旋式弹簧恒定地将压力施加在电刷中心上。

（2）刷架的作用是通过弹簧将压力加在与换向器或集电环表面滑动接触的电刷上，使其在固定体与旋转体之间稳定地传导电流。

720. 简述发电机失磁的危害？

答：（1）使电网出现大幅度功率振荡。

（2）使汽轮发电机轴系承受一个滑差频率的扭振。

（3）对发电机本身的影响。一是由于定子旋转磁场与转子的滑差而在转子上感生损耗，滑差过大时还会在转子绕组上感应高电压；二是由于失磁相当于深度进相运行，发电机定子端部磁场会在定子绕组等结构件中产生损耗和过热。对大机组来说，它可能引起电网和轴系的振荡，对轴系（特别是对汽轮机）带来的不利影响是难以定量估计的。

721. 简述氢气冷却器冷却水的调节方法。

答：（1）调节氢气冷却器的水量时，应全开进水阀门，仅调节出水阀门的开度，以便使氢气冷却器的水管全部都充满水。

（2）应采取措施防止冷却器内水压过高，特别是在关闭出水阀门时应注意防止出现过高的压力。

（3）每个冷却器的水流量及压力应均衡且不宜太大。水量过大（水速过高）可能加速水管的磨损，而冷却器的冷却水不均匀，可能导致定子机座不平衡影胀和振动增加。

722. 简述发电机油气压差标准。

答： 应保持密封油压高于氢压（0.056±0.02）MPa，在进行氢气充气及泄气时密封油都应该投入运行，以防氢气外泄。

723. 简述发电机水气压差标准。

答： 定子冷却水及冷却器冷却水在发电机内的压力值都应低于氢气压力至少0.04MPa；反之，如果机内水压高于氢压，在定子冷却水或氢气冷却器冷却水发生泄漏的情况下，水就有可能进入发电机内，导致绝缘受潮，甚至造成绕组事故。

724. 简述发电机定子、转子间隙标准。

答： 发电机定子、转子间隙标准为94±3%mm。

725. 简述发电机气隙的作用。

答： 发电机主要由定子和转子两部分组成，因此两者之间就必须要有一定的间隙，才能保证转子在高速旋转时不与定子发生摩擦，造成扫膛，损坏发电机，这个间隙就是气隙。气隙的大小是有严格要求的，过小，易发生扫膛；气隙过大，效率降低，影响做功。

726. 简述机座的作用。

答： 机座是用钢板焊成的壳体结构，具有足够的强度和刚度，其作用是支撑定子铁芯和定子绕组，并构成特定的冷却气体流道。作为氢气的密闭容器，能承受机内意外氢气爆炸产生的冲击。

727. 简述端盖与端罩之间是如何达到密封效果的。

答： 端盖与端罩结合面处均有注胶槽，端盖注胶槽开槽处有橡胶死堵，整个端盖上有4个注胶孔，通过注胶孔向注胶槽内注入密封胶达到密封作用。

728. 简述铁芯端部设计成阶梯状的原因。

答：铁芯孔两端逐渐放大，可以防止转子漏磁通量过多地聚集在定子铁芯端部，而且可以使部分漏磁通转变成垂直定子轴向的径向磁通，从而减少损耗，降低端部过热。

729. 简述为何铁芯端部压圈和铁芯压指采用高电阻率、低导磁率材料。

答：这种材料增大了铜防护板和铁芯间的磁阻，使漏磁通不易穿过铁芯，高电阻率又使该部位涡流减少，不会发热。

730. 简述发电机转子绕组匝间短路产生的原因及危害。

答：产生的原因：

（1）制造工艺不良。例如：在下线、整形等工艺过程中损伤匝间绝缘，铜线有硬块、毛刺，也会造成匝间绝缘损坏。

（2）运行中，在电、热和机械等综合应力的作用下，绕组产生形变、位移，造成匝间绝缘断裂、磨损、脱落；另外，由于脏污等也会造成匝间短路。

危害：转子绕组匝间短路故障是发电机常见性缺陷；轻微的匝间短路，机组仍可继续运行，但应注意加强监视和试验；当匝间短路严重时，将使转子电流显著增大，转子绕组温度升高，限制了发电机无功功率的输出，或者使机组振动加剧，甚至被迫停机。因此，当转子绕组发生匝间短路故障时，必须通过试验找出匝间短路点，予以消除，使发电机恢复正常运行。

731. 简述发电机定子表面油污检查内容。

答：（1）检查定子两侧进油情况及端部各处附着油污程度。

（2）绕组和紧固件表面及背部存在油膜及油滴状况。

（3）连接片表面、绝缘垫块及绑绳卷曲部位积存油垢情况。

（4）护板外侧底部存油程度。

（5）鼻部及绝缘引水管在汇水管的接头处有无漏水迹象。

（6）拆下机腹人孔盖板，检查机内腹下积油情况。

732. 简述发电机端部连接片检查项目标准。

答：（1）连接片有无松动、移位。

（2）紧固螺杆、螺母、锁片是否齐全，有无松弛。对已紧固螺母进行标记，便于下次检修检查。

（3）绝缘支架有无裂纹，漆层有无脱落。

（4）连接片对绕组有无磨损。

733. 简述发电机绝缘引水管检查内容。

答：（1）检查绝缘引水管有无磨碰、破损、裂纹、老化变质、扁瘪变形。

（2）引水管与汇水环焊缝有无裂纹。

（3）逐根检查绝缘引水管两端接头处有无渗水痕迹。

（4）检查绝缘引水管表面有无磨损痕迹。

（5）位于励侧端部弓形引线附近的绝缘引水管，不得将两者捆绑在一起，而应用两根适当长度的涤玻绳，将引水管拽离引线20mm以上。

（6）引水管之间应严禁交叉接触，引水管间、引水管与端罩之间保持足够的绝缘距离。

734. 简述绝缘引水管更换的条件。

答：（1）引水管端头球面绝缘磨损或接头焊缝出现裂纹。

（2）引水管老化、柔韧性降低或有龟裂迹象。

（3）引水管表面出现瘪坑。

（4）引水管表面磨损深度超过0.5mm。

（5）引水管内壁用内窥镜检查（必要时）发现有缺陷。

735. 简述发电机端部绕组检查项目。

答：（1）有无机械损伤。

（2）绝缘表面是否完整，有无变色或漆层脱落情况。

（3）检查鼻部锥形手包绝缘（手包绝缘与引水管交接处）有无松软、发空现象。

（4）检查端部绕组表面有无裂纹、磨损、移位或其他机械损伤。

（5）间隔垫块是否齐全、有无松脱，线棒伸出槽口处口部垫块是否紧固，所垫适形毡是否完整，绑绳是否牢靠，绝缘表面有无磨损腐蚀。确认紧固后，进行标记。

736. 简述发电机弓形引线检查项目。

答：（1）引线接头手包绝缘段是否牢固，绑绳有无移位痕迹。

（2）固定弓形引线的夹板螺栓有无松动。

（3）弓形引线表面有无磨损。

（4）引线固定应牢靠，固定用的夹板螺栓应无松动、无移位，紧固件齐全。

（5）引线在固定部位无磨损，附近无粉末。确认紧固后，进行标记。

737. 简述发电机铁芯表面检查项目。

答：（1）有无机械损伤和撞击伤痕。

（2）定子膛内和端部有无脱落的零件或遗留的异物残骸及异样粉末。

（3）硅钢片间有无短路或过热烧伤痕迹。

738. 简述发电机汇水管外观检查项目。

答：（1）固定是否牢靠，所用垫块、卡板及紧固螺栓是否齐全，有无移位、脱落、松弛等异状。

（2）汇水管上的焊缝及通水孔焊接处有无渗漏痕迹。

（3）汇水管卡板螺栓松动时，可在汇水管与卡板之间重新垫好浸漆的涤纶毡，再拧紧螺栓，锁好止退垫圈，最后标记螺栓及锁片的相对位置。

（4）汇水管做绝缘电阻试验，绝缘电阻标准：通水时大于或等于 30kΩ，无存水时大于或等于 1MΩ。若绝缘电阻不合格，检查汇水管绝缘支架，绝缘支撑件与汇水管是否有磨损现象，若进、出水管与机座绝缘破损，更换汇水管或处理绝缘破损点。

（5）检查汇水管路中是否有金属接地现象，若有及时处理。

739. 简述发电机鼻部水电接头手包绝缘检查内容。

答：（1）接口处应无裂缝，盒内不得存油。

（2）鼻部水电接头手包绝缘上不得积存油垢，无变色爬电现象。

（3）引线线棒与弓形引线接头处的手包绝缘应无膨胀变色等异状，其上绑绳牢靠，无移位、油污。

（4）下层线棒的背面和端部的绑环应紧密贴靠，不得出现缝隙，更不得磨损线棒绝缘，如出现缝隙应充填适形毡或环氧胶。

740. 简述发电机定子绕组端部模态试验标准。

答：绕组端部整体模态频繁在 94～115Hz 范围内，且振型呈椭圆为不合格，如频率虽在 94～115Hz 范围内，但振型不呈椭圆，应结合发电机历史情况综合分析；线棒鼻端接头、引出线和过渡引线的固有频率在 94～115Hz 范围之内为不合格。

741. 简述发电机定子槽楔紧固情况检查内容。

答：（1）槽楔检查可用小锤敲击，根据声音来判断，每段槽楔如发空部位超过其长度的 1/3，即认为该段槽楔松动。检查槽楔是否松动，应逐槽逐段一一仔细进行。边敲击边检查，在松动的槽楔上标示记号，作为处理的依据。

（2）在边端 3 段槽楔中，任何一段松动都应退出重新打紧。

（3）在槽中间部位的槽楔中，若有 2 段连续松动，应将其退出重新打紧。

（4）在每一整槽中，非连续松动的槽楔（槽楔长度的 1/3）总数超过5%时，应将全槽槽楔退出重打。

（5）打槽楔应使用木槌或其他非金属工具。

742. 简述发电机定子槽楔松动的处理方法。

答：（1）槽楔松动重新打紧槽楔时可在槽楔下加垫适当厚度的垫条。

（2）若发现线棒侧面与槽壁间有空隙，可在临近的扩大槽处填充适当厚度的半导体玻璃布板。

（3）端头的槽楔在处理时，其在槽内部分加垫垫条打紧，其在槽外部分则用合适的胶质进行粘封。

（4）处理后的槽楔，用小锤敲击不应有松动发空声。

743. 简述发电机定子槽楔更换处理方法。

答：（1）确定需更换定子槽楔位置，退出原定子槽楔及波纹垫条。

（2）在铁芯槽内中心位置放入楔下垫条、槽楔、使用楔形测量工具，测得所需垫条及波纹垫条厚度，退出槽楔，将所需厚度的垫条和波纹垫条放入槽内，重新打紧槽楔。

（3）预打带腰圆孔的检查工具槽楔时，在定子铁芯两端各打入两个带腰圆孔工具槽楔，调整楔下垫条的厚度，使一个槽楔下的波纹垫条压缩量满足要求。

（4）检查槽楔响声情况：凭手感和听声音来确定其他槽楔紧量是否合适，合格的槽楔紧量在“最紧”和“最松”之间。

744. 简述发电机定子铁芯外观检查内容。

答：（1）经吹扫清理后，应清洁、无污垢、无灰尘及粉末。

（2）齿部迭片密实紧固，通风道畅通无阻，支撑的小工字钢紧固无位移，小工字钢两侧冲片无倒塌变形。

（3）铁芯两端阶梯状叠片无松动、过热、折断等异状。

（4）发现铁芯表面有锈斑或氧化铁粉末时，可用压缩空气吹扫，再用木片或竹片制作的铲子状工具，清除锈斑痕迹，然后在该处涂以绝缘漆。

（5）检查两侧压指有无压偏、松动或变色现象，压圈屏蔽环有无开焊现象。

（6）发现硅钢片倒伏，可扶直。但注意勿因扶直处理导致其根部断裂。如倒伏的冲片疑似齿根处金属疲劳造成，应将该片拔除，防止在运行中脱落后割伤线棒绝缘。

745. 简述发电机铁芯叠片检查内容。

答：（1）对于铁芯叠片松弛，出现局部过热的部件，可用薄刃小扁铲撬开短路的叠片（或每隔3～4片撬开），彻底用压缩空气吹扫，再塞入天然云母片或薄玻璃布板并灌注绝缘漆，固化后，剔除多余的挤出的绝缘漆。注意处理过程中勿损伤线棒绝缘。

（2）如短路部位较浅，又无法撬开叠片时，可用手提砂轮机顺径向打磨铁齿，直至消除短路部位为止。处理时，应用布塞堵通风道，并用强力吸尘器不间断地吸出铁屑。

（3）若发现铁芯有多处机械损伤及过热痕迹，应进行铁芯发热试验，查明过热点并加以消除。

746. 简述发电机铁芯背部外观检查的内容。

答：（1）检查铁芯背部各接触处有无氧化。

（2）检查弹性定位筋螺栓有无松脱，螺帽是否锁死，并比对上次检修做的标记。

（3）检查各焊接点有无开焊现象，风道焊缝应无开焊。

（4）检查风区气隙隔板有无脱落损坏。

（5）检查背部等电位软连接有无过热、变色现象，紧固螺栓有无松脱现象。

（6）检查背部铁芯，如有锈斑或红色粉末，进行处理。

747. 简述发电机铁轭松动的处理方法。

答：（1）如发现铁轭松动，可从背部塞入楔片处理。楔片厚

2～3mm，宽度略宽于通风道内两根小工字钢之间的距离，前端锉成斜面，长度不超过轭部高度，然后从叠片与小工字钢间塞入撑紧。

（2）如铁轭松动严重，可在轴向不同位置塞入几块楔片。楔片用绝缘材料制作，打入楔片时应使用小木槌。

（3）铁芯背部各风区隔板无变形、脱落。铁芯背部叠片应紧固牢靠，无过热情况。

748. 简述发电机测温元件的检查内容。

答：（1）清扫检查测温元件，接线板应无积油，元件线无脱落。

（2）检查汽侧及出线出水测温元件，在安装孔内是否活动自如，有无被胶类等粘死无法活动的情况。

（3）保证在安装孔内通过元件引线无外力拖拽，旁边无碱带的包扎无脱落情况。

749. 简述发电机测温元件的校验方法。

答：（1）检查测量定子铁芯测温元件、风区测温元件、绕组及出水测温元件，记录测量值，各测温元件不得开路、短路，否则应查明原因处理。

（2）测温元件和热电阻的指示值应进行检验，误差不应超过制造厂要求，阻值过大或过小的应更换。

（3）处理发电机绝缘时，严禁将环氧漆等粘到测温元件上，以免粘死不能顺利取出。

750. 简述发电机测温元件绝缘测量及处理方法。

答：（1）用500V绝缘电阻表测检温计回路，绝缘电阻应大于1MΩ。

（2）出水测温元件对汽侧汇水环的绝缘，用250V绝缘电阻表测量，应不小于1MΩ。

（3）如查出外部回路绝缘损坏，应局部或全部更换引出线，如系元件绝缘损坏，检修中确实无法处理时，可在槽入口处剪断导线，留下50mm长的线头，并对线头采取绝缘防护措施，待以后有机会时再更换。出水测温元件如有损坏应尽快恢复。

751. 简述发电机励侧引出线的检查内容。

答：（1）检查弓形引线末端接触板与过渡引线上端接触板连接处有无渗水痕迹，如有，应扒开绝缘查明原因。

（2）如绝缘引水管接头泄漏，应及时处理。

（3）如接触板结合面渗水，应拆开接触板更换密封圈。回装接触板时，不得别劲受力，其结合面应重新镀银。

（4）过渡引线固定应牢靠、无松动、无磨损。紧固用的夹紧件不得松弛、脱落，螺栓、螺母均应用非磁性材料。

752. 简述发电机套管外观检查的内容。

答：（1）检查出线套管顶部包绕的绝缘层是否完好，绝缘表面有无放电、过热、渗漏痕迹及油污，发现异状需查明原因时，应扒开该处绝缘层进一步查清缺陷所在。

（2）套管与出线罩接触面用0.05mm塞尺不得插入6mm，允许个别点塞入10mm。

（3）检查套管的瓷件表面有无裂纹、破损。

（4）检查瓷件与黄铜法兰之间黏合处有无裂缝。

（5）检查套管与出线台板的固定是否紧固牢靠、套管穿过出线台板处是否积油。

（6）使用内窥镜检查套管内是否存在油污情况，防止运行中套管内存在集油造成高温爆炸现象。

（7）检查风道有无堵塞，造成散热不良。

（8）套管穿出台板处如发现漏氢，大多系因此处封氢的密封胶圈装配不当或被油浸泡而变质失效。处理时，应更换耐油的密封胶圈或在出线罩内的凹槽内重新灌入端盖密封胶即可处理好。

（9）出线套管磁件上下端与上下出线杆之间均用橡胶垫密封，并借助下端出线杆上大螺母的紧力，使两端橡胶垫受压而封氢。

（10）若发生套管处漏氢，应检查密封胶垫是否老化变质、变形，甚至损坏。

753. 简述发电机出线套管更换的条件。

答：（1）套管表面出现裂纹、脱釉、掉渣或其他损伤。

（2）套管瓷件与黄铜法兰结合处开裂，无法就地灌注黏合剂处理时。

（3）套管内导电杆与两端出线杆之间焊接不良时。

（4）套管上发现其他重大缺陷而无法就地处理时。

754. 简述发电机出线箱检查的内容。

答：（1）检查出线箱焊缝是否完好，如有裂纹应补焊，螺栓是否缺失或松动。

（2）检查出线箱人孔盖板及机座下部的人孔盖板的衬垫，如有变质、损坏，应更换。盖板的结合面应清理、打磨干净，不平度不大于0.05mm。

（3）用压力为0.6～0.8MPa的压缩空气吹扫通风及排污管路，消除可能出现的堵塞。法兰衬垫应完好，螺栓紧固，不漏风。支持的空心通风瓷瓶无断裂、松动。

755. 简述发电机端盖清理方法。

答：（1）刮去端盖密封槽内的旧密封胶，并用除胶剂将密封槽和结合面清洗干净。

（2）必要时用油石打磨结合面以及出现的毛刺和螺孔凸出的棱刺，使用刀口尺测量，达到不平度小于0.05mm，不得存在径向的裂缝，用金相砂纸打磨光滑。

（3）端盖结合面及密封槽修整合格后立即遮盖保护。

756. 简述发电机转子外观检查的内容。

答：（1）检查转子表面有无油膜或油垢、有无过热变色和机械伤痕、表面覆盖漆有无脱落。

（2）检查槽楔有无损坏、变形、过热、松动等现象，通风孔内垫条有无移动而使风路受阻。

（3）检查平衡块、平衡螺栓固定牢固，有无松动迹象。

（4）检查滑环表面磨损情况、积粉情况。

（5）检查导电螺钉处无松动、无过热。

（6）检查引线槽铁楔无松动，绝缘垫片良好。

（7）检查转子铁芯应无过热、无变形等。

（8）检查端部线圈应无过热、无移位、绝缘块无移位等。

（9）检查护环嵌装面周围应无过热、无位移现象。

757. 简述发电机转子密封性风压试验的内容。

答：（1）拆下励端中心孔原有丝堵，在励端法兰上安装专用盖板。

（2）向中心孔内充入高纯氮气，将压力升至0.5MPa。

（3）在0.5MPa压力下，用无水乙醇检查励侧中心孔盖板结合面和打压工具接头有无漏气，稳定10min后开始计时，持续6h，压力最大允许泄漏值小于或等于0.005MPa。

758. 简述发电机转子密封性风压试验检漏步骤及漏点处理方法。

答：（1）检查气源管路有无漏泄。

（2）检查滑环下导电螺钉有无漏泄。可将该处垂直向上，用纯净的无水乙醇洒在上面，观察有无小气泡出现。

（3）若有气泡出现，可拆开分流环，用专用扳手拧紧密封螺母。确认紧固后，进行标记。

若无效，则吹干无水乙醇，泄压后拆出导电螺钉检查。如发现导电螺钉衬胶及密封圈已变形损坏，则应更换备品（更换前，用500V绝缘电阻表检查衬胶绝缘应良好），再用0.5MPa风压检查是否已封住。用同样的方法检查中心环附近的导电螺钉的密封状况。

（4）在处理过程中随时测量转子绕组的绝缘电阻应合格。

（5）若转子密封性风压试验持续6h，表计有下降现象，且中心孔盖板结合面和打压工具接头无漏气，需使用卤素检测法检测转子漏点。

（6）向中心孔内充入少量氟利昂气体，再用氮气将压力升至0.5MPa。

（7）用卤素检漏仪进行检漏。

（8）处理所有漏点后，转子应在0.5MPa下，再维持6h，压力下降不得超过0.005MPa。

（9）回装励端中心孔丝堵螺钉时，锥形螺纹处应缠绕密封填料并抹密封胶，拧紧丝堵螺钉，确保此处严密不漏。确认紧固后，进行标记。

759. 简述发电机转子槽楔、护环、中心环、平衡环的检查内容。

答：（1）检查转子槽楔是否紧固适度，沿轴向有无位移。若有位移，应敲击扶正，使其通风孔对准绕组斜孔，并在该楔两端用冲子铆住（只在楔上铆），同时做好记录。

（2）检查转子本体两端靠近护环端面的楔槽有无过热迹象。

（3）细检查护环与转子本体，护环与中心环安装结合处有无异状，并用白布蘸无水乙醇擦拭干净，仔细检查表面有无裂纹。

760. 发电机转子绕组短路的危害有哪些？

答：（1）突然短路时，发电机绕组端部将受到很大的电动力冲击作用，可能使线圈端部产生变形，甚至损伤绝缘。

（2）转子绕组出现过电压，对发电机绝缘产生不利影响。定子绕组中产生强大的冲击电流，与过电压的综合作用，可能导致绝缘薄弱环节的击穿。

（3）发电机可能产生剧烈振动，对某些结构部件产生强大的破坏性的机械应力。

761. 发电机产生轴电压的原因有哪些？

答：（1）发电机磁通不对称。

1）由于定子铁芯局部磁阻较大，如定子铁芯的锈蚀或现场组装接合不好等原因造成局部磁阻过大。

2）由于定子与转子气隙不均匀造成磁通的不对称。

3）由于分数槽发电机的电枢反应不均匀造成磁通的不对称。

4）励磁系统中高次谐波的影响。

（2）高速蒸汽产生的静电。由于与发电机同轴的汽轮机轴封不好，沿轴的高速蒸汽泄漏或蒸汽在缸内高速喷射等原因使轴带电荷。在汽轮机侧有可能破坏油膜和轴瓦，通常在汽轮机轴上接引接地电刷来消除。

762. 影响发电机转子交流阻抗和功率损耗的因素有哪些？

答：（1）膛内膛外的影响。

转子处于膛内时，磁阻比膛外小，因此处于膛内时交流阻抗一般总比膛外大。

（2）静态、动态的影响。恒定交流电压下，转子绕组的阻抗和损耗均随转速的升高而变化。随转速的升高，转子交流阻抗降低，损耗升高。

（3）护环的影响。转子绕组装护环后，构成了沿轴向和两端圆周的电流闭合回路，且增强了涡流去磁效应，因此阻抗下降。

（4）试验电压高低的影响。转子电流随电压上升而增加，并使磁场强度增高，因此转子绕组的交流阻抗，随电压的上升而增加。

763. 测量发电机转子交流阻抗和功率损耗的注意事项有哪些？

答：（1）为避免相电压中谐波分量的影响，应采用线电压测量，并测量电源频率。

（2）试验电压不能超过转子额定电压。

（3）转子绕组存在一点接地，一定要采用隔离变压器加压，并在转子轴上加装接地线，以保证测量安全。

764. 最常用的预防发电机轴电压危害的方法主要有哪几种？

答：（1）在发电机汽轮机侧大轴上安装接地电刷。

（2）发电机励磁侧轴承加装绝缘。

（3）励磁侧大轴安装轴接地监测防护系统轴接地模件。常规汽轮机侧大轴接地电刷不能消除轴电压中由静态励磁系统产生的高频尖峰分量，近些年提出的在励磁侧安装轴接地监测防护系统的方法，能有效抑制轴电压的这一分量。

（4）在静止励磁发电机的励磁绕组上安装电容滤波器。电容滤波器能够吸收静止励磁回路的一些高次谐波，使得励磁绕组与转子本体之间的电容耦合效应减弱，从而降低转子本体电压。

765. 分别详细列出发电机大修时修前、修中、修后常规试验项目。

答：修前试验项目：定子绕组直流电阻、定子绕组绝缘电阻、吸收比、极化指数、定子绕组泄漏电流和直流耐压、定子绕组交流耐压、转子绕组的绝缘电阻、转子绕组的直流电阻试验。

修中试验项目：转子交流阻抗试验。

修后试验项目：定子绕组直流电阻、定子绕组绝缘电阻、吸收比、极化指数、定子绕组泄漏电流和直流耐压、转子绕组的绝缘电阻、转子绕组的直流电阻、转子不同转速下交流阻抗试验。

766. 发电机直流泄漏电流试验前所需的注意事项有哪些？

答：（1）氢冷发电机应在充氢后氢纯度96%以上或排氢后含氢量在3%以下时进行。

（2）严禁在氢气置换过程中进行耐压试验。

（3）试验电压按每级 $0.5U_n$（额定电压）分阶段升高，每阶段停留1min。

（4）发电机冷却水导电率在水温25℃时开式水系统不大于

5μS/cm，独立的密封循环水系统不大于1.5μS/cm。

（5）直流耐压时出线套管、汇水管引线应使用低压屏蔽法进行屏蔽，交流耐压试验时汇水管引线接地。

（6）直流泄漏电流试验过程中电压不成比例显著增长时，注意分析。

（7）试验前发电机出线套管TV二次绕组应短路接地。

（8）试验前发电机测温元件应短接接地。

（9）试验前发电机转子在滑环处应接地。

（10）直流耐压试验后应对被试绕组进行充分放电。

767. 大型电气设备现场安全作业“七必须、四不准”指的是什么？

答：（1）七必须：

1）操作人员必须戴手套，穿绝缘鞋。

2）被试设备及试验仪器必须可靠，且两点接地。

3）围栏必须封闭且挂“止步，高压危险!”标示牌。

4）被试设备必须设专人监护。

5）升压前必须复核试验接线。

6）必须呼唱且得到回应后升压。

7）试验人员与被试设备必须保持足够安全距离。

（2）四不准：

1）试验操作人未对设备充分放电不准离开现场。

2）工作负责人未清点试验用接地线不准离开现场。

3）工作负责人未对被试设备回检不准离开现场。

4）工作负责人未清点人员及试验工器具不准离开现场。

768. 发电机定子绕组的绝缘电阻、吸收比或极化指数的试验标准是什么？

答：（1）在相近试验条件（温度、湿度）下，绝缘电阻值低到历年正常值的1/3以下时，应查明原因。

（2）各相或分支绝缘电阻的差值不应大于最小值的100%。

（3）吸收比或极化指数：沥青浸胶及烘卷云母绝缘吸收比不应小于1.3或极化指数不应小于1.5；环氧粉云母绝缘吸收比不应小于1.6或极化指数不应小于2.0。

（4）水内冷定子绕组用专用绝缘电阻表，测量时发电机引水管电阻在100kΩ以上，汇水管对地绝缘电阻在30kΩ以上。

（5）200MW及以上机组推荐测量极化指数，当1min的绝缘电阻在5000MΩ以上可不测量极化指数。

769. 发电机定子绕组的直流电阻的试验标准是什么？

答：（1）汽轮发电机各相或各分支的直流电阻值，在校正了由于引线长度不同而引起的误差后相互间差别以及与初次（出厂或交接时）测量值比较，相差值不得大于最小值的1.5%（水轮发电机为1%）。超出要求者，应查明原因。

（2）在冷态下测量，绕组表面温度与周围空气温度之差不应大于±3℃。

（3）汽轮发电机相间（或分支间）差别及其历年的相对变化大于1%时应引起注意。

（4）电阻值超出要求时，可采用定子绕组通入10%～20%额定电流（直流），用红外热像仪查找。

770. 发电机转子绕组的绝缘电阻的试验标准是什么？

答：（1）绝缘电阻值在室温时一般不小于0.5MΩ。

（2）水内冷转子绕组绝缘电阻值在室温时一般不应小于5kΩ。

（3）对于300MW及以上隐极式机组在10～30℃转子绕组绝缘电阻值不应小于0.5MΩ。

（4）用1000V绝缘电阻表测量。水内冷发电机用500V及以下绝缘电阻表或其他测量仪器。

771. 汽轮发电机定子绕组端部动态特性的试验标准是什么？

答：（1）新机交接时，绕组端部整体模态频率在94～115Hz范围之间为不合格。

（2）已运行的发电机，绕组端部整体模态频率在94～115Hz范围之内，且振型呈椭圆为不合格。

（3）已运行发电机，绕组端部整体模态频率在94～115Hz范围之内，振型不呈椭圆，应结合发电机历史情况综合分析。

（4）线棒鼻端接头、引出线和过渡引线的固有频率在94～115Hz范围之内为不合格。

（5）应结合历次测量结果进行综合分析；200MW及以上汽轮发电机应进行试验，其他机组不做规定。

772. 汽轮发电机轴电压的试验标准是什么？

答：（1）在汽轮发电机的轴承油膜被短路时，转子两端轴上的电压一般应等于轴承与机座间的电压。

（2）汽轮发电机大轴对地电压一般小于10V。

（3）测量时采用高内阻（不小于是100kΩ/V）的交流电压表。

（4）对于端盖式轴承可测轴对地电压，水轮发电机不做规定。

773. 发电机转子绕组的交流阻抗和功率损耗的试验标准是什么？

答：（1）阻抗和功率损耗值自行规定，在相同试验条件下，与历年数值比较，不应有显著变化，相差10%应引起注意。

（2）隐极式转子在膛外或膛内以及不同转速下测量，显极式转子对每一个磁极转子测量。

（3）每次试验应在相同条件、相同电压下进行，试验电压峰值不超过额定励磁电压。

（4）发电机转子绕组的交流阻抗和功率损耗的试验可用动态匝间短路监测法代替（波形法）。交接时，超速试验前后进行测量。

774. 发电机大修时定子绕组泄漏电流和直流耐压的试验标准是什么？

答：（1）试验电压为$2.5U_n$。

（2）在规定试验电压下，交接时不大于最小值的50%，预试时不应大于最小值的100%；最大泄漏电流在20μA以下者，根据绝缘电阻值和交流耐压试验结果综合判断为良好时，各相差值可不考虑。

（3）泄漏电流不应随时间延长而增大；泄漏电流随电压不成比例显著增长时，应注意分析。

（4）试验电压按每级0.5U_n分阶段升高，每阶段停留1min，水内冷发电机汇水管有绝缘者，应采用低压屏蔽法接线。

775. 发电机大修时定子绕组交流耐压的试验标准是什么？

答：（1）大修或局部更换定子绕组并修好后试验电压为1.5Un。

（2）应在停机后清除污秽前热状态下进行；交接或备用状态时，可在冷状态上进行。

（3）水内冷发电机一般应在通水的情况下进行试验。

（4）有条件时，可采用超低频（0.1Hz）耐压，试验电压峰值为工频试验电压峰值的1.2倍，持续时间为1min。

776. 额定电压为20kV发电机大修时定子绕组端部手包绝缘表面对地电位的试验标准是什么？

答：（1）直流试验电压值为设备额定电压。

（2）手包绝缘引线接头及汽轮机侧隔相接头试验电压为2.5kV，端部接头（包括引水管锥体绝缘）及过渡引线并联块试验电压为3.8kV。使用内阻为100MΩ的专用测量杆测量。

（3）200MW及以上国产水氢氢汽轮发电机应进行试验，其他机组不做规定。

（4）交接时，若厂家已进行过试验，且有试验记录者，可不进行试验。

777. 发电机定子铁芯试验标准是什么？

答：（1）磁通密度在1T下齿的最高温升不大于25℃，齿的最大温差不大于15℃，单位损耗不大于1.3倍参考值；在1.4T下自行规定，可用红外热像仪测温。

(2) 交接时，若厂家已进行过试验，且有试验记录者，可不进行试验。

(3) 在磁通密度为1T下持续试验时间为90min在磁通密度为1.4T下持续时间为45min，对直径较大的水轮发电机试验时应注意校正由于磁通密度分布不均匀所引起的误差。

778. 发电机定子绕组绝缘电阻如何进行温度换算?

答：定子绕组绝缘电阻换算公式为

$$R_c = K_t R_t$$

式中　R_c——换算至75℃或40℃时的绝缘电阻值，MΩ；

K_t——绝缘电阻温度换算系数；

R_t——试验温度为t℃时的绝缘电阻值，MΩ。

绝缘电阻温度换算系数（K_t）按下列公式换算，即

$$K_t = 10\alpha\ (t - t_1)$$

式中　α——温度系数，$℃^{-1}$，此值与绝缘材料的类别有关，如A级绝缘为0.025，B级绝缘为0.030；

t——试验时的温度，℃；

t_1——换算温度值（75℃、40℃或其他温度），℃。

按上述公式计算的，换算温度为75℃和40℃的K_t值。

779. 发电机交流耐压试验的意义是什么?

答：交流耐压试验是发电机绝缘试验项目之一，它的优点是试验电压和工作电压的波形、频率均一致，作用于绝缘内部的电压分布及击穿性能等都等同于发电机的实际工况。无论是从热击穿或绝缘劣化来看，交流耐压试验对发电机主绝缘的检验都比较可靠。由于有以上优点，交流耐压试验在交接或预试中都普遍进行，成为必做项目。

780. 发电机直流泄漏及直流耐压试验的意义是什么?

答: 直流泄漏的测量和绝缘电阻的测量在原理上是一致的，不同之处是直流泄漏试验电压较高，泄漏电流和电压成指数上升关系；绝缘电阻的测量一般呈直线关系。因此直流泄漏试验能进一步发现绝缘的缺陷。

在大多数情况下，可以从直流耐压及泄漏电流的对应关系中观察出绝缘状态，在绝缘尚未击穿前就能发现缺陷。直流耐压试验中，电压是按电阻分布的，因而较交流耐压更能发现发电机设备端部缺陷。另外，直流耐压试验较交流耐压试验所需设备的容量小，击穿时对绝缘的损伤程度小，现在已成为发电机常规必做的试验项目。

781. 发电机交流耐压试验击穿时的预兆有哪些?

答: 当发生以下情况时，说明发电机将要或者已经被击穿：

（1）操作台电压表指针摆动很大。

（2）总电流表即毫安表指示急剧增大。

（3）空气中有绝缘烧焦气味或冒烟。

（4）被试设备内部有放电声响。

（5）操作仪过流跳闸等。

782. 发电机转子接地的原因有哪些?

答: （1）制造工艺粗糙，发电机运行中毛刺刺破绝缘导致接地。

（2）转子绝缘受潮或脏污形成接地。

（3）运行中护环下绝缘因受热膨胀及机械应力作用损坏绝缘，造成接地。

（4）转子绕组过热，导致绝缘损坏，造成接地。

（5）水分、导电粉尘、焊渣等进入转子内部，造成接地。

（6）导电螺钉等绝缘损坏造成的接地等。

783. 发电机转子接地的分类有哪些?

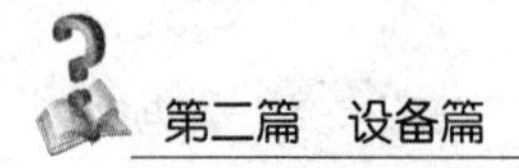

答：（1）稳定接地，其绝缘电阻值不随机组转速、负荷大小的变化而变化。

（2）不稳定接地。

1）低速接地，机组低速或静止运行时发生接地，转速上升后接地消失。

2）高速接地，机组高速运行时发生接地，转速下降或静止时接地消失。

3）高温接地，负荷增加、温度升高时转子绕组绝缘过热损坏，发生接地，负荷下降或空载运行时接地消失。

4）综合性接地，接地与负荷大小及转速均有关。

784. 发电机水氢氢冷却方式指的是什么？

答：发电机水氢氢冷却方式是指发电机定子绕组水内冷、发电机定子铁芯氢冷却、发电机转子绕组氢内冷却的冷却方式。

785. 简述发电机绝缘材料按耐热程度的分类及最高允许温度。

答：发电机绝缘材料按耐热程度可分为 Y、A、E、B、F、H、C 七个等级，其中 Y 级绝缘材料的最高许可温度为 90℃，A 级绝缘材料的最高许可温度为 105℃，E 级绝缘材料的最高许可温度为 120℃，B 级绝缘材料的最高许可温度为 130℃，F 级绝缘材料的最高许可温度为 155℃，H 级绝缘材料的最高许可温度为 180℃，C 级绝缘材料的最高许可温度为 180℃以上。

786. 简述发电机阻尼绕组的作用及分类。

答：发电机阻尼绕组的作用是减少由于不平衡负荷产生的负序电流在转子绕组上产生的发热，提高了发电机承担不平衡负载的能力。

阻尼绕组可分为半阻尼和全阻尼两类，半阻尼只在转子两端装设阻尼环，全阻尼是在转子各槽及大齿槽中放一条全长的铜条，两端用铜导体连接。

787. 发电机定子绕组端部振动大的原因及后果有哪些?

答:(1)定子绕组端部固定松弛，甚至固定件脱落，或运行年久绝缘材料收缩。

(2)定子端部整体模态试验证明有100Hz左右频率共振。

(3)定子引线等局部响应过大，有局部共振。

(4)定子绕组端部振动大，会引起绝缘磨损、短路、水接头漏水、铜线断裂拉弧、钎焊脱焊拉弧等事故。

788. 汽轮发电机定子铁芯烧损的原因有哪些?

答:(1)定子铁芯片间短路。

(2)用错材料部件。

(3)定子膛内检修后遗留金属器件。

(4)定子、转子结构部件脱落。

第二十章　变　压　器

第一节　油浸式变压器

789. 油浸式变压器包括哪些主要部件？

答：（1）器身：包括铁芯、绕组、夹件、穿芯螺栓、纸绝缘、木质绝缘、围屏、围挡、托盘、压钉、油箱、油枕、套管、冷却装置、电流互感器。

（2）调压装置：即分接开关，分为有载调压装置与无载调压装置。

（3）保护装置：气体保护（轻瓦斯及重瓦斯）、油位保护（油位计）、温度保护（油温表及冷却器）、压力保护（压力释放阀）、电量保护。

790. 油枕的作用有哪些？

答：（1）观察变压器本体的油位，油枕内油的体积约为变压器本体油重的1/10，正常运行的油浸式变压器油枕内有与运行温度相对应的油位。

（2）变压器的油枕起体积补偿的作用。变压器在运行过程中，由于环境温度与内部电流引起的热效应，导致变压器油热胀冷缩，而油枕中的胶囊与呼吸器的安装，使变压器在运行过程中能够正常“呼吸”。

（3）避免变压器油与空气直接接触。油枕内部的胶囊的安装，避免了变压器油与空气直接接触，降低了变压器油裂化的可能性。

（4）油枕上安装的呼吸器，内部的硅胶可以过滤全部的水分；油封可以阻挡杂质进入，提高了胶囊的使用可靠性。

791. 变压器油常见的试验项目有哪些？

答：变压器油常见的试验项目有色谱（氢气、甲烷、乙烷、乙烯、乙炔、一氧化碳、二氧化碳）、耐压、微水、介子损耗、糠醛、聚合度试验等。

792. 变压器冷却器辅助风机不联起怎么办？

答：（1）就地检查变压器油温是否达到55℃。

（2）检查辅助位风机一次回路（空气断路器、接触器、热电偶）的通断。

（3）检查辅助位风机的盘车效果。

（4）检查变压器的负荷电流是否达到动作值。

793. 油浸式变压器运行期间遇到冷却器全停怎么办？

答：（1）第一种情况：故障发生在冷却器控制箱一次回路中。

1）冷却器全停以后，应将每一相的冷却器控制箱单组空气断路器全部断开。

2）将PC段冷却器控制电源投入。

3）将每一相冷却器分别投入。当投入的一相无法正常运行时，确定故障点。

4）将其余冷却器投入正常运行位，检查故障冷却器组的一次回路。

（2）第二种情况：故障发生在PC段电源下口。

1）将变压器冷却器控制箱内空气断路器全部断开。

2）寻找合适的电缆，就近选择检修箱，将电缆接入，负荷侧直接接入冷却器端子箱。如果电缆负载量不充足，先将所有潜油泵接入，由于变压器绕组温度过高会破坏油纸绝缘，暂时接入潜油泵，可将变压器认定为强油自然风冷。

3）检查PC段电源及下口电缆。

794. 变压器出现假油位的原因有哪些？

答：（1）变压器油位表损坏。

（2）变压器油枕内部的油标浮子损坏。

（3）变压器油位表磁力计脱开。

（4）变压器油枕内部胶囊破裂。

（5）变压器油枕呼吸器堵塞。

795. 变压器出现假油位的危害有哪些？

答：变压器出现假油位时，无法正常观察油位，由于变压器油在变压器内部起绝缘、冷却作用。油位过高时，在夏季大负荷期间，变压器满负荷运行，油温升高，变压器油流向油枕，此时油位过高可能会发生压力释放阀动作的情况；油位过低时，不能正确监视油位，不能做到及时补油，可能导致变压器低油位报警、轻瓦斯动作。所以，要正确判断变压器油位，根据油位刻度线正确控制油位，保证变压器可靠运行。

796. 在变压器大修后，为什么要着重检查变压器气体继电器前后蝶阀？

答：变压器气体继电器安装在变压器本体与油枕之间的联管上，有一定的坡度，方便气体继电器收集气体，实现轻瓦斯动作，而气体继电器的前后同时装有蝶阀，方便隔离油路，将气体继电器拆下校验。在变压器气体继电器校验回装后，要检查前后蝶阀在开启状态。如果蝶阀未打开，在变压器启动并网以后，由于电流的热效应，变压器油升温，本体油流向油枕，此时蝶阀关闭，会使得压力释放阀动作，影响机组运行。

797. 变压器套管的作用是什么？对变压器套管有哪些要求？

答：变压器套管的作用是将变压器高、低压引线引到油箱外面，不但作为引线的对地绝缘，而且担负着固定引线的作用，变压器套管是变压器载流元件之一，在变压器运行过程中，长期通过负载电流，当变压器外部发生短路时流过短路电流。

对变压器套管有以下要求：

（1）必须具有规定的电气强度和足够的机械强度。

（2）必须具有良好的热稳定性，并能承受短路时的瞬时过热。

（3）外形小、质量小、密封性好、通性强和便于维修。

798. 变压器油纸电容式套管采用什么方法注油？为什么？

答：油纸电容式套管采用高真空注油法。

因为油纸电容式套管的电容芯子是由多层电缆纸与铝箔纸卷制的整体，如果按照常规注油法，层间与屏间容易遗留空气与杂质，空气中含有的水分会降低套管的绝缘性能。在运行过程中的高电场作用下，套管内部会发生局部放电或击穿现象，造成事故。所以油纸电容式套管必须采用真空注油的方式，除去残存的空气及杂质。

799. 变压器的内绝缘有哪些？

答：（1）变压器的内绝缘包括绕组绝缘、引线绝缘、分接开关绝缘和套管下部的绝缘。

（2）变压器的主绝缘包括绕组及引线对铁芯（油箱）之间的绝缘、不同绕组之间的绝缘、相间绝缘、分接开关对油箱的绝缘及套管对油箱的绝缘。

（3）对于分级绝缘的变压器来说，纵绝缘包括绕组的层间绝缘及中性点处对地的绝缘。

800. 变压器并列运行应满足哪些要求？

答：（1）联结组别的标号相同。

（2）一、二次侧额定电压分别相等，即变比相等。

（3）阻抗电压标幺值（或百分数）相等。

801. 变压器铁芯为什么要接地？并且只有一点接地？

答：变压器在运行过程中，一次侧绕组通入交变电流，在其附近产生交变电场，铁芯处于这个电场的区域的金属构件，产生了悬浮电位。铁芯上产生的悬浮电位过高或者附近的金属构件绝缘受损时，悬浮电位会对其放电，使绝缘击穿。

由于铁芯的各个部位处于电场的不同位置，相对的悬浮电位不同，如果此时有两点或者多点接地，铁芯局部会产生过热现象，严重会烧损变压器。

802. 变压器铁芯多点接地的原因有哪些？

答：（1）铁芯夹件肢板距离芯柱太近，硅钢片翘起触及夹件肢板。

（2）穿芯螺杆的钢套过长，与铁轭硅钢片相碰撞。

（3）铁芯与下垫脚之间的纸板脱落。

（4）悬浮金属粉末或者异物进入油箱，在电磁力的作用下形成桥路，使下铁轭与垫脚或箱体接通。

（5）温度计座套过长或者运输时芯子窜动，使铁芯或者夹件与油箱相碰。

（6）铁芯绝缘受潮或者损坏，使绝缘电阻降为零。

（7）铁压板位移与铁芯柱相碰。

803. 变压器油温表上位机显示不准怎么办？

答：（1）对于输出电阻信号的油温表。由于油温表的测温探头带有PT100，在随油温的变化显示不同的阻值，如果出现上位机显示不准，应检查相应的PT100的阻值。如果阻值没有问题，应检查信号输出线路及热控信号接收卡件。

（2）对于输出电流信号的油温表。此种油温表探头同时带有PT100，但是有特定的稳压电源提供24V供电电源，经过换算输出4～24mA电流值，根据不同的电流值，经过卡件转换成数字信号。此时测量PT100没有问题，需要查看稳压电源的电量值，电源如果欠压，电流值会偏小，需要及时更换稳压电源。

804. 简述变压器轻瓦斯动作原理。

答：当变压器内部发生轻微故障时，气体产生的速度较缓慢，气体上升至储油柜途中首先积存于气体继电器的上部空间，使油面下降，浮筒随之下降而使水银接点闭合，接通信号回路，发出报警信号。

805. 简述变压器重瓦斯动作原理。

答：当油浸式变压器内部发生严重故障时，油流会冲击气体继电器的挡板，使之偏转，并带动挡板后的连动杆向上转动，挑动与水银触点卡环相连的连动环，使水银触点分别向与油流垂直的两侧转动，两水银触点同时接通，使开关跳闸或发出信号。

806. 有哪些措施可以提高绕组对冲击电压的耐受能力?

答：(1) 加静电环。即向对地电容提供电荷以改善冲击波作用于绕组时的起始电压分布。

(2) 增大纵向电容。这种是采用纠结式绕组、同屏蔽式绕组及分区补偿绕组。

(3) 加强端部线匝的绝缘。

807. 变压器投入运行前为什么要做空载冲击试验?

答：(1) 带电投入空载变压器时，会产生励磁涌流，其值最高可以达到 6～8 倍的额定电流。励磁涌流会产生很大的电动力，进行空载冲击试验可以考核变压器的机械强度，也可以考核励磁涌流对继电保护的影响。

(2) 拉开空载变压器时，有可能产生操作过电压，做空载冲击试验还可以考虑变压器的绝缘能否承受全电压或操作过电压。

808. 变压器为什么要进行冲击电压试验? 冲击电压标准以什么为依据?

答：变压器在运行过程中受到大气中的雷电侵袭而承受的过电压，为了模拟雷电过电压的作用，要对变压器进行冲击电压试验，以考核变压器主、纵绝缘对雷电过电压的耐受能力。

冲击试验电压不是直接由雷电过电压决定的，而是由保护水平决定的，即由变压器的保护水平决定。

809. 对变压器的铁芯叠片有什么质量要求？

答：(1) 硅钢片的尺寸公差应符合图纸要求。

(2) 硅钢片的边缘毛刺应不大于0.03mm。

(3) 硅钢片的漆膜厚度不大于 0.015mm

(4) 冷轧硅钢片必须沿硅钢片碾压方向使用。

(5) 硅钢片绝缘有老化、变质、脱落的现象，影响特性及安全运行时，必须重新刷漆。

810. 什么是有载调压开关的过渡电路？

答：有载调压开关在切换分接接头过程中，为了保证负载电流的连续，必须要在某一个瞬间同时连接两个分接接头，为了限制桥接时的循环电流，必须要接入阻抗，才能使分接接头位置切换得以顺利进行。在短路的分接电路中串接阻抗的电路称为过渡电路。串接的阻抗称为过渡阻抗，可以是电抗或者电阻。

811. 为什么在高电压变压器上大都采用油纸电容式套管，而较少采用胶纸电容式套管？

答：胶纸电容式套管虽然具有机械强度高、下部不需要瓷套而减少了尺寸、充油量少等优点，但是由于介质损耗高，内部的气息不易消除而产生局部放电、水分易侵入等缺点，所以采用较少；而油纸电容式套管则没有上述缺点，且机械强度也能满足运行要求，因此，高电压变压器上大都采用油纸电容式套管。

812. 风冷却器控制电路应能满足哪些基本功能？

答：(1) 变压器投入时，能自动投入相应数量的工作冷却器，变压器切除时能自动切除全部运行的冷却器。

(2) 变压器顶层油温或负载电流达到规定值时，能自动启动辅助冷却器。

(3) 运行冷却器发生故障时，能自动启动备用冷却器。

(4) 各冷却器可用控制开关手柄来选择冷却器的工作状态（工作、辅助或备用）。

（5）整个冷却器系统应有两个独立的电源，可选择任意一个为工作电源，另一个为备用电源。

（6）油泵和风扇电动机设有过载、短路及断相运行保护；冷却器系统在运行过程中发生故障时，能发出故障信号。

813. 变压器直流电阻测量为什么会导致直流剩磁的产生？

答：在变压器绕组中通直流电流时，就会在变压器铁芯中产生剩磁，剩磁实质上是铁磁材料磁滞损耗的一种表现。磁滞损耗是铁磁元件吸收电能并转化成磁能的结果，在交流回路中表现为铁损。也就是说，磁滞损耗是能量转换所形成的，因此与输入的功率和时间有关。即在绕组上输入的电功率越大，作用时间越长，剩磁量也就越大。这是导致变压器产生剩磁的根本原因。在进行直流电阻试验时，试验时间越长，试验电流越大，剩磁量也就越大。

814. 直流剩磁有哪些危害？

答：（1）对继电保护装置的危害。在继电保护装置中，剩磁对瓦斯保护和差动保护的影响最大。当变压器带有的剩磁量较大时，空载充电将导致励磁涌流过大，产生较大的电动力，引起主变压器线圈、器身振动，形成油流涌动，致使变压器内部油液波动增大，触发重瓦斯保护动作。过大的励磁电流还会导致变压器输入电流与输出电流相差较大，引起变压器差动保护误动作。

（2）对一次设备的危害。变压器容量越小，空投时励磁涌流与其额定电流之比就越大。同时，空载充电时形成的冲击电流会引起绕组间的机械力作用，可能逐渐使其固定物松动、绕组变形，从而形成隐患。

（3）其他方面的危害。励磁涌流中含有多种谐波成分及直流分量，使得变压器成为电网中的谐波源，降低了供电系统的供电质量；同时，谐波中的高次分量对电力系统中的敏感电力电子元器件也会产生较强的破坏作用。

815. 什么是直流消磁法?

答: 直流消磁法又称反向冲击法，是在变压器高压绕组两端正向、反向分别通入直流电流，并不断减小，以缩小铁芯的磁滞回环，从而达到消除剩磁的目的，据相关研究资料表明，一般情况下，反复冲击4～5次即可以取得较好的效果。直流消磁是去磁装置会在绕组中通以交变的、峰值电流不断降低的电流，最终使去磁电流降低至很小的电流。由于直流剩磁与直流电流成正比，所以变压器在进行直流电阻测量时，对通以恒定的直流电流幅值进行限制，不大于2～5A。

816. 影响绝缘电阻的因素及应对措施有哪些?

答:（1）外界干扰。消除干扰的方法：

1）远离强电磁场进行测量；

2）采用高电压级的绝缘电阻表进行测量；

3）选用抗干扰能力强的绝缘电阻表；

4）利用整流设备，根据外加电压和泄漏电流计算绝缘电阻。

（2）温度变化。对于大型变压器，要记录环境温度和变压器本体油温，并进行换算，才能保证试验数据的正确性。

（3）湿度和电力设备表面脏污。试验时，若湿度较大，应将被试品表面屏蔽；若设备表面脏污，应用干燥清洁柔软的布将被试品擦拭干净。

（4）测试时间。对于大容量的电力设备，应测量其吸收比和计划指数，来辅助判断其绝缘情况。当大容量的设备绝缘受潮时，泄漏电流分量会增加，设备输出电流随时间变化就比较小。绝缘电阻随加压时间的延长而变大，可能使试验结论截然不同。

817. 简述主变压器中性点套管介质损耗试验的目的。

答: 主变压器中性点套管大量采用油纸电容型绝缘结构，这类绝缘结构具有经济实用的优点。但当绝缘中的纸纤维吸收水分后纤维的导电性能增加而机械性能变差，这是造成绝缘破坏的重要原因。受潮的纸纤维中的水分可能来自绝缘油，也可能来自绝缘中原来就存在的局部受潮部分，这类设备受潮后介质损耗可以有效地发现绝缘的老化、受潮、开裂、污染等不良状态。

818. 变压器连同套管的直流泄漏电流测量与绝缘电阻测量相比有哪些优点?

答:（1）试验电压高，并可以随意调节，更容易发现某些绝缘缺陷。

（2）用微安表测量泄漏电流，灵敏度高。

（3）泄漏电流试验可以做出泄漏电流与加压时间的关系曲线，通过这些曲线可以判断绝缘状况。正常良好的绝缘，泄漏电流与一定范围内外加电压呈线性关系，绝缘有缺陷时，两者就不呈线性关系了。

819. 如何对直流高压发生器直流耐压和泄漏电流试验结果进行判断?

答: 当出现下列情况时，应引起注意：

（1）测试中若发生微安表显示数值来回波动，波动范围比较小，则可能有交流分量流过，应检查微安表的保护回路和滤波电容，若显示数值发生周期性波动，幅度比较大，则可能试品绝缘不良，发生周期性放电，应查明原因。

（2）泄漏电流过大或过小均属不正常现象。电流过大应检查试验回路设备状况和屏蔽是否良好，消除客观因素的影响；电流过小则应先检查接线是否正确，微安表回路是否正常。

（3）若读数随时间逐渐上升，则可能是绝缘老化。

（4）若试验过程中，显示数值往减小方向波动，可能电源不稳引起波动；若指针向增大方向波动，则可能是被试品或试验回路闪络。

820. 简述变压器绝缘性能降低的主要原因及防范措施。

答: 变压器绝缘性能降低的主要原因：由于变压器的呼吸器

是由内外空气交换的，这样就形成一个干湿度差，因时间的积累，器内所累积的水分便通过呼吸器进入油中，使变压器绝缘性能降低，所以呼吸器内硅胶要定期更换。

变压器绝缘性能降低的防范措施：

（1）更换不合格的变压器油。

（2）对套管中的油应定期进行试验。

（3）电力变压器规定预防性试验3年一次，结合变压器大小修，对变压器进行绝缘监督，测试人员在进行预防性试验时必须按规程要求做好记录，放入该变压器的绝缘监督档案之中。

821. 简述变压器套管结构。

答：110kV及以上的变压器套管通常是油纸电容型，这种套管是依据电容分压原理卷制而成的，电容芯子以电缆纸和油作为主绝缘，其外部是瓷绝缘，电容芯子必须全部浸在优质的变压器油中。110kV及以上电容型套管的法兰上有一只接地小套管，接地小套管与电容芯子的最末屏（接地屏）相连，运行时接地，检修时供试验（如测量介质损耗、绝缘电阻等）用。当套管因密封不良等原因受潮时，水分往往通过外层绝缘逐渐进入电容芯子，因此测量主绝缘和测量外层绝缘即末屏对地的绝缘电阻及介质损耗，能有效地发现绝缘电阻是否受潮。为防止套管在运行中发生爆炸事故，应定期进行主绝缘和末屏对地的绝缘试验。

822. 油浸式变压器为什么要做局部放电试验？

答：油浸式电力变压器主要采用油纸屏障绝缘，这种绝缘由电工纸层和绝缘油交错组成。由于大型变压器结构复杂、绝缘很不均匀。当设计不当，造成局部场强过高，工艺不良；或者外界原因等因素，造成内部缺陷时，在变压器内必然会产生局部放电，并逐渐发展，最后造成变压器损坏。

823. 油浸式变压器内部发生局部放电主要由于哪些情况？

答：（1）绕组中部油纸绝缘中油通道击穿。

（2）绕组端部油通道击穿。

（3）紧靠着绝缘导线和电工纸（引线绝缘、搭接绝缘、相间绝缘）的油间隙击穿。

（4）线圈间（匝间、层间）纵绝缘油通道击穿。

（5）绝缘纸板围屏等的树枝放电。

（6）其他固体绝缘的爬电。

（7）绝缘中渗入的其他金属异物放电等。

824. 对于出厂的变压器，哪些情况下必须进行局部放电试验？

答：（1）新变压器投运前进行局部放电试验，检查变压器出厂后在运输、安装过程中有无绝缘损伤。

（2）对大修或改造后的变压器进行局部放电试验，以判断修理后的绝缘情况。

（3）对运行中怀疑有绝缘故障的变压器作进一步的定性诊断，例如油中气体色谱分析有放电性故障，以及涉及绝缘其他异常情况。

（4）作为预防性试验项目或在线检测内容，监测变压器运行中的绝缘情况。

825. 测量变压器绝缘电阻、吸收比和极化指数的意义是什么？

答：一般说来，测量变压器的绝缘电阻、吸收比、极化指数，对检查变压器整体的绝缘状况具有较高的灵敏度，能有效地检查出变压器绝缘整体受潮、部件表面受潮或脏污，以及贯穿性缺陷。当绝缘缺陷贯穿于两级之间时，测量其绝缘电阻时才会有明显的变化，此时测量绝缘电阻才能灵敏地排查出绝缘问题。如绝缘只有局部缺陷，而两极仍保持有良好的绝缘时，绝缘电阻降低很少，甚至不会发生变化，因此此时绝缘电阻值不能反映出该种绝缘缺陷。此时增加吸收比的测量对判断变压器绕组绝缘是否受潮起到一定作用。

826. 影响变压器套管介子损耗试验结果的因素有哪些？

答： 变压器套管介子损耗试验结果常用于判断变压器套管绝缘的优劣。为尽可能排除外界干扰，通常选用正接法加以测量，但在试验过程中普遍存在介子损耗测量超标的问题。造成这一现象的原因除了与测量仪器精度不够、抗干扰能力有限等因素有关外，更大程度上与套管自身有关。现场试验表明，套管伞裙潮湿、脏污等会导致介子损耗明显偏大，甚至超出管理值，对试验人员判断造成干扰。通常，进行清洁后介子损耗值会显著降低。由此可以看出，套管伞裙洁净度对介子损耗的影响不容忽视。

827. 影响变压器试验的主要因素有哪些？

答：（1）湿度对试验的影响。试验过程中会受到空气湿度的影响，使得试验数据的准确性受到影响，空气湿度的指数越大，测量出的结果准确性越低。

（2）温度对试验的影响。温度的影响主要表现在试验材料对温度的敏感性。当温度很高时，材料的绝缘性就会变差，绝缘的电阻阻值将会降低，通常情况下，电阻的阻值与温度成反比。

（3）泄漏电流与电压极性的关系。由于变压器绕组的极性不同，所以电阻内含有的水分也是不同的。当电阻的极性为正极时，正电荷的水分将会受到排斥，从而使得水分子减少，内部所用拥有的电流就越少，从而此时流失的电流就会越多；相反，如果是负极，那么水分就会增多，内部的电流也就越大。

第二节　干式变压器

828. 简述干式变压器的结构。

答： 由硅钢片组成的芯柱及上下铁轭、上下夹件、固定绝缘拉条、穿心螺杆、高压绕组、低压绕组、垫块、分接开关、冷却风机、铜排、接地电缆、接地电阻（分情况而定）、零序 TA、温控器、外壳等组成。

829. 简述现场使用的干式变压器相对于油变压器的优、缺点。

答：(1) 可以直观看到变压器的结构，处理缺陷较简单。

(2) 附件较少，安装方便，占地面积小。

(3) 不存在漏油现象，维护工作量少。

(4) 可以避免因变压器故障而导致的变压器油发生的火灾的危险，也不会出现绝缘油老化的现象。

830. 简述干式变压器温度显示异常的原因。

答：(1) 温控仪、测温元件故障或测温二次回路接线松动引起。

(2) 如果本体温度高，应检查是否超负荷运行。在正常负荷的情况下，冷却风机运行正常的情况下，温度显示异常，应该停止运行，检查变压器的内部。

(3) 冷却风机故障引起。

831. 简述干式变压器的检修项目。

答：(1) 变压器的本体灰尘清扫。

(2) 检查变压器的铁芯有无位移、变形、松动。

(3) 检查高、低压线圈的绝缘和引线情况。

(4) 检查绝缘垫块有无松动位移的情况。

(5) 检查支撑绝缘子有无破损、变色的情况。

(6) 配合试验做变压器的预防性试验。

(7) 检查各接头的紧固情况。

(8) 检查接地电源线及接地电阻。

(9) 检查测温元器件的老化情况及布线是否规则。

(10) 测量测温元件的直阻是否合格。

(11) 检查温控仪内部有无破损情况。

(12) 检查冷却风机的固定情况、绝缘情况，传动冷却风机是否转动正常、转向是否正确。

(13) 检查冷却风机的电源开关是否匹配。

832. 简述干式变压器铁芯绝缘不合格的原因。

答：（1）变压器本体受潮。

（2）铁芯与夹件中间有杂物。

（3）拉杆表面上的绝缘破损或绝缘不合格。

（4）穿芯螺杆表面上的绝缘破损。

（5）铁芯硅钢片变形距离夹件太近。

（6）铁芯外层硅钢片弯曲距离夹件太近。

（7）铁芯与低压侧绕组中间掉入螺栓等金属物件。

（8）硅钢片绝缘漆老化。

833. 简述干式变压器铁芯接地的原因。

答：干式变压器在运行时，其整体全部处在强电场中，在电场的作用下，对地有较高的电位。铁芯与夹件有电位差，会产生发电现象。另外，因为变压器运行时，绕组会产生较强的磁场，而铁芯等其他部件离绕组的位置不相等，从而导致感应的电动势大小也不一样，它们之间也会产生放电现象。为了解决这一现象，干式变压器的铁芯、夹件等部件都必须可靠地接地，而且变压器的铁芯只能有一点接地。

834. 为什么干式变压器硅钢片片间是绝缘的，但是铁芯的硅钢片只一点接地?

答：干式变压器在设计的时候之所以把硅钢片片间做成绝缘的，是为了减少涡流产生的危害，但是如果把硅钢片都接地，则会产生闭合回路，产生更大的涡流，造成铁芯发热，烧损变压器。之所以将变压器铁芯的任意一片硅钢片接地，是因为硅钢片片间虽然有绝缘，但是它们的绝缘电阻值较小，硅钢片感应的电荷可以它们的绝缘层通过接地电缆流入大地，但是硅钢片片间的绝缘层却可以将它们产生的涡流隔开，所以变压器铁芯硅钢片一点接地就可以了。

835. 干式变压器铁芯为什么不能多点接地?

答：如果变压器铁芯多点接地，那么在变压器运行时在变压器铁芯接地的位置就会形成闭合回路，由于硅钢片的电阻较小，那么次闭合回路的电流就会很大，造成铁芯发热，甚至烧毁变压器。因此，变压器铁芯只能有一点接地。

836. 变压器的分接开关的作用是什么?

答: 变压器的分接开关的作用是保证设备电压稳定。变压器运行时，一次侧的电压的变化以及负荷的变化都会影响变压器输出电压的改变，不管电压太高或太低都会给负荷设备的安全运行带来隐患，而且变压器电压变化范围不得超过正常电压的±5%，采用分接开关就是为了保证变压器电压变化在正常范围内。

837. 简述变压器分接开关的分类。

答: 变压器的分接开关一般可分为有载调压分接开关和无载调压分接开关。有载调压分接开关是在变压器运行的时候在电源不间断的时候可带负荷直接调节电压，原理就是在调节的时候中间有一个过渡电阻，在调挡过程中，不会有断开的现象。无载调压分接开关必须是在变压器停电的情况下，通过改变变压器绕组的匝数，利用匝数比等于电压比来实现变压器的输出电压的调整。

838. 简述干式变压器进行交流耐压试验的目的。它能发现什么缺陷?

答: 变压器进行交流耐压试验的目的是利用高于额定电压一定倍数的试验电压代替大气过电压和内部过电压来考核变压器的绝缘性能，它是鉴定变压器绝缘强度最有效的办法，也是保证变压器安全运行，避免发生绝缘事故的重要试验项目。交流耐压试验能够有效地发现主绝缘受潮、开裂或者在运输过程中引起的绕组松动、引线距离不够以及绕组绝缘上附着污物等。

839. 简述干式变压器铁芯对地绝缘电阻偏低的原因及处理办法。

答： 如果是变压器铁芯绝缘电阻偏低，但是不为零，说明变压器铁芯存在受潮或者脏污，此时需要对变压器铁芯进行吹扫和烘干处理，然后再进行测量。如果变压器铁芯对地绝缘电阻为零，则说明铁芯存在比较牢固的接地点，这种情况往往是由于毛刺、金属丝等带入到铁芯中，两端搭接在铁芯和夹件之间；底脚绝缘破损造成铁芯与底脚相连；有金属异物掉入低压线圈，造成低压绕组与铁芯相连。此时用铅丝顺低压绕组铁芯之间的通道往下捅，确定无异物后，检查底脚绝缘情况。

840. 对干式变压器进行冲击合闸试验的目的是什么？

答：（1）拉开空载变压器时，有可能产生操作过电压。在电力系统中性点不接地或者经过消弧线圈接地时，过电压幅值可达4～4.5倍相电压；在中性点直接接地时，可达3倍相电压。为了检查变压器绝缘强度能否承受全电压或者操作过电压，需做冲击试验。

（2）带电投入空载变压器时，会产生励磁涌流，其值可达6～8倍额定电流。励磁涌流开始衰减较快，一般经过0.5～1s即可衰减到0.25～0.5倍的额定电流值，但全部衰减时间较长，大容量的变压器可达几十秒。由于励磁涌流产生很大的电动力，为了考核变压器的机械强度，同时考核励磁涌流衰减初期能否造成继电保护装置误动作，需做冲击试验。

841. 干式变压器直流电阻三相不平衡系数偏大的常见原因有哪些？

答： 干式变压器直流电阻三相不平衡系数偏大的原因一般有以下几个：

（1）干式变压器分接头接触不良，往往是由于分接头处螺栓松动造成的。

（2）焊接不良。由于引线和绕组焊接处接触不良造成电阻偏大；多股并绕绕组，其中有几股线没有焊上或脱焊，此时电阻可能偏大。

(3) 变压器绕组局部匝间、层间、段间短路或者断线。

(4) 三角形绕组接线一相断线。

(5) 接触面存在绝缘漆或者其他异物。

842. 简述干式变压器低压侧绕组绝缘电阻偏低的原因及处理方法。

答： 如果干式变压器低压侧绝缘电阻为零，则说明低压绕组存在接地点，此时应检查低压绕组中性点接地是否拆开，如果拆开以后绝缘电阻还为零，则需要将变压器中性点和N线拆开，有可能是N线还存在其他接地点。

如果干式变器低压侧绝缘电阻偏低，为kΩ级别，且电压只能到几百伏左右，则说明低压侧绕组有在断路器，需要将断路器拔出，再进行试验。

第三节 自耦变压器

843. 简述自耦变压器的工作原理。

答： 在一个闭合的铁芯上绕两个或以上的线圈，当一个线圈通入交流电源时（就是初级线圈），线圈中流过交变电流，这个交变电流在铁芯中产生交变磁场，交变主磁通在初级线圈中产生自身感应电动势，同时另外一个线圈（就是次级线圈）中感应互感电动势。通过改变初级、次级线圈的匝数比来改变初级、次级线圈端电压，实现电压的变换，一般匝数比为1.5∶1～2∶1。

844. 与普通变压器相比，自耦变压器有哪些优、缺点？

答： 自耦变压器的优点：

(1) 消耗材料少，成本低。变压器所用硅钢片和铜线的量与绕组的额定感应电势和额定电流有关，也即与绕组的容量有关。自耦变压器绕组容量降低，所耗材料也减少，成本也低。

(2) 损耗少，效益高。由于铜线和硅钢片用量减少，在同样的电流密度及磁通密度时，自耦变压器的铜损和铁损都比双绕组变压器减少，所以效益较高。

（3）便于运输和安装。原因是它比同容量的双绕组变压器质量轻、尺寸小、占地面积小。

（4）提高了变压器的极限制造容量。变压器的极限制造容量一般受运输条件的限制，在相同的运输条件下，自耦变压器容量可比双绕组变压器大一些。

自耦变压器的缺点：

（1）由于一、二次绕组之间有电的联系，致使较高的电压易于传递到低压电路，所以低压电路的绝缘必须按较高电压设计。

（2）由于一、二次绕组之间电的联系，每相绕组有一部分又是共有的，所以一、二次绕组之间的漏磁场较小，电抗较小，短路电流和它的效应就比普通双绕组变压器要大。

（3）一、二次侧的三相连接方式必须相同，即星形-星形或三角形-三角形。

（4）由于运行方式多样化，引起继电保护整定困难。

（5）在有分接头调压的情况下，很难取得绕组间的电磁平衡，有时使轴向作用力增加。

845. 简述利用自耦变压器如何实现降压启动。

答：自耦变压器降压启动是利用自耦变压器来降低加在电动机定子绕组上的电压，达到限制启动电流的目的。电动机启动时，定子绕组加上自耦变压器的二次电压。启动结束后，甩开自耦变压器，定子绕组上加额定电压，电动机全压运行。

自耦变压器降压启动是将自耦变压器高压侧接电网，低压侧接电动机。启动时，利用自耦变压器分接头来降低电动机的电压，待转速升到一定值时，自耦变压器自动切除，电动机与电源相接，在全压下正常运行。这种启动方法，可选择自耦变压器的分接头位置来调节电动机的端电压，而启动转矩比星形-三角形降压启动大。但自耦变压器投资大，且不允许频繁启动。它仅适用于星形或三角形连接的、容量较大的电动机。

846. 自耦变压器降压启动时常见故障及处理方法有哪些?

答:(1)自耦变压器线圈接地。在运输过程中,自耦变压器没有固定牢固,线圈有的地方绝缘被磕坏。因此在启动的瞬间会发生接地短路故障。

处理方法:自耦变压器线圈接地短路时,将线圈拆下来,如线圈损坏不是很严重,可以直接在破损接地处浸绝缘漆,或用绝缘纸等其他方法重新做绝缘处理。

(2)电动机转速慢,启动困难。有可能是自耦变压器的抽头选择不合理,电动机启动电压低。电动机的转矩和电压平方成正比,如果电动机启动电压太低,那么过小的转矩不足以拖动负载。

处理方法:电动机启动转速慢,检查一下自耦变压器启动接线,如果选择在60%的抽头上,可以调整到80%的抽头上,提高启动电压。

847. 自耦变压器的应用有哪些?

答:自耦变压器除可做降压启动外,还可以用于升压。自耦变压器也可以把抽头制成能沿绕组自由滑动的触点以平滑调节二次绕组电压。使用时,通过改变滑动端的位置,便可得到不同的输出电压,调压器即根据此原理制作的。

第四节　控制变压器

848. 控制变压器与隔离变压器有什么区别?

答:(1)用途不同。控制变压器是作为电气控制回路的供电电源使用的,目的是为了满足不同用电电气元件的电压需求。隔离变压器的作用一是将变压器两端不同电压或要求的需要传送的电压信号,经过隔离变压器隔离传送,使该变压器原、副边的电压不会相互干扰或影响,例如某些可控硅或IGBT(绝缘栅双极型晶体管)电路的驱动线圈;二是需要不同阻抗匹配,三是隔离变压器的一、二次绕组不直通,存在电气隔离可以保护电气人员的安全,如行灯变压器。

（2）作用不同。控制变压器是为电气设备运行中为控制系统提供电源的；隔离变压器是为防止用电设备受电源的谐波干扰，可以看作是一个性能较差的滤波器。

（3）输出电压（匝数比）不同。控制变压器的输出电压数值可以比输入电压大，也可以比输入电压小（即控制变压器的原、副边匝数比可以比1大，也可以比1小），而隔离变压器的输出电压值与输入电压值是相同的（也可以说是隔离变压器的原边与副边的匝数比是1∶1）。

849. 如何区分控制变压器的输入端与输出端？

答：（1）看标签。变压器上贴有标签，上面有注明输入、输出引线的颜色。

（2）看外观。降压变压器，绕线圈数多且所用的漆包线较细的为输入端，绕线圈数少、线径粗的为输出端；升压变压器，绕线圈数少、线径粗的为输入端，绕线圈数多、线径细的为输出端。

（3）用万用表测量。用万能表测变压器的阻值，绕组阻值较大的是输入端，阻值小的是输出端。

850. 简述控制变压器的工作原理及结构。

答：控制变压器是一种小型的干式变压器，用电磁感应原理工作。变压器有两组线圈，初级线圈和次级线圈，次级线圈在初级线圈外边。当初级线圈通上交流电时，变压器铁芯产生交变磁场，次级线圈就产生感应电动势。控制变压器的线圈的匝数比等于电压比。

控制变压器主要部分是由铁芯、绕组（线圈）和绝缘材料组成，其中铁芯是用0.35～0.5mm的硅钢片叠成的，构成了变压器的磁路部分；绕组（线圈）用铜线或铝线绕制的，构成了变压器的电路部分，控制变压器的绕组结构有多层绕组单个抽头形式、多层绕组多个抽头形式以及多层多组绕组形式；绝缘材料做为线圈与线圈之间、线圈与铁芯之间彼此绝缘，使之有足够的电气强度，才能保证安全运行。

851. 控制变压器如何检查及更换?

答: 控制变压器的检查:

(1) 在非停电情况下可以测量控制变压器的原边、副边的电压值，通过比较测量值与额定值的偏差情况，判断控制变压器工作是否正常。

(2) 在停电情况下可以首先使用万用表测量控制变压器的原边、副边线圈阻值，对于升压的控制变压器，正常情况下原边线圈应比副边线圈阻值小；对于降压的控制变压器，正常情况下原边线圈应比副边线圈阻值偏大。然后再使用绝缘电阻表分别测量控制变压器的原边线圈、副边线圈对地绝缘阻值以及原边线圈、副边线圈之间的绝缘阻值，正常情况下绝缘阻值均应不小于0.5MΩ。

更换控制变压器:

(1) 更换控制变压器应核对新控制变压器容量不能小于原控制变压器容量。

(2) 更换控制变压器应核对电压变压器比应与原控制变压器一致，尤其是二次侧电压不能出错，防止损坏用电设备或设备不动作。

(3) 更换控制变压器应核对好安装尺寸、安装位置，若新控制变压器的安装位置与原控制变压器不同，则应重新打孔安装。

(4) 要按照原接线相序，恢复新的控制变压器的接线，防止将原、副边接线接反。

852. 控制变压器接通电源后，测量副边无电压输出，故障原因有哪些?

答: (1) 未停电情况下，检查控制变压器原边电源，使用万用表测量控制变压器的原边电源是否正常。通电后，用万用表交流电压挡测原边绕组两引出线端之间的电压。如电压值正常，则说明电源良好，电源与接线端间无断路故障；否则，应检查电源、接线端之间的通断情况。若副边有两个或两个以上的绕组，将原边通电后，如果几个原边绕组均无电压输出，则可能是原边绕组断路。若只有一个副边绕组无电压输出，而其他绕组输出电压正常，则断路点应在无电压输出副边绕组中。对发现的故障的副边绕组进行修理。

（2）在停电的情况下，测量原边绕组与电源线之间是否导通，若导通则原边绕组进线侧电源供应正常，若不导通则原边绕组进线侧之间存在断路或引线脱焊情况；测量副边绕组与输出线之间是否导通，若导通则副边绕组与输出线侧电源供应正常，若不导通则副边绕组与输出线之间存在断路或引线脱焊情况。

第二十一章 电 抗 器

853. 什么叫并联电抗器？主要作用有哪些？

答：并联电抗器是并联在高压输电线路上的大容量的电感线圈，有干式和油浸式。用来补偿高压输电线路的电容和吸收其无功功率，防止电网低负荷时因容性功率过高引起过电压。主要作用有：

（1）防止工频电压过高。

（2）降低操作过电压。

（3）避免发电机带长线路出现自励磁。

（4）有利于单相自动重合闸。

854. 电抗器常见故障及处理方法有哪些？

答：（1）电抗器内部局部过热。长时间过热会加速绝缘老化，降低电抗器的使用寿命。应尽快查明原因，进行消除。

（2）电抗器外壳局部过热。该故障大多是漏磁形成涡流引起，应设法切除涡流路径。

（3）振动剧烈。剧烈振动会使内部连接松动、断裂，引起放电事故；还会破坏箱体的密封，发生渗漏油。

（4）电抗器气体继电器保护动作。发生故障时，首先检查气体继电器内有无气体，若有气体，应取出进行试验。若气体可燃，则电抗器内部必有故障，申请电抗器退出运行；若无气体，查明原因后消除报警。

855. 电抗器器身的标准检修项目有哪些？

答：（1）检查铁芯表面及其绝缘。

（2）检查铁芯夹紧装置夹紧情况。

（3）检查铁芯穿心螺栓绝缘。

（4）检查各支架完好情况。

（5）检查各绕组围屏完好情况。

（6）检查绕组的压紧情况。

（7）检查引线及其紧固情况。

（8）测量绕组直流电阻、绝缘电阻。

856. 简述干式空心电抗器的结构。

答：导线为多层并绕结构，导线的尾端焊接在上下行星架组成的汇流排上。绕组导线为小截面的铜导体或铝导体，外面附有绝缘性优良的聚酯薄膜或聚酰亚胺薄膜。电抗器由多个包封组成，由撑条将各包封隔开，形成散热风道。

857. 干式空心电抗器检修与维护内容有哪些？

答：（1）按照规程进行交接后，要仔细检查线圈内外表面是否有裂纹、防雨帽安装是否偏移、行星架焊接引线是否有碰断的情况。

（2）应定期测量电抗器的直流电阻，定期用红外成像仪测电抗器的温度。

（3）定期用压缩空气清理电抗器风道中的积灰及杂物。

（4）检查电抗器表面，发现裂纹及时处理，如有 RTV 胶（有机硅粘接密封胶）脱落，要及时修复。

858. 运行中的电抗器补油应注意什么？

答：（1）退出重瓦斯保护。

（2）备用油品油样合格（补油量小于总油量的 5%，无需做混油试验）。

（3）补油前用新油清洗油泵和管道。

（4）拆下油枕呼吸器使补油通畅。

（5）根据油温曲线补油到合适位置。

（6）打开油枕顶部放气塞，充氮气至胶囊使其完全膨胀，放气塞出油时停止充氮气并拧紧放气塞（充氮气压力值不能超过压力释放阀动作压力）。

（7）等油静置完成在气体继电器处进行排气。

859. 油浸式电抗器渗漏油如何处理？

答：（1）若是法兰处轻微渗漏油，可通过均匀紧固螺栓来处理，当效果不好时可使用环氧树脂黏合剂。

（2）若是有砂眼渗漏，可以用环氧树脂胶密封，还可以用捻涨的方法补救，用手锤和元冲在距渗漏点1～2mm的周围打冲。

860. 简述电抗器磁针式油标的工作原理。

答：主动磁铁A通过轴A与连杆相接，连杆的另一端装有空心球浮漂。从动磁铁B通过轴B与指针相连。当油温上升而使油枕油面变化时，空心球浮漂也会随着升降，从而带动磁铁A，由于磁铁A与B相互垂直，B也跟着A转动，从而带动指针旋转，指示出油位。

861. 在未停运的干式空芯电抗器周围，对停电的电抗器进行试验有什么影响？

答：由于干式空芯电抗器没有铁芯，所以没有一个闭合的磁回路对它产生的磁场进行束缚，磁场发散严重，而停电的电抗器正处于这个发散的磁场中，这时就会在停电的电抗器中产生感应电流，对试验结果产生影响，从而无法得到准确的结果或无法测量。

862. 对于干式空芯电抗器进行直流电阻试验时如何消除周围未停电电抗器所产生的磁场对测量结果的影响？

答：如在停运的电抗器中形成磁饱和，使电抗器线圈中无法产生感应电流，从而抑制运行电抗器周围产生交变磁场的影响。磁场强度足够大时，磁通密度就会接近饱和状态，根据磁场强度计算公式$H=nI/L$（n为线圈匝数，I为线圈通入的电流，L为磁路的平均长度），增大 I 就能增大电抗器的磁场强度，因此试验时增大试验电流可以使周围产生的交变磁场无法对实验结果造成影响。

863. 干式空芯电抗器进行交流阻抗试验可以发现什么缺陷？

答：如果电抗器的线圈出现匝间短路，则线圈的有效匝数就会减小，则交流阻抗就会减小，损耗就会有所增大，因此，通过对其测量，交流阻抗和功率损耗与历次试验数据相比，就可以有效地判断线圈是否有匝间短路。

864. 在对油浸式电抗器进行绝缘电阻试验时应注意什么？

答：测量的引线应绝缘良好，测量前后应充分放电，对于三相电抗器，测量另一相或同一相进行重复试验时。应将三相对地短路放电 5min 以上再进行测量，测量吸收比或极化指数时，如果因为异常原因造成的测量中断，必须将被测量绕组重新短路，对地充分放电后再重新开始测量。如果怀疑套管脏污造成的绝缘电阻偏低时，可用软铜线在套管适当位置（与测量端相隔 2～3 个瓷裙即可）绕一个屏蔽电极，与绝缘电阻表的屏蔽端子连接，消除套管表面泄漏电流的影响。

865. 对于油浸式电抗器如何对绝缘电阻的测量结果进行分析？

答：（1）绝缘电阻和吸收比都很小，说明绝缘存在受潮或脏污的问题。

（2）绝缘电阻偏小，但吸收比很大，通常是绝缘油绝缘电阻偏低或介质损耗偏大所造成，当吸收比不小于 1.3 时，绝缘电阻只要不小于前次试验值的 70%，均认为合格，或与绝缘油的试验结果综合判断。

（3）绝缘电阻很大，但吸收比较小，是绝缘良好的表现。

（4）绝缘电阻上升到一定数值后突然下降，并有规律地反复出现，这种情况说明绝缘中某些部位存在局部放电现象，应读取绝缘电阻的最大值。

866. 如何对带电的空芯干式电抗器进行检测?

答: 电抗器的检测方法有限，常规的试验项目很难及时发现故障，带电检测对电抗器的发热故障有良好的检测结果，其中红外成像是目前较为有效的检测方法，这种方法能够简洁、精确、安全地检测设备发热故障。红外检测作为电抗器带电测试中的重要手段，通过与电气试验例行试验结合的方式，适当地增加红外测试的次数，能够及时发现发热故障，减少电抗器的烧损。

867. 油浸式电抗器在进行外施电压类试验时为什么绕组的首尾段要短接?

答: 由于被试绕组对地之间存在分布电容，所以将有电流流过，而且沿整个被试绕组流过电流不等，越靠近加压端（如 A 端）电流越大，因此整个绕组线匝间存在电位差，由于流过绕组是电容电流，因而有容升效应。越离开加压端电位越高，甚至超过施加电压，由于油浸式电抗器的绕组是属于分级绝缘的，末端绝缘低，容升效应严重情况下会损坏其绝缘，故在外施耐压时须将各绕组引线端短接。

868. 简述电抗器匝间绝缘试验方法。

答:（1）感应电压法。这是最原始的一类方法，对设备施加感应电压。间接测得设备绝缘材料的匝间耐压数据。

（2）直接施加工频电压法。与感应电压间接测耐压数据相比。工频电压直接输入的方式使得耐压数据获取途径更为简单。此类方法适用于低电压、低容量状态下的设备。

（3）雷电冲击法。适用于高容量和高电压的试验场景。

（4）高频振荡能量吸收法。通过高频振荡快速检测出设备能量吸收效果，根据理论值与试验值之间的差异来分析绕组匝间绝缘故障产生的可能性。

（5）匝间过电法。通过检测电抗器电感改变情况来判断电抗器是否存在匝间绝缘缺陷。依据相关原理，如果存在缺陷，干式空心电抗器受到高频电源作用时，电感的变化速率会加快，通过与同一规制的正常设备的数据进行对比，不仅可以检测出缺陷，而且还能判断缺陷出现的位置。

第二十二章 母线及绝缘

869. 简述电气主接线的主要形式。

答: 电气主接线的主要形式有单母线不分段、单母线分段、单母线带旁路、单母线分段带旁路、一般的双母线、双母线分段、双母线带旁路、双母线双断路器、3/2 接线、4/3 接线、变压器-母线组接线、桥形接线、三角形联结、单元接线及扩大单元接线。

870. 什么是母线？母线的分类有哪些？

答: 母线是指在变电站中各级电压配电装置的连接，以及变压器等电气设备和相应配电装置的连接，大都采用矩形或圆形截面的裸导线或绞线，统称为母线。母线的作用是汇集、分配和传送电能。

在电力系统中，母线将配电装置中的各个载流分支回路连接在一起，起着汇集、分配和传送电能的作用。母线按外形和结构，大致分为以下三类：

（1）硬母线。包括矩形母线、槽形母线、管形母线等。

（2）软母线。包括铝绞线、铜绞线、钢芯铝绞线、扩径空心导线等。

（3）封闭母线。包括共箱母线、分相母线等。

871. 母线的着色有什么作用？

答: 母线的着色可以增加母线的热辐射能力，有利于散热，钢母线着色还可以防止生锈。而且母线着不同的颜色有利于工作人员识别交流相序和直流极性。在直流装置中，正极涂红色，负极涂蓝色；在交流装置中，U、V、W 三相分别涂黄、绿、红色，不接地的中性线涂白色，接地的中性线涂紫色。

872. 简述母线按使用材料分为哪些？各有什么特点？

答：（1）铜母线。铜的电阻率低，机械强度高，抗腐蚀性良好，是很好的母线材料。

（2）铝母线。电阻率为铜的1.7～2倍，而重量只有铜的30%，且铝母线价格相对较低。

（3）钢母线。优点是机械强度高，价格相对较低；缺点是电阻率很大，为铜的6～8倍，用于交流时会产生很强的集肤效应，并造成很大的磁滞损耗和涡流损耗。

873. 简述母线按截面形状分为哪些？各有什么特点？

答：（1）矩形截面。具有散热条件好、集肤效应小、安装简单、连接方便等优点。常用在35kV及以下的屋内配电装置中。

（2）圆形截面。因为圆形截面不存在电场集中的场所，所以在35kV以上的户外配电装置中，为了防止产生电晕，大多采用圆形截面母线。

（3）槽形截面。槽形母线的电流分布均匀，与同截面的矩形母线相比，具有集肤效应小、冷却条件好、金属材料利用率高、机械强度高等优点。

（4）管形截面。管形母线是空心导体，集肤效应小，且电晕放电电压高。

874. 在绝缘子上安装矩形母线时，为什么母线的孔眼一般都钻成椭圆形？

答：因为负荷电流通过母线时，会使母线发热膨胀，当负荷电流变小时，母线又会变冷收缩，负荷电流是经常变动的，因而母线就会经常地伸缩。孔眼钻成椭圆形，就给母线留出伸缩余量，防止因母线伸缩而使母线及绝缘损坏。

875. 母线有哪些位置不准刷漆？

答：（1）母线上的各连接处及距离连接处10cm以内的地方。

（2）间隔内硬母线要留 50 ～ 70mm 用于停电挂接临时地线用。

（3）涂有温度漆（测量母线发热程度）的地方。

876. 简述母线常见故障。

答：（1）因母线接头接触不良、电阻增大，造成发热严重，使接头烧红。

（2）支撑绝缘子绝缘不良，使母线对地的绝缘电阻降低。

（3）当大的故障电流通过母线时，在电动力和弧光作用下，使母线发生弯曲、折断或烧伤。

877. 用螺栓连接平放母线时，螺栓为什么由下向上穿?

答：用螺栓连接平放母线时，螺栓由下向上穿主要是为了便于检查。因为由下向上穿时，当母线和螺栓因膨胀系数不一样或短路时，在电动力的作用下，造成母线间有空气间隙等，使螺栓向下落或松动。便于检查时能及时发现，不至于扩大事故。同时，这种安装方法美观、整齐。

878. 简述封闭母线的分类。

答：（1）共箱封闭母线。三相母线设在没有相间隔板的金属公共外壳内。

（2）隔相式封闭母线。三相母线布置在相间有金属（或绝缘）隔板的金属外壳内。

（3）离相（分相）封闭母线。其每相导体分别用单独的铝制圆形外壳封闭。根据金属外壳各段的连接方法，可分为分段绝缘式和全连式（段间焊接）。

879. 简述离相封闭母线的优点。

答：（1）减少接地故障，避免相间短路。

（2）消除钢结构发热问题。

（3）减少相间短路电动力。

（4）提高运行可靠性。

（5）封闭母线由工厂成套生产，运行维护工作量小、施工安装方便，不需要设置网栏，简化了对土建的要求。

（6）外壳在同一相内（包括分支回路）采用电气全连式，并采用多点接地，使外壳基本处于等电位，接地方式大为简化，杜绝人身触电危险。

880. 简述封闭母线的检查维护内容。

答：（1）检查封闭母线所有紧固部件的紧固螺柱有无松动，保证紧固。

（2）将母线与其他设备相连的伸缩节拆开，测量母线导体与外壳之间的绝缘电阻，如所测阻值显著下降，必须检查清扫或更换绝缘子后再进行测量，保证绝缘良好。

（3）如内部发现漏水痕迹，应检查外壳的密封性能，找出漏水原因并进行修理，合格后方可投运。

（4）检查各设备内有无异常、各部件的完整性、有无部件掉落或损坏、接线有无松动、有无过热现象、触头接触是否良好。

（5）检查密封件是否老化、漆层有无脱落、接地线是否可靠。

881. 开关柜母线室由哪些部分组成？

答：母线室由母线套管（支持、固定母线排，并使母线排对柜体绝缘）、主母线（汇集、分配电能）、分支母线（从主母线引出的分支至断路器上口静触头）、静触头盒（支持、固定断路器上口静触头，并使上口静触头对柜体绝缘）及母线盖板组成。

882. 简述母线的试验项目及标准。

答：母线的常规性试验包括绝缘电阻、交流耐压。

绝缘电阻标准：

（1）额定电压为15kV及以上全连式离相封闭母线在常温下分相绝缘电阻值不小于100MΩ，大修时一般不小于50MΩ，当低于50MΩ时，如耐压通过可以投运。

（2）6kV 共箱封闭母线在常温下分相绝缘电阻值不小于 6MΩ。交流耐压标准见表 22-1。

表 22-1 交流耐压标准 kV

额定电压	试验电压	
	出厂	现场
6	42	32
15	57	43
20	68	51
24	70	53

883. 简述母线绝缘电阻偏低的原因及处理方法。

答：母线进行绝缘电阻试验时，发现绝缘电阻偏低，往往有以下几种可能原因造成。

（1）母线整体受潮。这种情况往往发生在下过雨后，空气比较潮湿，此时会使母线的整体表面湿度增大，甚至有可能凝结有小水珠，导致母线的绝缘电阻值有显著的降低，需要对母线进行烘干处理后进行测量。

（2）母线表面比较脏污，灰尘较多。如果母线表面存在较多的灰尘，也会导致母线的绝缘电阻值发生明显的降低，需要对母线进行清扫处理后再进行测量。

（3）支撑母线的绝缘子存在缺陷。如果对母线进行烘干、清扫处理后，母线的绝缘电阻仍然很低，则需要检查支撑母线的绝缘子是否存在裂纹、脏污等缺陷，如果存在，更换即可。

884. 进行母线交流耐压试验时应该注意哪些问题？

答：（1）进行母线交流耐压试验时所有非试验人员应退出配电室，通往临近高压室门闭锁，而后方可加压；母线至外部的穿墙套管等加压处应做好安全措施，派专人监护。

（2）进行母线交流耐压试验时，母线所带的电压互感器、避雷器等设备应当与母线断开，并保证有足够的安全距离。

（3）对两段母线且一段运行或母线所带线路一侧仍带电的情况，做母线交流耐压试验时，应注意母线与带电部位距离是否足够，两者距承受电压应按交流耐压试验电压与运行电压之和考虑。间隔距离不够时应设绝缘挡板或不再进行耐压试验，而对母线用2500V绝缘电阻表进行绝缘电阻试验。

（4）母线耐压时间为1min，无击穿、无闪络、无异常异响为合格。

885. 简述低压母线在通电前进行交接试验的目的及标准。

答：低压母线在通电前应进行交接试验，交接试验是对出厂试验的复核。其目的是通电前对供电的安全性及可靠性做出判断，以确保在通电后安全可靠。低压母线的交接试验应符合下列规定：

（1）低压母线的交流工频耐压试验电压为1kV。如果绝缘电阻值大于10MΩ，可以采用2500V绝缘电阻表检测替代，试验持续时间为1min，无击穿闪络现象。

（2）相间和相对地间的绝缘电阻值大于0.5MΩ。

经试验交接合格后，可以进行试运行。

886. 发电机正常运行时封闭母线微正压装置要投运吗？

答：一般来讲，封闭母线的微正压装置在发电机组投运前就应当投入运行，以保证外部潮湿空气不能进入母线外壳内部。不过从节约能源出发，在我国一般地区，在发电机运行时可以不投，原因是运行时的母线发热量已经可以保证不会发生母线结露的情况。可以在发电机即将停下来前投入运行，一直到下次发电机再投入运行时结束。但是在潮湿地区，该装置应当始终开启。

887. 为什么要做母线耐压试验？

答：因为母线在正常运行时要长期承受额定电压，随着使用年限的增加，母线的绝缘情况会有所变化，甚至可能会出现不可预料的下降，为了保证运行的安全，提前发现母线中存在的隐藏缺陷，所以规定母线在长期停运或检修后，应当进行耐压试验。

888. 为什么要设置母线保护?

答: 母线保护是电力系统继电保护的重要组成部分。母线是电力系统的重要设备，在整个输配电中起着非常重要的作用。母线故障是电力系统中非常严重的故障，它直接影响母线上所连接的所有设备的安全可靠运行，导致大面积事故停电或设备的严重损坏，对于整个电力系统的危害极大。随着电力系统技术的不断发展，电网电压等级不断升高，对母线保护的快速性、灵敏性、可靠性、选择性的要求也越来越高。

第二十三章 断 路 器

第一节 SF_6 断路器

889. SF_6 气体物理、化学性质有哪些?

答: 物理性质:SF_6 气体是无色、无臭、不燃、无毒的惰性气体,具有优良的绝缘性能,且不会变质老化。密度约为空气的5倍,在标准大气压下,-62℃液化。

化学性质:SF_6 气体不溶于水和变压器油,在炽热的温度下不与氧气、铝和其他许多物质发生反应,但在电弧电晕的作用下,会分解产生低氟化合物,有剧毒且会损坏绝缘材料。

890. SF_6 断路器的优点有哪些?

答:(1)断口耐压高。SF_6 断路器因其灭弧能力强,介质强度高,同一电压等级下,串联的断口数比少油断路器或空气断路器少。

(2)允许断路次数多,检修周期长。

(3)断路性能好。SF_6 断路器允许开断的电流大、灭弧时间短。

(4)额定电流大。由于 SF_6 分子导热率高,对触头的冷却效果好,内部没有氧气,即使在高温条件下也不存在氧化问题,因而通流容量大。

891. SF_6 断路器日常巡检内容有哪些(包括弹簧机构和液压机构)?

答:(1)检查断路器磁柱瓷套有无损伤、裂纹、放电闪络和严重的污垢现象。

(2) 用红外测温仪检测断路器接头有无过热。

(3) 断路器实际分合位置与机械、电气指示是否一致。

(4) 断路器与机构之间的传动连接是否正常。

(5) 机构油箱的油位是否正常、油泵启动是否正常。

(6) 监视压力表读数及当时环境温度。

(7) 监视储能器的漏氮和进油的异常情况。

(8) 液压系统有无渗漏油现象。

(9) 加热器投入是否正常，照明是否完好。

892. 为什么高压断路器采用多断口结构?

答: (1) 多断口使加在每个断口上的电压降为原来的若干分之一，从而使每段的弧隙恢复电压大幅下降。

(2) 多断口能把电弧分割成多个小电弧串联，可以将电弧拉得更长。

(3) 多断口相当于缩短灭弧时间，总的分闸速度加快，介质恢复速度增大。

893. 简述瓷柱式 SF_6 断路器的结构、特点。

答: 瓷柱式 SF_6 断路器又称敞开式 SF_6 断路器，带电部分与接地部分的绝缘由支撑瓷套承担，灭弧室安在瓷套上部，每个瓷套内装一个断口，电压等级升高，串联的灭弧室也越多。瓷套下端与操动机构相连，通过瓷套内的绝缘拉杆带动触头完成分、合闸。

瓷柱式断路器的特点是装配成标准的断口单元，通过积木式搭配可组成不同电压等级的产品，产品系列性好，但其抗震性不如罐式断路器。

894. SF_6 断路器通常设定哪些 SF_6 气体闭锁值、报警值?

答: 通常用密度继电器来测定 SF_6 断路器内 SF_6 的压力，密度继电器设定了额定压力、报警压力、闭锁压力。其中报警压力为补气报警信号，一般设定为低于额定压力的5%～10%；闭锁压力为闭锁断路器分、合闸回路，一般设为低于额定压力的8%～15%。

895. 何为密度继电器？

答： 密度继电器用来测量 SF_6 断路器内 SF_6 气体的压力，与普通的压力传感器相比，它能补偿因温度变化而引起的气体压力变化，因此又称为温度补偿压力传感器。密度继电器储气杯内腔与断路器气室相连通，波纹管内充有规定压力的 SF_6 气体作为比较基准。当断路器气室压力升高时，波纹管收缩，触发高压力报警触点；当断路器气室压力低时，波纹管伸长，触发低压力报警；当断路器气室压力严重降低时，触发闭锁触点。

896. 简述 LW7-220 型 SF_6 断路器的基本结构。

答： LW7-220 型 SF_6 断路器是瓷柱式断路器。每相由两个断口串联组成，并与支撑瓷瓶组成 T 形结构。每个断口并联有 2500pF 并联电容器。每相单独配置有 CY 型液压机构，其箱体兼做支撑瓷瓶底座。整体结构简单，便于制造和维护。工作缸活塞直接与绝缘拉杆相连，液压管路少。

897. LW7-220 型 SF_6 断路器安装完毕后如何充装 SF_6 气体？

答： （1）抽真空处理。抽至 133Pa 以下，保持 5h；仍在 133Pa 以下，则再抽真空 30min 即可。

（2）充气前检查 SF_6 气瓶气体质量是否符合要求。

（3）充气管也应抽真空，并用 SF_6 气体清洗。

（4）接好管道后先打开断路器侧阀门，再缓慢打开气瓶侧阀门。

（5）充气过程中应检查密度继电器动作压力是否正常。

（6）应在充气前对 SF_6 钢瓶称重，以便确认充入的气体质量在生产厂家推荐的范围内。

898. 为什么要对 SF_6 断路器进行微水试验？

答： 在 SF_6 电气设备中若 SF_6 气体水分含量过多，会造成水分凝结在绝缘部件表面，使绝缘强度下降，且 SF_6 与水混合后在电弧作用下会产生有毒、有腐蚀性的物质，腐蚀电气设备内部结构。因此要求进行 SF_6 微水测试，确保其水分含量在要求范围内。

899. 简述测量回路电阻的意义。

答： 如果接触电阻过大，在长期工作电流下积累的发热量将随着电阻的增加而增加，电接触的温度急剧上升，可能造成金属材料机械强度下降、接触面表面强烈氧化、接触电阻继续恶化等，严重时可能使触头接触部分局部熔焊，影响开关的正常分合。当通过短路电流时，还会影响开关的动、热稳定性能和开断性能。因此，在断路器的型式试验、出厂验收、交接试验和预防性试验中，都规定了导电回路的电流电阻这个试验项目。通过测量掌握触头的接触状况，从而保证设备的安全运行。

900. 回路电阻为什么不能用双臂电桥测量？

答： 断路器的触头的接触电阻是由表面的膜电阻（接触面由于氧化、硫化等原因会存在一层膜）和收缩电阻组成的（两个导体接触时，其表面不是绝对光滑平坦的，在其表面上有一些点上的接触，使导体中的电流在这些点的接触处剧烈收缩，实际的接触面积大大缩小，使电阻增加，此原因引起的接触电阻称为收缩电阻）。当使用双臂电桥测量回路电阻时，由于双臂电桥测量回路通过的是微弱的电流，难以消除电阻较大的氧化膜，测出的电阻偏大，但氧化膜在大电流下很容易被烧坏，又不妨碍正常电流通过。而且小电流不会在接触不平处产生收缩，即无法测量出收缩电阻，而在大电流或工作电流通过时，就会使该接触处的电阻增加，引起触头的过度发热和加速氧化。

901. 为什么要测量断路器的分、合闸最低动作电压？

答： 规定最低动作电压上限是为了操作电源在某种异常情况下，电压降到某一程度时，断路器仍能可靠动作；规定下限，是因为在断路器的合闸和分闸回路中，一般都串有分合闸操作指示灯，操作前就有指示灯的电流流过线圈，为了防止此电流造成误动作，以及在现场强电磁干扰条件下保证断路器能够不误动。而且断路器动作电压测试，可以发现直流电磁铁铁芯卡涩、直流电磁铁工作间隙太大、线圈匝间短路等问题。

902. 为什么要测量合闸电阻值和合闸的投入时间？

答：电力系统中的投、切空载线路，会产生操作过电压。因此，要在断路器上装设合闸电阻，释放电网的能量，从而保护电网电气设备。合闸电阻在主断口（灭弧室）合闸前的几个毫秒投入，在主断口合上若干毫秒后自动切除。合闸电阻的作用是断路器在断开时在主触头合上前先退出，在合闸时合闸电阻先投入，当主触头合上时被短接退出，这样做可以防止操作过电压。测量电阻值和电阻投入时间是为了检查其值大小是否符合厂家规定。

903. 为什么要测量 SF_6 断路器并联电容器的介质损耗？

答：SF_6 断路器因为开断的过程当中断口恢复电压的限制性，必须安装断口并联电容器，进而提高故障开断能力，改善断路器灭弧性能。对断口电容进行例行试验，其中介质损耗是输变电设备绝缘状态以及能否长期稳定运行的一个重要参数反映。进行介质损耗的现场试验测量，能够发现电容器的绝缘受介质老化、受潮以及生产缺陷等因素影响程度。

904. 测量 SF_6 断路器并联电容器的介质损耗时正接法与反接法有什么区别？

答：正接法测量时，要求是被测电容两极都是对地绝缘，一端接高压，另一端接至电桥的低压端。因为被试电容与地面不会接触，不会受到被试电容对地寄生回路杂散电容的影响。

反接法测量时，电桥高压和低压的端接线方式恰恰和正接线不相同。采用反接线的时候，电桥体内各个桥臂和部件都承受试验电压。在试验加压的时候，被试品高压电极和引线对地间有的杂散电容和被试品电容并联形成一个干扰回路。因此采用正接法测量数据更为准确。

905. SF_6 断路器的预防性试验项目有哪些?

答: (1) 测量绝缘电阻。

(2) 测量每相导电回路的电阻。

(3) 断路器均压电容器的电容量及介质损耗试验。

(4) 测量断路器的分、合闸时间。

(5) 测量断路器的分、合闸速度。

(6) 测量断路器的分、合闸同期性及配合时间。

(7) 测量断路器合闸电阻的投入时间及电阻值。

(8) 测量断路器分、合闸线圈绝缘电阻及直流电阻。

(9) 测量断路器内 SF_6 气体的含水量。

(10) 气体密度继电器、压力表和压力动作阀的检查。

906. 测量回路电阻时为什么要用不低于 100A 的大电流测量?

答: 实际上试验电流为 100A 至额定电流的任一数值电流都可以，而且越大越好，越大越接近于它的实际运行情况，在主回路中通以 100A 以上的电流，可以使回路中接触面上的一层膜电阻击穿，所测的主回路电阻值与实际工作时的电阻值比较接近。

907. 断路器回路电阻上升的原因一般有哪些? 若发现回路电阻增大应采取什么措施?

答: 断路器回路电阻上升的原因一般有:

(1) 触头表面氧化。

(2) 触头间残存有灭弧烧损物质。

(3) 触头接触压力下降。

(4) 触头有效接触面积减小。

(5) 试验接线夹与被试断路器表面接触不良，有氧化层。

若试验中发现断路器的回路电阻有显著增大，可以采取下述办法:

（1）将断路器重新分、合几次后再进行测量，以减少灭弧残留物质对测量的影响。

（2）对回路电阻超标但仍在运行中的断路器，可定期进行红外热像监视。

（3）打磨掉试验接线夹与被试断路器接触面间的氧化层。

第二节　油断路器

908. 简述少油断路器的基本原理和作用。

答：少油断路器的灭弧室安装在绝缘筒或没有接地的金属筒中，变压器油的作用是灭弧和触头断口间的绝缘，不作为对地绝缘。其相间绝缘是利用空气和陶瓷绝缘材料，少油断路器用油量特别少、体积小、质量轻、断流容量大。

909. 简述多油断路器的基本原理和作用。

答：多油断路器的触头系统装在油箱中，变压器油的作用是熄灭电弧，形成相间与对地的绝缘。多油断路器包括油箱盖提升机构、电容套管、导电系统、灭弧室、电流互感器、操动机构。

多油断路器灭弧室工作原理为当断路器分闸触头分开时，出现拉弧。在电弧的高温作用下，变压器油分解成气体，在灭弧室形成很高的压力，使隔弧板储气孔内的气体被压缩（第二块隔弧板开有旁口通向油箱，可以进行横吹；上下灭弧板只能进行纵吹）。在打开第二块灭弧板之前，电弧只受到纵吹作用。当触头继续分离将横吹灭弧口打开后，灭弧室内储存的高压油气以很高的速度喷出，电弧从而迅速熄灭。多油断路器体积大、油量多、断流容量小、运行维护困难。

910. 高压断路器若油量过少，会有什么危害？

答：使灭弧时间延长或难以灭弧，弧光可能冲出油面，油被分解成可燃气体，与油箱中的空气混合，可能引起爆炸。空气进入油中，使耐压水平降低。

911. 35kV多油断路器套管及电流互感器的检修质量要求是什么？

答：（1）检查套管内绝缘应无开裂、起泡及与芯棒脱离现象。

（2）电容芯棒表面应没有脱漆，电容末屏接地可靠，导电杆不发生转动。

（3）套管法兰与箱盖之间应垫入2～4mm厚的密封圈，防雨罩完好。

（4）测量互感器的绝缘电阻。

912. SW2-35型少油断路器小修标准是什么？

答：（1）外观清扫检查。

（2）触头及导电回路的检修。

（3）操动机构检修。

（4）TA的检查及试验。

（5）瓷套管检查清扫。

（6）机械特性及电气试验。

913. SW7系列少油断路器触头及导电回路检修质量要求有哪些？

答：（1）静触头座无缺口及开裂，接触面光滑。

（2）引弧环端平面和内孔处应修整光洁。

（3）压油活塞动作灵活，卡簧不变形。

（4）检查动触杆无形变，表面无损坏。

（5）中间触头完好，触座铝基座接触面无氧化膜。

914. 为什么少油断路器要做泄漏试验，不做介子损耗试验？

答：少油断路器的绝缘由变压器油、纯磁套管，以及绝缘材料制成，其极间电容量较小，在现场进行介子损耗试验会受到磁场、温度、水分等多种因素的干扰，给数据分析带来困难，因此不进行介子损耗试验。而套管开裂和绝缘受潮可通过直流泄漏试验灵敏、准确地反映出来。

915. 为什么说液压机构保持清洁与密封是保证检修质量的关键？

答： 因为液压机构是一种液体传动装置，如果清洁不够，即便是微小的杂质颗粒进入到高压油中，也会引起液压管道或阀体通道的堵塞，使液压装置不能工作。如果破坏密封或密封造成损伤，会使液压油泄漏，使系统压力不足，从而不能工作。所以，液压机构检修要保证各部分的密封性，液压油保持清洁。

916. 油断路器检修后应达到的工艺标准有哪些？

答：（1）金属油箱无渗漏油、变形，焊缝无开裂、砂眼，油箱内壁无腐蚀。

（2）油箱放油阀关闭良好，无渗漏油。

（3）油位计油位清晰、不渗油。

（4）油气分离器和防爆装置等部件性能完好。

917. SW7-110 型断路器检修后怎样做防慢分试验？

答：（1）先启动油泵打压至额定值，操作合闸阀使断路器处在合闸位置。

（2）打开高压放油阀，将油压放至 0 后关闭放油阀。

（3）重新启动油泵打压，断路器不应发生慢分。

918. 为什么做避雷器泄漏电流试验时要准确测量直流高压，而做少油断路器泄漏电流试验时不要求准确测量直流高压？

答： 阀式避雷器的并联电阻是非线性电阻。当加在其上的直流高压变化很小时，其泄漏电流变化很大。如不准确测量直流电压，将会引起很大测量误差。但试验标准又规定了严格的泄漏电流范围，且非线性系数又是按不同电压下泄漏电流计算的，所以必须准确测量直流耐压和泄漏电流。当电压变化很小时，少油断路器的直流泄漏电流基本按线性关系变化或不变，因此可以用低压直流电压按变比换算出高压直流电压，而不十分准确测量高压直流电压也能满足试验要求。

919. 为什么少油断路器要测量泄漏电流，而不测量介质损耗因数?

答：少油断路器的绝缘是由纯瓷套管、绝缘油和有机绝缘等单一材料构成，且其极间的容量不大，为 30～50pF。因此，在现场进行介质损耗因数测量时，其值受外电场和温度、湿度等气候条件的影响很大，而且数值不稳定，带来试验数据分析和判断困难。而对于套管的开裂、有机材料的受潮、老化等缺陷，通过测量其泄漏电流，可以准确且灵敏地反映出来。因此，少油断路器一般都不测量介质损耗因数，而需要测量泄漏电流。

920. 为什么测量 110kV 及以上少油断路器的泄漏电流时有时出现负值? 如何消除?

答：是指在测量 110kV 及以上少油断路器直流泄漏电流时，接好了试验接线后，加 40kV 直流试验电压时，空载泄漏电流比同样电压下测得的少油断路器的泄漏电流还大。这种现象主要是由高压试验引线引起的。可采用下列方法来消除：

（1）引线头采用均压措施，减少引线头尖端。

（2）减少空载电流，在高压侧加装屏蔽线。

（3）升压时速度要均匀，对稳压电容器要充分放电。

（4）将试验设备、高压引线远离电磁场源。

（5）采用正极性的试验电压进行测量。

921. 测量多油断路器介质损耗因数时，如何进行分解试验及测量结果分析?

答：测量多油断路器介质损耗因数时，首先测量其分闸状态下每个套管断路器整体的介质损耗因数值。如果所测结果超出标准或和以前测量值比较有显著增大时，必须进行分解试验。按下列步骤进行。

（1）落下油箱或放去绝缘油，使灭弧室及套管下部露出油面，进行测试。如果介质损耗因数值明显下降，可判定引起介质损耗因数值降低的原因是油箱绝缘不良。

（2）落下油箱或放去绝缘油后，介质损耗因数值仍无明显变化，应将油箱内套管表面擦净，并在灭弧室外加一层金属屏蔽罩或直接拆除灭弧室后再次测试。如果介质损耗因数值明显下降，可判定灭弧室受潮，否则说明是套管绝缘不良。

922. 多油断路器和少油断路器的试验项目有哪些？

答：多油断路器和少油断路器的常规试验项目有绝缘电阻试验，40.5kV及以上非纯瓷套管和多油断路器的介质损耗因数试验，40.5kV及以上少油断路器的泄漏电流试验，断路器对地，断口及相间交流耐压试验，126kV及以上断路器提升杆的交流耐压试验，辅助回路和控制回路交流耐压试验，导电回路电阻试验，灭弧室的并联电阻值试验，并联电容器的电容值和介质损耗因数试验，断路器的机械特性试验，操动机构合闸接触器及分、合闸电磁铁的最低动作电压试验。

923. 测量40.5kV及以上非纯瓷套管和多油断路器的介质损耗因数的目的是什么？

答：测量40.5kV及以上非纯瓷套管和多油断路器的介质损耗因数，其主要目的是检查管套的绝缘状况是否良好，有无受潮、老化或破损现象，同时也能够检查断路器其他绝缘部件的绝缘状况，如断路器灭弧室、绝缘拉杆、油箱绝缘围屏、绝缘油等的绝缘状况。

924. 测量油断路器操动机构合闸接触器及分、合闸电磁铁的最低动作电压方法有哪些？

答：（1）滑线电阻法。由于此方法的电源取自电站的直流系统，所以在工作中要做好安全措施，以防止影响直流系统正常运行。

（2）工频全波整流法。此方法的缺点是设备笨重，体积较大，存在较大的电压降及波纹影响，而且输入、输出没有隔离措施，会造成直流系统接地和其他开关偷跳的可能。

（3）直流试验台法。采用开关电源，体积小，容量大，动作电压值调整方便，而且不影响直流系统。

925. 多油断路器和少油断路器的交流耐压试验怎样操作？

答：断路器的交流耐压试验应在绝缘提升杆绝缘电阻、泄漏电流、断路器和套管介质损耗因数测量均合格，并充满符合标准的绝缘油之后进行。试验时，一般从试验变压器低压侧测量并换算至高压侧。多油断路器应在分、合闸状态下分别进行交流耐压试验；三相共处于同一油箱的断路器，应分相进行；试验一相时，其他两相接地。少油断路器的交流耐压试验应分别在合闸和分闸状态下进行。合闸状态下的试验目的是为了考验绝缘支柱瓷套管绝缘；分闸状态下的试验目的是为了考验断路器断口、灭弧室的绝缘。

926. 简述测量油断路器导电回路直流电阻的目的。

答：油断路器导电回路直流电阻包括套管导电杆电阻、导电杆与触头连接处电阻和动、静触头之间的接触电阻，导电杆一般不变化或变化很小，但其他两处的连接电阻和接触电阻由于各种原因影响常常会增加，因测量每相导电回路的直流电阻是检查动、静触头之间的接触电阻和连接电阻的变化，主要是判断动、静触头是否接触良好。

第三节 真空断路器

927. 真空断路器主回路接触电阻偏大应如何处理？

答：（1）检查固定接触部分是否拧紧。

（2）检查固定接触连接的导电接触面是否清洗干净，可用电桥检测寻找电阻大的接触面，并进行处理。

（3）检查触头间接触的弹簧是否变形或损坏，是否有弹力不足的情况。

（4）检查导电杆与滚动触头的连接情况，检查接触面是否发黑。

928. 简述真空断路器电磁机构无法分闸的原因。

答：（1）挚子扣接过深，分闸铁芯行程过小。

（2）线圈电压过小，磁力不足。

（3）固定磁扼的螺栓松动或铁芯磁扼板与机板架之间有异物间隙，使磁力减小。

（4）二次回路故障，分闸回路不通，使分闸铁芯不得电。

929. 简述真空断路器的常见故障及处理方法。

答：（1）分闸不可靠。应调整扣板和半轴的扣接深度。

（2）无法合闸且出现跳跃。可能是辅助开关动作时间调整不当，应调整辅助开关拉杆长度，使其在断路器触头闭合后再断开；支架卡涩或滚轮和支架之间的间隙不当，应调整铁芯拉杆长度。

（3）真空灭弧室漏气。定期检测真空灭弧室真空度。

930. 对真空断路器进行检测时，有哪些要求？

答：（1）检查真空灭弧室有无破损及漏气。

（2）检查灭弧室内零件有无氧化。

（3）清理表面灰尘及污垢。

（4）用工频耐压试验检查灭弧室的真空度。

931. 影响真空断路器（电磁机构）分闸时间的因素有哪些？

答：（1）分闸铁芯的行程。

（2）分闸机构的各部分连接情况。

（3）分闸锁扣扣入的深度。

（4）传动机构及主轴和中间触头机构等处的情况。

932. 真空断路器弹簧操动机构在调整时应遵守哪些规定？

答：（1）严禁将机构空合闸。

（2）合闸弹簧储能时，牵引杆的位置不能超过死点。

（3）为防止电动机轴和手柄弯曲，棘轮转动时不得提起或放下撑牙。

（4）手动满合闸时，需要将撑牙支起，结束后必须将撑牙放下，防止在快速动作时损坏机构零件。

933. 断路器的辅助触点有哪些用途?

答：断路器在分、合闸动作时，其本体机构所带的辅助触点会相应地转换开合位置，用以通断断路器的分、合闸控制回路及信号回路，达到断开或闭合电路的目的，并启动自动装置和保护闭锁葫芦等。

934. 真空断路器在哪些情况下应更换真空灭弧室?

答：（1）断路器动作达到10 000次。

（2）满容量开断短路电流30次以上。

（3）触头磨损达到3mm以上。

（4）灭弧室内颜色异常或耐压不合格，证明灭弧室真空度下降。

935. 真空断路器导电回路电阻取决于什么?

答：断路器导电回路电阻主要取决于断路器动、静触头间的接触电阻。接触电阻又由收缩电阻和表面电阻组成。

（1）收缩电阻。因为两导体接触时，其表面非绝对光滑平坦，使导体中的电流在接触处剧烈收缩，实际接触面积缩小，而使电阻增加，这时引起的接触电阻为收缩电阻。

（2）表面电阻。各导体的接触面因氧化、硫化等各种原因会存在一层薄膜，该膜使接触过渡区域的电阻增大，这时引起接触电阻称为表面电阻（或称膜电阻）。

936. 影响断路器触头接触电阻的因素有哪些？

答：（1）触头表面加工情况。

（2）触头表面氧化程度。

（3）触头间的压力。

（4）触头间的接触面积。

（5）触头的材质。

937. 简述真空断路器电动无法储能，但可以手动储能的原因及处理方法。

答：（1）原因一：储能辅助开关损坏。

处理方法：未储能状态下，卸下操作面板后检查储能限位开关的辅助触点是否导通。

（2）原因二：航空插头插针损坏。

处理方法：未储能状态下，检查航空插头内储能回路插针回路电阻是否异常。

（3）原因三：储能电动机 M0 故障。

处理方法：打开断路器面板，测量储能电动机电阻。

938. 简述真空断路器电动无法合闸，合闸脱扣器不动作原因及处理方法。

答：（1）手车未到位。

处理方法：检查手车位置指示器的指示。

（2）辅助开关故障。

处理方法：检查辅助开关触点的开断情况。

（3）控制回路接线松动或航空插针脱落。

处理方法：检查辅助触点的接线或航空插针是否会缩回。

（4）合闸脱扣器 Y3 故障。

处理方法：测量合闸脱扣器的阻值。

（5）合闸闭锁电磁铁 Y1 故障。

处理方法：测量合闸闭锁电磁铁 Y1 的阻值。

（6）整流桥故障。

处理方法：测量整流桥 V1 或 V3 的通断情况。

939. 简述真空断路器手车摇到工作位置后没有停止，仍可以摇动的原因及处理方式。

答：原因：底盘丝杆上的定位块脱离止动铜滑块的槽。

处理方法：卸下手车底盘，将丝杆抬高并用力摇动丝杆，将定位块复位。如铜滑块磨损严重须给予更换。

940. 简述真空断路器手车只能摇动一圈半的原因及处理方法。

答：（1）手车底盘接地开关联锁舌片被导轨上的联锁块挡住。

处理方法：调整导轨的联锁块，使接地开关联锁舌片能够充分弹出。

（2）手车底盘接地开关联锁舌片变形。

处理方法：校正联锁舌片，使其恢复正常状态。

941. 简述手车无法从试验位置拉到服务小车上的原因及处理方法。

答：（1）手车没有到位。

处理方法：将断路器手车摇到试验位置。

（2）横梁上止动块故障。

解决方法：更换横梁上止动块。

（3）横梁变形。

解决方法：更换横梁。

942. 简述真空断路器导电回路电阻的意义。

答：真空断路器在长期运行中，其导电部分的温升不允许超过规定值。因为断路器的主回路通以额定电流时，导电部分必然会产生热量。为保证断路器的使用安全，断路器标准中一般都规定了导电部分的温升。考核方法是通过测量回路电阻值来监测。

导电回路电阻的大小直接影响通过正常工作电流时是否产生不能允许的发热及通过短路电流时断路器的开断性能，它是反映安装检修质量的重要标志。

943. 真空断路器导电回路电阻取决于什么？接触电阻由哪几部分组成？

答：真空断路器导电回路电阻主要取决于断路器动、静触头间的接触电阻。

接触电阻由收缩电阻和表面电阻组成。

（1）收缩电阻。因为两导体接触时，其表面非光滑平坦，使导体中的电流在接触处剧烈收缩，实际接触面积缩小，而使电阻增加，这时引起的接触电阻为收缩电阻。

（2）表面电阻。各导体的接触面因氧化、硫化等各种原因会存在一层薄膜，该膜使接触过渡区域的电阻增大，这时引起接触电阻称为表面电阻（或称膜电阻）。

944. 真空断路器的预防性试验有哪些项目？

答：（1）断路器的机械特性。

（2）断路器的导电回路电阻。

（3）断路器操动机构合闸接触器及分、合闸电磁铁的最低动作电压。

（4）断路器的绝缘电阻。

（5）断路器的主回路对地、断口及相间交流耐压。

（6）合闸接触器和分、合闸电磁铁线圈的直流电阻和绝缘电阻。

（7）灭弧室真空度测试。

945. 对用有机材料制成的真空断路器提升杆的绝缘电阻测试有何规定？

答：对各种型式的断路器，一般都要求测量其整体的绝缘电阻，即断路器导电回路对地的绝缘电阻，还要测量真空断路器绝缘提升杆的绝缘电阻。绝缘提升杆一般由有机材料制成，运输和安装过程中容易受潮，造成绝缘电阻较低。用有机材料制成的断路器绝缘提升杆的绝缘电阻允许值如下：

(1) 额定电压小于 24kV：大修后绝缘电阻值不小于 1000MΩ，运行中不小于 300MΩ。

(2) 额定电压在 24～40.5kV：大修后绝缘电阻值不小于 2500MΩ，运行中不小于 1000MΩ。

946. 真空断路器分、合闸同期试验有什么意义？

答： 断路器的分、合闸不同期程度，直接影响断路器的关合和开断性能。要求断路器三相不同期程度越小越好，如果分、合闸严重不同期，将造成线路或用电设备的非全相接入或切断，从而可能产生危及设备绝缘的过电压。

如果一相先合，会严重威胁中性点不接地系统的分级绝缘，可能引起中性点避雷器爆炸；若两相先合，未闭合的相电压升高，增大了预击穿长度，加重了合闸功要求，灭弧室机械度要求提高。

947. 简述真空断路器最低动作电压的意义。

答： 断路器的分、合闸动作都需要有一定的能量，为了保证断路器的合闸速度，规定了断路器的合闸线圈最低动作电压，不得高于额定电压的 80%，分闸线圈的最低动作电压，不得低于额定电压的 30%且不得高于额定电压的 65%。因为线圈的动作电压不能过低，也不能过高。当线圈动作电压过低时，会引起断路器误分闸和误合闸；如果过高则会因系统故障时，直流母线电压降低而拒绝跳闸。

948. 如何进行真空断路器的交流耐压试验？

答： 真空断路器的交流耐压试验应在绝缘电阻测量合格后进行。试验时，一般可从试验变压器低压侧测量并换算至高压侧。

真空断路器的交流耐压试验应分别在合闸和分闸状态下进行。合闸状态下的试验是为了考验绝缘支柱瓷套管的绝缘；分闸状态下的试验是为了考验断路器断口、灭弧室的绝缘。分闸试验时应在同相断路器动触头和静触头之间施加试验电压。

949. 真空断路器交流耐压试验中应注意哪些事项?

答:(1)试验后将被试断路器接地放电，拆除或断开断路器对外的一切连线。

(2)升压必须从零(或接近于零)开始，切不可冲击合闸。自75%电压开始应均匀升压，约为每秒2%试验电压的速率升压。升压过程中应密切监视高压回路和仪表指示，监听被试品有何异响。

(3)有时工频耐压试验进行了数十秒钟，中途因故失去电源，使试验中断，在查明原因，恢复电源后，应重新进行全时间的持续耐压试验，不可仅进行“补足时间”的试验。

950. 对真空断路器耐压试验的试验结果如何进行分析?

答: 试验必须严格根据电力设备预防性试验规程规定的标准和要求进行。试验结果应根据试验中有无发生破坏性放电、有无出现绝缘普遍或局部发热及耐压试验前后绝缘电阻有无明显变化，进行全面分析后作出判断。试验前测试绝缘电阻应正常。试验后需要再次测试绝缘电阻，其值应无明显变化(一般绝缘电阻下降不超过30%)，并且要用2500V绝缘电阻表测量。

第四节　框架式断路器

951. 什么是框架式断路器?

答: 框架式断路器又称万能式断路器，是一种能接通、承载以及分断正常电路条件下的电流，也能在规定的非正常电路条件下接通、承载一定时间和分断电流的机械开关电器。万能式断路器用来分配电能和保护线路及电源设备的过载、欠电压、短路等。这种断路器一般都有一个钢制的框架，所有的零部件均安装在框架内。其容量较大，可装设多种功能的脱扣器和较多的辅助触头，有较高的分段能力和热稳定性，因此常用于要求高分断能力和选择性保护的场所。一般分为抽出式和固定式两种。

952. 抽出式低压框架式断路器的结构包括哪些部分?

答: 抽出式低压框架式断路器主要分为外部抽屉单元和框架开关本体两大部分。

外部抽屉单元一般固定安装在配电柜内，其背部的进线和出线端子分别与母线和负荷电缆相连接，部分断路器的辅助触点安装在金属框架上，底部有使断路器进出的行走装置。

框架开关本体内部包括合分闸机构、合分闸线圈、储能机构、储能电动机、动触头、弧触头、灭护罩、进出线插头、行程开关以及电气回路导线等。

953. 低压框架式断路器的检修工序和工艺有哪些?

答: (1) 检查低压框架式断路器前应先合、分闸操作一次，将断路器中的储能释放，防止造成机械伤害。

(2) 清扫低压框架式断路器外部，检查外部结构应无损坏和变形。

(3) 拆下框架式断路器的面板，检查机械结构应无损坏和变形。

(4) 对机械结构中的轴、销等部位的油污进行清理，并涂干净的润滑油。

(5) 多次手动对断路器进行储能以及合闸、分闸操作，保证每次机构动作均无卡涩，储能指示、合分闸指示均正常。

(6) 手动合闸断路器后，使用万用表测量断路器背后进线和出现插头的各相应导通良好，不应有过大的接触电阻。注意部分断路器需摇至试验位置或工作位置才能正常合闸，有些断路器带有欠压线圈，合闸前应拆除欠压线圈才能正常合闸。

(7) 拆开灭弧罩，检查动触头、静触头和弧触头表面应无过热、灼伤、熔渣，表面应光滑，发现表面有杂物应清扫和打磨，保持接触良好。

(8) 断路器储能前，使用万用表在二次插件处测量储能电动机回路应导通；手动储能后，在二次插件处测量储能电动机回路应不导通。

（9）测量断路器各动合和动断辅助触点应接触良好。

（10）检查抽屉单元内触头挡板应灵活动作，其与断路器本体关联机构动作无卡涩。

（11）手动操作低压框架式断路器机械储能、合分闸均无异常后，可以将断路器摇至试验位或使用试验电源进行传动，保证电动储能、合分闸动作正常。

954. 低压框架式断路器的储能过程是怎样的？

答：低压框架式断路器一般采用弹簧储能机构，并有手动储能和电动储能两种操作方式。

手动储能时，储能把手往往带动储能棘轮转动，每次下压把手，储能棘轮转过一定角度后被限位，防止其打滑回到原位，同时棘轮两侧拉动或下压储能弹簧，使弹簧形变而储能，而储能棘轮本身是不规则形状，当储能弹簧到达所需位置后，由合闸机构锁住储能棘轮，同时储能指示牌连杆与储能机构关联，机构到位后，连杆状态跟着变化，此时储能指示牌显示“已储能”；而电动储能时，采用一个直流电动机及一套加速装置，装置前段拐臂与储能机构相连接，与手动储能把手连在同一机构处，而储能电动机的电气回路中串联一个行程开关，与储能机构关联，当未储能时，行程开关处于导通状态，而储能后断开，这样，当控制回路送电后，储能电动机会直接转动，带动储能机构动作，直至储能到位后，行程开关开路，断开储能电动机的电气回路，此时断路器电气储能结束。

955. 影响断路器触头接触电阻的因素有哪些？

答：（1）触头表面加工状况。

（2）触头表面氧化程度。

（3）触头间的压力。

（4）触头间的接触面积。

（5）触头的材质。

956. 低压框架式断路器手动无法机械合闸，可能有哪些原因？

答：（1）断路器存在位置闭锁。如ABB F型框架式断路器在检修位有闭锁，无法正常合闸，可以摇至试验位或工作位才能合闸。

（2）断路器未摇到位置。低压框架式断路器都存在位置闭锁，断路器未到位无法解除闭锁，则断路器无法正常合闸。

（3）断路器内分闸机构卡涩。断路器内分闸机构卡涩导致分闸机构无法释放，使断路器一直处于分闸触发状态，可能是机构问题，也可能是分闸线圈衔铁卡涩导致，使合闸机构无法触发或触发后也无法正常合闸。

（4）断路器内合闸机构卡涩。断路器内合闸触发因卡涩不到位或合闸线圈衔铁卡涩，导致与合闸按钮接触不到，从而造成无法正常合闸。

（5）断路器未储能。低压框架式断路器合闸需要弹簧储能后才能操作。

（6）断路器安装有欠压线圈。某些断路器安装有欠压线圈，只有在欠压线圈解除闭锁后，断路器才能正常进行合闸和分闸操作，如柴油发电机出口断路器。

（7）断路器储能机构不到位。断路器储能机构故障导致储能不到位，从而导致合闸机构未到达合闸条件，合闸触发位置不到，从而与合闸按钮不接触，导致无法正常合闸。

（8）断路器面板锁未打开。断路器面板有一操作锁，正常操作时需要该锁处于打开状态，否则无法正常合闸操作。

957. 低压框架式断路器无法电动合闸可能有哪些原因？

答：（1）断路器机械操作无法合闸。如断路器存在位置闭锁、断路器未摇到位置、断路器内分闸机构卡涩、断路器内合闸机构卡涩、断路器无法机械储能、断路器安装有欠压线圈、断路器储能机构不到位、面板锁未打开等可能造成机械操作无法合闸。

（2）信号未到达。由于就地控制器或远方控制信号问题，合闸信号实际未发送到合闸线圈。

（3）合闸线圈损坏。合闸线圈损坏，导致合闸衔铁不动作或合闸线圈衔铁卡涩。

（4）分闸线圈卡涩。分闸线圈衔铁卡涩后使分闸机构一直动作，从而使合闸衔铁无法与触发机构接触，此时能听见合闸衔铁动作声音。

（5）断路器储能回路故障。由于储能电动机故障、控制电源故障、行程开关接触不良或储能电气回路不导通导致断路器无法储能，从而断路器无能量进行合闸。

（6）断路器辅助触点不导通。由于合闸电气回路串联一个动断辅助触点，若该触点接触不良，也会导致电气合闸失败。

958. 低压框架式断路器有哪些分闸触发机构？

答：低压框架式断路器的分闸机构只有一套，但是触发分闸机构动作的触发机构却有多个，如 ABB F 型断路器包括脱口机构在内，就有 4 处分闸触发机构，分闸触发机构顾名思义，就是用来触发分闸机构动作的一个机构元件或一套小机构。

低压框架式断路器的分闸触发机构一般包括面板按钮触发机构、分闸线圈触发机构、位置闭锁触发机构、脱口器触发机构，其中脱扣器触发机构动作后，与另外三种又有不同之处。面板按钮触发机构和分闸线圈触发机构分别用于断路器机械和电动分闸；位置闭锁触发机构是从断路器安全方面考虑，断路器操作未到位时，都会使触发机构动作，从而触发分闸机构一直动作着，这样在断路器无法合闸，从而保证电气回路不会带隐患合闸；当断路器电子保护器投入后，电气回路发生过载、接地或短路故障时，电子保护器向脱扣器线圈发送信号，脱扣器动作触发分闸机构动作，与另外三种触发机构不同，其同时触发另外一套分闸闭锁机构，即该闭锁机构不复位，分闸机构也无法正常操作，因此，在断路器脱扣需重新送电操作时，需要按动断路器复位按钮，使脱扣器触发的闭锁机构解除，从而断路器可以恢复正常操作。

959. 低压框架式断路器的辅助触点的原理和作用是什么?

答: 低压框架式断路器的辅助触点安装于抽屉单元或断路器本体内，其动作原理很简单，通过机械结构与合闸机构关联，当断路器合闸后，辅助触点的状态发生变化，即动断触点变动合触点，动合触点变动断触点，从而用于接通或断开回路以及反馈信号。低压框架式断路器一般在合闸回路串联一个动断辅助触点，当断路器合闸后，该触点断开合闸回路。某些断路器使用辅助触点反馈合闸和分闸信号。

低压框架式断路器的储能回路中串联一个行程开关，该行程开关的动断触点用来断开储能电气回路，动合触点一般用于反馈储能状态。

960. 框架式断路器采用的灭弧原理是什么?

答: 当触头分开时，产生的电弧在电动力的作用下被推入一组金属栅片中而被分割成数段，彼此绝缘的金属栅片的每一片都相当于一个电极，因此就有许多个阴阳极压降。对交流电弧来说，近阴极处，在电弧过零时就会出现一个150～250V的介质强度，使电弧无法继续维持而熄灭。由于栅片灭弧效应在交流时要比直流时强得多，所以交流电器常常采用栅片灭弧。

961. 低压框架式断路器无法储能可能有哪些原因?

答: 低压框架式断路器无法储能，主要有机械原因和电气原因两种可能情况。

(1) 机械原因。

1) 储能机构齿轮磨损，导致储能机构不能正常储能，出现储能不满的情况，从而影响合闸机构可能不到位，此时可以更换储能齿轮。

2) 合闸机构动作不到位或中途卡涩，也会影响储能机构动作，造成储能把手被限制，内部储能机构被卡住，此时应检查合闸机构是否到位，其与储能机构关联元件是否到达指定位置，应进行相应的调试。

3）储能把手断裂，造成无法手动进行储能，应更换储能把手。

4）储能弹簧断裂或损坏，机构虽然可以使用，但断路器无法储存能量，应更换储能弹簧。

（2）电气原因。

1）储能电动机损坏，包括线圈损坏、电刷接触不良或损坏等，造成控制电源送电后，储能电动机无法转动，此时应更换储能电动机。

2）储能电动机的传动齿轮损坏，某些储能电动机的传动齿轮采用尼龙或塑料材质，使用时间较长后会出现裂纹而损坏，导致储能电动机无法对储能机构传动，造成无法储能，此时可以更换齿轮或更换储能电动机。

3）储能电气回路行程开关接触不良，导致储能回路不导通，此时应更换行程开关或处理动断触点。

4）其他原因导致储能回路不通。如引线断开等，查找原因进行处理。

5）控制电源故障，检查控制电源进行恢复。

962. 低压框架式断路器有哪些闭锁机构？作用分别是什么？

答：（1）操作锁。操作锁的机构一般与低压框架式断路器行走机构的螺杆或摇把孔封闭门关联，一般是抽拉结构，拉出后，内部限制螺杆旋转或限制摇把孔打开，外部会出现锁孔，可以进行挂锁锁定，禁止断路器摇进或摇出。

（2）机械分闸按钮锁。机械分闸按钮锁机构一般与低压框架式断路器分闸按钮关联，或通过锁板压住分闸按钮，从外部看就是一个普通的锁孔，通过钥匙锁住后会强制分闸按钮动作，或使分闸按钮无法动作，从而导致断路器无法操作，防止未经许可的机械或电气接通操作。

（3）安全挡板锁。即在抽屉单元安全挡板外侧加装的锁扣，扣锁后安全挡板无法开启，防止意外碰到带电触头。

（4）位置闭锁。为了保证低压框架式断路器完全到达指定位置才能合闸，在其行走机构中关联一套位置闭锁机构，其结构形式多种多样，一般在行走机构螺杆上安装有一套元件，元件只有在完全到达“检修位”“试验位”或“工作位”时，才能落下，与断路器本体下部分闸触发机构脱开，此时断路器才能正常操作，而未完全到达位置时，该元件会使断路器底部分闸触发动作，使断路器时刻处于分闸状态，此时合闸机构无法动作；某些品牌和型号的断路器，采用一个在螺杆上行走的滑块，滑块表面有一个凸起，凸起侧面有一个与之关联的滑片，滑片上有 3 个孔洞，对应断路器的 3 个位置，当断路器在抽屉单元内摇进或摇出时，滑块会在螺杆上一起动作，当到达指定位置后，滑块上的凸起会进入滑片的孔洞内，此时会限制螺杆摇动，说明断路器已到位，此时若还想继续摇动断路器，则需要手动解锁外部与滑片的联动机构，使滑片抬起，滑块凸起脱离孔洞后，继续摇动摇把，放开外部解锁装置，此时滑块凸起会继续在滑片上移动，直至进入下一个孔洞内，说明断路器已到达位置。

963. 低压框架式断路器位置指示器是如何工作的？

答：低压框架式断路器位置指示器一般采用尼龙或塑料材质，制作成特殊形状，运用不同的关联结构与行走机构的螺杆联动，如有的是叶片螺旋结构，外部套一个花型的圆环，圆环随着螺杆转动而行走，花型齿带动位置指示器螺旋状叶片转动，从而在外部形成一个顺时针或逆时针转动的现象，进而用来表示各个位置；还有的位置指示器做成片装，侧面有一个挂钩，挂靠在螺杆外侧的轨道内，轨道成起伏状，位置指示器在轴的固定下可以上下变化一定角度，这样当断路器由“检修位”摇至“工作位”时，轨道随着螺杆转动向里运动，起伏状的轨道就带动挂钩使位置指示器慢慢抬起，直至到达“工作位”后，机构到位，位置指示器到达顶部，外部指示“工作位”。

第五节 塑壳断路器

964. 简述塑壳断路器结构组成。

答：塑壳断路器主要由塑料外壳、主触头、灭弧栅片、脱扣器、操动机构、接线柱组成。其中主触头用耐弧合金制成，是导通、分断电路的主体部件，采用灭弧栅片进行灭弧；脱扣器触发跳闸机构动作，分为热磁式与电子式；操动机构是实现断路器闭合、断开的机构，操动机构分为手动、电动两大类。

965. 简述塑壳断路器的工作原理。

答：塑壳断路器的主触点是靠手动操作或电动合闸的。主触点闭合后，自由脱扣机构将主触点锁在合闸位置上。过电流脱扣器的线圈和热脱扣器的热元件与主电路串联，欠电压脱扣器的线圈和电源并联。当电路发生短路或严重过载时，过电流脱扣器的衔铁吸合，使自由脱扣机构动作，主触点断开电路；当电路过载时，热脱扣器的热元件发热使双金属片上弯曲，推动自由脱扣器机构动作，主触头断开电路；当电路欠电压时，欠电压脱扣器的衔铁释放，也使自由脱扣机构动作，主触头断开主电路；当按下分励脱扣按钮时，分励脱扣器衔铁吸合，使自由脱扣机构动作从而断开主电路。

966. 塑壳断路器安装注意事项有哪些？

答：（1）低压断路器应垂直安装，电源线应接在上端，负载接在下端。

（2）断路器用作电源总开关或者电动机控制开关时，在电源进线侧必须加装隔离开关或熔断器等，以形成明显的断开点。

（3）断路器使用前应将脱扣器工作面上的防锈油脂擦净，以免影响其正常工作。同时应定期检修，清除断路器上的积尘，给操动机构添加润滑剂。

(4) 各脱扣器的动作值调整好后，不允许随意变动，并应定期检查各脱扣器的动作值是否满足要求。

(5) 断路器的触头使用一定次数或分断短路电流后，应及时检查触头系统。如果触头表面有毛刺、颗粒等，则应及时维修或更换。

967. 简述塑壳断路器选用原则。

答：(1) 断路器的额定电压应不小于线路、设备的正常工作电压，额定电流应不小于线路、设备的正常工作电流。

(2) 断路器的热脱扣器的整定电流应等于所控制负载的额定电流。

(3) 若是更换备件时，断路器的外观尽量与原来保持一致，方便安装。

968. 塑壳断路器过电流脱扣器种类有哪些?

答：塑壳断路器过电流脱扣器分为热磁式脱扣器与电子式脱扣器，热磁式脱扣器为非选择性断路器使用，保护方式为过载长延时保护及短路瞬时保护；电子式脱扣器有过载长延时、短路短延时、短路瞬时和接地故障四种保护功能。

969. 简述塑壳断路器的主要技术参数及含义。

答：(1) 额定电压：指断路器主触头的额定电压，是保证触头长期工作的电压值。

(2) 额定电流：指断路器主触头的额定电流，是保证触头长期工作的电流值。

(3) 脱扣器额定电流：是使过电流脱扣器动作的电流设定值，当电路短路或负载严重超载，负载电流大于脱扣电流时，断路器主触头分断。

(4) 过载保护电流、时间曲线：为反时限特性曲线，过载电流越大，热脱扣器动作的时间就越短。

(5) 欠电压脱扣器线圈的额定电压：一定要等于线路额定

电压。

（6）分励脱扣器线圈的额定电压：一定要等于控制电源电压。

（7）额定极限短路分断能力（Icu）：是断路器分断能力极限参数，分断几次短路故障后，断路器分断能力有所下降。

（8）额定运行短路分断能力（Ics）：是断路器的一种分断指标，即分断几次短路故障后还能保证其正常工作。塑壳断路器只要 Ics 大于 25％Icu 就算合格。

（9）限流分断能力：指电路发生短路时，断路器跳闸时限制故障电流的能力。

970. 塑壳断路器常用额定电流规格有哪些？

答：塑壳断路器常用额定电流规格有：16、25、30、40、50、60、75、80、100、125、160、200、225、250、315、350、400、500、630A。

971. 简述塑壳断路器常见故障现象、可能原因及处理方法。

答：（1）不能合闸。

1）欠压脱扣器无电压或线圈损坏。应检查施加电压或更换线圈。

2）脱扣器动作未复位。进行复位。

3）开关跳闸。需要彻底分断开关方可合闸。

4）操作把手断裂或者电动操动机构损坏。更换把手或电动操动机构。

（2）电动机启动时断路器立即分断。

1）过电流脱扣器瞬时整定值太小。调整瞬间整定值。

2）脱扣器损坏。进行修复。

第六节　微型断路器

972. 微型断路器由哪些基本结构组成？

答：微型断路器主要由主触头、灭弧装置、操动机构和脱扣器等组成。

(1) 主触头：正常工作时主触头承载负载电流的导通。

(2) 灭弧装置：灭弧装置大多为栅片式，灭弧罩采用三聚氰胺耐弧塑料压制，两壁装有绝缘隔板，防止相间飞弧，灭弧室上方装设三聚氰胺玻璃布板制成的灭弧栅片，以缩短小弧距离。

(3) 操动机构：操动机构主要用来通过机械手段手动对微型断路器进行分、合闸。

(4) 脱扣器：脱口器又称保护装置，包括电磁脱扣器和热动脱扣器，是以机械动作或触发电路的方法触发脱扣机构动作的部件。

973. A、B、C、D 型微型断路器有什么区别？如何选择？

答：区别：

(1) A 型断路器：2 倍额定电流，很少使用，一般用于半导体保护。

(2) B 型断路器：2～3 倍额定电流，一般用于纯阻性负载和低压照明电路，常用于家用配电箱，保护家用电器和人身安全。

(3) C 型断路器：5～10 倍额定电流，需要在 0.1s 内跳闸，常用于保护连接电流较大的配电线路和照明线路，目前在家庭照明电路中使用较多。

(4) D 型断路器：10～20 倍额定电流，主要用于瞬时电流较大的电器环境中，适用于感性负载大、冲击电流大的系统，常用于保护冲击电流大的设备。

微型断路器的选择应基于以下几点：

(1) 根据负载类型选择微型断路器的类型。

(2) 微型断路器的极限通断能力应大于或等于电路最大短路电流。

(3) 微型断路器的过流脱扣器的额定电流应大于或等于线路的最大负载电流。

974. 微型断路器的保护动作原理是什么？

答：（1）微型断路器的短路保护动作原理：微型断路器的短路保护主要与其电磁脱扣器有关，电磁脱扣器与被保护电路串联。线路中通过正常电流时，电磁铁产生的电磁力小于反作用力弹簧的拉力，衔铁不能被电磁铁吸动，断路器正常运行。当线路中出现短路故障时，电流超过正常电流的若干倍，电磁铁产生的电磁力大于反作用力弹簧的作用力，衔铁被电磁铁吸动，通过传动机构推动自由脱扣机构释放主触头。主触头在分闸弹簧的作用下分开，切断电路，起到短路保护作用。

（2）微型断路器的过载保护动作原理：当线路发生长时间的一般性过载时，微型断路器的过载保护主要与其热脱扣器有关，热脱扣器与被保护电路串联。一般性过载下过载电流不能使电磁脱扣器动作，在一定时间内过载电流能使热动脱扣器内的热元件产生一定热量，促使双金属片受热向上弯曲，推动杠杆使搭钩与锁扣脱开，将主触头分断，切断电源。

当线路发生短时严重过载电流时，短路电流超过瞬时脱扣整定电流值，电磁脱扣器产生足够大的吸力，将衔铁吸合并撞击杠杆，使搭钩绕转轴座向上转动与锁扣脱开，锁扣在反力弹簧的作用下将三副主触头分断，切断电源。

975. 微型断路器的主触头温度过高原因有哪些？

答：（1）主触头紧固螺钉紧力不足。

（2）主触头表面过分磨损或氧化现象严重。

（3）微型断路器处于过载运行状态。

976. 微型断路器常见故障有哪些？

答：（1）微型断路器状态指示触点不通。

（2）微型断路器一合闸就跳闸。

（3）微型断路器的脱扣器损坏。

第七节 漏电保护器

977. 空气开关与漏电保护器有什么区别？

答：漏电保护器是防止人员发生触电事故时进行保护的，比如有人触电则漏电保护器跳闸，自动关闭电源输出，避免触电事故扩大造成人员伤亡。而空气开关是过电流保护用的，电气线路过电流（包括短路），如不切断电源，则电气线路会发热、起火或产生强烈电弧引燃其他易燃物，从而造成电气火灾，导致事故扩大。

978. 如何选用漏电保护器？

答：(1) 按保护目的选用。

1）以防止人身触电为目的。安装在线路末端，选用高灵敏度，快速型漏电保护器。

2）以防止触电为目的与设备接地并用的分支线路，选用中灵敏度、快速型漏电保护器。

3）用以防止由漏电引起的火灾和保护线路、设备为目的的干线，应选用中灵敏度、延时型漏电保护器。

(2) 按供电方式选用。

1）保护单相线路（设备）时，选用单极二线或二极漏电保护器。

2）保护三相线路（设备）时，选用三极产品。

3）既有三相又有单相时，选用三极四线或四极产品。

在选定漏电保护器的极数时，必须与被保护的线路的线数相适应。保护器的极数是指内部开关触头能断开导线的根数，如三极保护器，是指开关触头可以断开三根导线。而单极二线、二极三线、三极四线的保护器，均有一根直接穿过漏电检测元件而不断开的中性线，在保护器外壳接线端子标有符号“N”，表示连接工作零线，此端子严禁与 PE 线连接。应当注意：不宜将三极漏电保护器用于单相二线（或单相三线）的用电设备，也不宜将四极漏电保护器用于三相三线的用电设备，更不允许用三相三极漏电保护器代替三相四极漏电保护器。

979. 漏电保护器的工作原理是什么?

答：漏电保护器安装在线路中，一次线圈与电网的线路相连接，二次线圈与漏电保护器中的脱扣器连接。当用电设备正常运行时，线路中电流呈平衡状态，互感器中电流矢量之和为零（电流是有方向的矢量，如按流出的方向为“+”，返回方向为“−”，在互感器中往返的电流大小相等，方向相反，正负相互抵销）。由于一次线圈中没有剩余电流，所以不会感应二次线圈，漏电保护器的开关装置处于闭合状态运行。当设备外壳发生漏电并有人触及时，则在故障点产生分流，此漏电电流经人体并通过大地返回变压器中性点，致使互感器中流入、流出的电流出现了不平衡（电流矢量之和不为零），一次线圈中产生剩余电流。因此，便会感应二次线圈，当这个电流值达到该漏电保护器限定的动作电流值时，自动开关脱扣，切断电源。

980. 漏电保护器的种类有哪些?

答：漏电保护器按不同方式分类来满足使用的选型。如按动作方式可分为电压动作型和电流动作型；按动作机构有开关式和继电器式；按极数和线数有单极二线、二极、二极三线等。

按动作灵敏度和按动作时间分类如下：

（1）按动作灵敏度分。

1）高灵敏度：漏电动作电流在30mA以下；

2）中灵敏度：漏电动作电流为30～1000mA；

3）低灵敏度：漏电动作电流在1000mA以上。

（2）按动作时间分。

1）快速型：漏电动作时间小于0.1s；

2）延时型：动作时间大于0.1s，在0.1～2s之间；

3）反时限型：随漏电电流的增加，漏电动作时间减小。当额定漏电动作电流时，动作时间为0.2～1s；1.4倍动作电流时为

0.1、0.5s；4.4 倍动作电流时为小于 0.05s。

981. “30mA・s”的安全性是什么？

答：通过大量的动物试验和研究表明，引起心室颤动不仅与通过人体的电流（I）有关，而且与电流在人体中持续的时间（t）有关，即由通过人体的安全电量 $Q=I\times t$ 来确定，一般为 50mA・s。就是说当电流不大于 50mA，电流持续时间在 1s 以内时，一般不会发生心室颤动。但是，如果按照 50mA・s 控制，当通电时间很短而通入电流较大时（例如 500mA×0.1s），仍然会有引发心室颤动的危险。虽然低于 50mA・s 不会发生触电致死的后果，但也会导致触电者失去知觉或发生二次伤害事故。实践证明，用30mA・s 作为电击保护装置的动作特性，无论从使用的安全性还是制造方面来说都比较合适，与 50mA・s 相比较有 1.67 倍的安全率（$K=50/30=1.67$）。从“30mA・s”这个安全限值可以看出，即使电流达到 100mA，只要漏电保护器在 0.3s 之内动作并切断电源，人体尚不会引起致命的危险。故 30mA・s 这个限值也成为漏电保护器产品的选用依据。

第二十四章　隔　离　开　关

982. 断路器与隔离开关的区别有哪些？

答：（1）断路器有灭弧装置，故断路器能够带负荷操作，不但能操作负荷电流，还能操作故障（短路）电流；而隔离开关没有灭弧装置，虽然可以操作于负荷电流小于5A的场合，但其总体属于不能带负荷操作。

（2）断路器有良好的封装形式，故单纯观察断路器，不能直观地确定其是处在闭合或断开位置。而隔离开关结构简单，从外观上能一眼看出其运行状态，检修时有明显断开点。

（3）断路器多为远距离电动控制操作，而隔离开关多为就地手动操作。

983. 简述隔离开关试验的项目及标准。

答：隔离开关试验包括绝缘电阻试验、直流电阻试验、交流耐压试验。其标准分别为：

（1）绝缘电阻试验：要求使用2500V或者5000V的绝缘电阻表进行测量，其绝缘电阻值不低于1000MΩ。

（2）直流电阻试验：其直流电阻值，与出厂值和初始值比较无明显差别。

（3）交流耐压试验：应按出厂电压的80%进行试验。

984. 隔离开关检修后应进行的调整及试验项目有哪些？

答：（1）隔离开关主刀合入时触头插入深度。

（2）接地开关合入时触头插入深度。

（3）检查隔离开关合入时是否在过死点位置。

（4）手动操作主刀和接地开关合、分各5次。

（5）电动操作主刀和接地开关合、分各 5 次。

（6）测量主刀和接地开关的接触电阻。

（7）检查机械联锁。

（8）三相同期检查。

985. 隔离开关的温升试验怎么做?

答: 隔离开关的温升试验和其他的高低压电器的温升试验基本是一样的。电器的温升试验要连接和试验电流对应的规格的铜排或铜导线，铜排或导线的长度也是有要求的，例如 800A 以上大电流温升试验的铜排长度不小于 3m。温升试验进行到最热点温度的每小时变化率小于 1K 时认为温升稳定，结束试验，取此时的各点温升结果为试验结果。

986. 隔离开关接触电阻增大的原因有哪些?

答:（1）刀片和刀嘴接触处斥力很大，刀口合得不严，造成表面氧化，使接触电阻增大。

（2）隔离开关拉、合过程中会引起电弧，烧伤触头，使接触电阻增大。

987. 隔离开关的常见故障有哪些?

答:（1）接触部分过热。

（2）瓷质绝缘损坏和闪络放电。

（3）拒绝分、合闸。

（4）错误分、合闸。

988. 隔离开关触头发热的主要原因有哪些?

答:（1）运行中触头接触面氧化，使接触电阻增加。

（2）隔离开关过载。

（3）触头接触不严密使电流通路的截面积减小，接触电阻增加。

989. 简述GW6系列隔离开关的接地开关动作原理。

答：GW6型隔离开关的接地开关分为Ⅰ型和Ⅱ型，有不同的动作原理。

Ⅱ型接地开关合闸时，首先刀杆向上摆动，与静触头相碰后再向上升并插入触头中；Ⅰ型接地开关为一步动作，向上摆动即实现合闸。

990. 为什么不能带负荷断开高压隔离开关？

答：如果带负荷断开高压隔离开关，因为隔离开关没有灭弧能力，所以会在隔离开关触头间形成很强的电弧。不仅会损坏隔离开关及附近设备，还会引起相间弧光短路，使保护动作，造成系统停电事故。同时，也会危及操作人员人身安全。

991. 简述隔离开关处在合闸位置时，下导电杆处于垂直位置，而上导电杆不垂直的原因及处理方法。

答：原因：齿条与齿轮啮合不正确。

处理方法：在底座部位调节拉杆，使齿条相对下导电杆伸出或缩回，从而改变与齿轮的啮合位置，如果上导电杆不到位，应将齿条伸出量增加，若上导电杆过行程，应将齿条回缩。

992. 简述隔离开关在三极联动时，主极的分、合闸正常而两边极合闸越位或合闸不到位的原因及处理方法。

答：原因：三极水平拉杆长度调整不当。

处理方法：首先应适当调整三极水平拉杆的长度，一般能达到目的。但有时会出现某一极分、合闸均不到位的现象，这时，通过缩短该极拐臂的长度来调整，即松开固定拐臂及拉板的螺栓，将拉板沿拐臂向里做适当调整，并配合调整该极三极水平连杆，以达到和主极同期的目的。此时，也可能会出现某一极分、合闸均过位的现象，这时通过增长该极拐臂的长度来调整。

993. 简述CJ7A机构丝杠螺母与丝杠脱扣后，当电动机反转时，丝杠螺母不能顺利与丝杠啮合的原因及处理方法。

答：原因：

（1）丝杠螺母与丝杠的螺纹变形。

处理方法：需更换丝杠和丝杠螺母。

（2）丝杠螺母或丝杠的螺纹起始位置轻微变形或螺纹起始部位倒角磨损。

处理方法：需将螺纹倒角处进行钳修，将轻微变形部分去掉，同时将丝杠和丝杠螺母螺纹起始部位内侧倒角，并除去螺纹起始部位的尖角。

（3）碟型弹簧弹力不足。

处理方法：当该机构配GW17型产品时可更换或增加蝶形弹簧。当该机构配GW16型产品时，除更换蝶形弹簧外，也可将缓冲垫螺杆适当缩短，适当增加产品分闸行程，即增加CJ7A机构输出角度，这样可增大机构的叉杆焊装的转动角度，采取以上措施，可使丝杠螺母能够顺利地与丝杠啮合。

994. 隔离开关的小修项目有哪些？

答：（1）根据运行中发现的缺陷进行处理。

（2）检查动、静触头接触情况。

（3）检查橡皮垫和玻璃纤维防雨罩的密封情况。

（4）检查导电带与动触头片及动触头与动触头座的连接情况。

（5）测量隔离开关一次回路的回路电阻。

（6）清扫及检查转动瓷套和支持瓷套。

（7）检查（或紧固）所有外部连接件的轴销和螺栓。

（8）检查接地开关与主开关的联锁情况。

（9）清扫及检查操动机构、传动机构，对齿轮等所有相对运动的部分添加润滑油，并进行3～5次动作试验，以检查其灵活性及同期性，配合调整辅助开关及微动开关的动作情况，

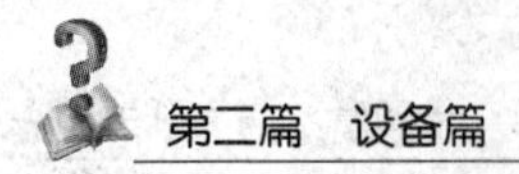

用手动检查操动机构，检查丝杆与丝杆螺母在分闸与合闸终了位置时脱扣与入扣情况，以保证丝杆螺母能够灵活自如地在丝杆上运动。

（10）检查机构箱内端子排、操作回路连接线的连接情况及机构箱门的密封情况，测量二次回路的绝缘电阻。

（11）检查机构箱、接地装置、基础地脚螺栓等的紧固情况。

第二十五章　互　感　器

第一节　电压互感器

995. 电压互感器二次侧短路会有什么现象？

答：（1）二次绕组产生很大的短路电流，导致电压互感器绕组烧损，有异常气味。

（2）电压互感器本体有较大的不均匀噪声。

（3）绕组击穿，仪表无指示。

（4）使有关距离保护和与电压有关的保护误动作。

996. 电压互感器二次回路为什么要一点接地？

答：电压互感器二次回路一点接地是为了保护二次设备及人员的安全。因为电压互感器的一次绕组是直接并联在高压系统内的，如果因电压互感器故障导致绝缘被击穿，就会使高压电进入二次回路，会对二次设备及人员的安全造成危害。

997. 引起电压互感器二次侧短路故障的原因有哪些？

答：（1）电压互感器在安装接线中存在隐患，没有及时发现及消除。

（2）端子箱受潮严重，端子连接处存在锈蚀。

（3）电压互感器内部有金属短路缺陷，使二次回路短路。

（4）电压互感器回路连接电缆绝缘受损，产生短路。

（5）电压互感器回路连接电缆绝缘受损，产生两相接地短路。

998. 电压互感器在投入运行前需要做哪些检查？

答：（1）做有关试验规程的交接试验项目且合格。

（2）电压互感器本体表面和瓷裙表面无裂纹或破损。

（3）电压互感器外观应清洁，无脏污。

（4）油电压互感器油位合适，无渗漏油。

（5）一、二次回路接线紧固且接触良好，外壳及二次回路接地良好。

999. 电压互感器有哪些常用类型？

答：（1）按原理分为电磁感应式和电容分压式。

（2）按用途分为测量式和保护式。

（3）按结构分为油式和干式及三芯五柱式和单相式。

（4）按绝缘方式分为全绝缘式和半绝缘式。

1000. 电压互感器二次绕组为什么不能短路？

答：电压互感器磁通是由与电压互感器并联的交流电压产生的电流建立的，电压互感器二次回路开路，只有一次电压的极小电流，产生的磁通产生二次电压，若电压互感器二次回路短路，则相当于一次电压全部转化为极大的电流而产生极大的磁通，电压互感器二次回路会因为电流极大而烧毁。

1001. 电压互感器的交流耐压试验为什么要用倍频试验电源？

答：因为电压互感器的试验电压值一般都大大超过变压器的额定电压，将大于额定电压的50Hz电压加在电压互感器上时，电压互感器铁芯处于严重过饱和状态，励磁电流非常大，不但被试变压器承受不了，也不可能准备非常大容量的试验电源来进行现场试验。

变压器的感应电动势为

$$E=4.44WfBS$$

式中　W——励磁线圈匝数；

f——频率；

B——磁感应强度；

S——铁芯有效面积。

当 $f=50n$ Hz时，E 上升到 nE，B 仍不变。因此，采用 n 倍

频试验电源时，可将试验电压上升到 n 倍，而流过变压器的试验电流仍较小，试验电源容量不大就可以满足要求。故局部放电试验和感应耐压试验要采用倍频试验电源。

1002. 对电压互感器进行感应耐压试验的目的和原因是什么？

答： 对电压互感器进行感应耐压试验的目的：

（1）试验全绝缘电压互感器的纵绝缘。

（2）试验分级绝缘电压互感器的部分主绝缘和纵绝缘。

对电压互感器进行感应耐压试验的原因：

（1）由于在做全绝缘电压互感器的交流耐压试验时，只考验了电压互感器主绝缘的电气强度，而纵绝缘并没有承受电压，所以要做感应耐压试验。

（2）对半绝缘电压互感器主绝缘，因其绕组首、末端绝缘水平不同，不能采用一般的外施电压法试验其绝缘强度，只能用感应耐压法进行耐压试验。

1003. 电压互感器的预防性试验项目及标准是什么？

答：（1）绝缘电阻：绕组绝缘电阻不应低于出厂值或初始值的60%。

（2）直流电阻：与出厂值或初始值比较，应无明显变化。

（3）空载电流：

1）试验电压：中性点非有效接地系统为 $1.9U_n/\sqrt{3}$，中性点接地系统为 $1.5U_n/\sqrt{3}$。

2）一次绕组空载电流不大于10mA，二次绕组空载电流不大于1A。

（4）感应耐压：

1）试验电压：一次绕组6kV、10kV、20kV分别为27kV、38kV、59kV。

2）试验时间：$t=60\times100/f$，不应小于20s，且 f 不应大于300Hz。

1004. 电压互感器空载试验为什么最好在额定电压下进行？

答：电压互感器的空载试验是用来测量空载损耗的。空载损耗主要是铁耗。铁耗的大小可以认为与负载的大小无关，即空载时的损耗等于负载时的铁耗，但这是指额定电压时的情况。如果电压偏离额定值，由于变压器铁芯中的磁感应强度处在磁化曲线的饱和段，空载损耗和空载电流都会急剧变化，所以空载试验应在额定电压下进行。

1005. 在分析电容式电压互感器的介质损耗因数 tanδ 测量结果时，应特别注意哪些外界因素的影响？

答：(1) 电容式电压互感器绝缘表面脏污程序。

(2) 电场干扰和磁场干扰。

(3) 试验引线的设置位置（与设备夹角）、长度。

(4) 试验环境的温度和湿度。

(5) 周围环境杂物等。

1006. 如何测量电容式电压互感器的介质损耗？

答：测量电容式电压互感器介质损耗试验时，上面的耦合电容器采用正接法进行，而对于互感器本体的主电容 C1 和中压电容 C2，应采用自激法，在互感器的二次侧加压（用 100V 的二次绕组）进行，C1 的高压侧接试品输入"CX"、C2 的 δ（N 或 J）点（即载波装置的接入点）接高压输出，注意电压不能超过 3kV（一般中压互感器的变比为 13000/100V），要计算好二次加压值。

第二节　电流互感器

1007. 简述电流互感器的作用。

答：电流互感器是依据电磁感应原理将一次侧大电流转换成二次侧小电流来测量的仪器。它的作用是可以把数值较大的一次电流通过一定的变比转换为数值较小的二次电流，用来进行保护、测量等。

电流互感器是由闭合的铁芯和绕组组成的。它的一次绕组匝数很少，串在需要测量的电流线路当中，因此它的线路经常有全部电流流过，二次侧绕组匝数较多，串接在测量仪表和保护回路当中，电流互感器在工作时，它的二次回路始终是闭合的，因此测量仪表和保护回路串接线圈的阻抗很小，电流互感器的工作状态近似短路。

1008. 电流互感器的准确级分为哪些？

答：电流互感器的准确级别分别有0.2、0.5、1.0、3.0级。

1009. 电流互感器的接线方式有哪些？适用范围是什么？

答：（1）单台接线方式。只能反映单相电流的情况，适用于需要测量一相电流或三相负荷平衡，测量一相就可知道三相的情况，大部分接用电流表。

（2）三相完全星形接线方式。三相电流互感器能够及时准确了解三相负荷的变化情况，多用在变压器差动保护接线中。这种接线方式用于中性点直接接地系统中作为相间短路保护和单相接地短路的保护。

（3）两相不完全接线方式。在实际工作中用得最多。它节省了一台电流互感器，用A、C相的合成电流形成反相的B相电流。因为此接线方式能反应相间短路，但不能完全反应单相接地短路，所以不能作单相接地保护。这种接线方式用于中性点不接地系统或经消弧线圈接地系统作相间短路保护。

（4）两相差电流接线方式。这种接线方式常用于10kV及以下的配电网作相间短路保护。由于此种保护灵敏度低，现代已经很少用了。

1010. 哪些原因会导致主变压器铁芯接地电流显示异常？

答：（1）铁芯接地电流互感器自身缺陷，内部存在短路、断股现象。测量电流互感器的绝缘及直阻，与出厂值作比较来判断是否存在缺陷。

（2）电流互感器引出线至上位机传输过程中，线路存在绝缘破损、断线、虚接等现象，导致数显异常。

（3）铁芯自身存在问题，内部出现片间短路、多点接地、对其他金属构架放电等现象，使自身出现环流，导致接地电流增加。

（4）变压器自身漏磁的影响。检查变压器本体其他金属构件有无与铁芯及引出线搭接现象，导致变压器本体漏磁引入铁芯接地线，干扰铁芯接地电流，使其增大。

1011. 电流互感器的分类有哪些？

答：（1）按安装地点分：屋内式和屋外式。20kV 及以下屋内式，35kV 以上屋外式。

（2）按安装方式分：穿墙式、支持式和装入式。

（3）按绝缘分：干式、浇筑式、油浸式。

（4）按一次绕组匝数分：单匝式、多匝式。

（5）按工作原理分：电磁式、电容式、光电式和无线电式。

1012. 电流互感器常见故障有哪些？

答：（1）过热。

（2）二次侧开路。

（3）内部产生放电声，绝缘击穿。

（4）充油式电流互感器严重漏油。

1013. 为什么要测量电流互感器的变比？

答：测量电流互感器变比的目的是为了检查电流互感器的实际变比是否与额定变比相符，也称为误差试验。理想的电流互感器应当是一、二次侧电流值按额定变比变换，相位一致。由于二次绕组端子接有负荷阻抗，需要施加一定的端电压，产生端电压需要一部分励磁电流，使得从二次绕组端子流出的电流与理想变换电流有一定的误差。

1014. 测量电流互感器的极性试验的目的？

答：测量电流互感器极性试验的目的是为了检查一、二次绕组之间的极性关系是否正确。电流互感器一、二次绕组规定为减极性。所谓减极性，就是当从一侧绕组的参考正极性端通入交流电流时，同时在另一侧绕组中产生感应电动势，如果另一侧绕组外部端子接有负载或短接，将有电流从另一侧绕组的参考极性端流出，由非极性端返回。两侧绕组电流所产生的磁势相减。

1015. 如何进行电流互感器的极性试验？

答：极性试验一般采用直流法，电源 E 一般使用 1.5～3V 干电池，试验时加在匝数少的绕组侧，匝数多的绕组侧接一个直流电压表，电压表的量程根据两侧绕组匝数比确定，匝数比越大，量程选的越大。试验时，当开关 S 闭合时，如果电压表 V 指针正偏转，两侧绕组的极性关系为减极性，指针反偏转为加极性。

1016. 简述电流互感器直流电阻试验的目的及注意事项。

答：测量电流互感器直流电阻的目的是检查其一次、二次绕组的质量及回路的完整性，以发现各种原因所造成的导线断裂、接头开焊、接触不良、匝间短路等缺陷。

一般选择直流电阻测试仪进行测量，但应注意测试电流不宜超过线圈额定电流的 50%，以免线圈发热直流电阻增加，影响测量的准确度。试验时将被试绕组首尾端分别接入电桥，非被试绕组悬空，换接线时应断开电桥的电源，并对被试绕组短路充分放电后才能拆开测量端子，如果放电不充分而强行断开测量端子，容易造成过电压而损坏线圈的主绝缘；当线圈匝数较多而电感较大时，应待仪器显示的数据稳定后方可读取数据，测量结束后应待仪器充分放电后方可断开测量回路。记录试验时环境温度和空气相对湿度，直流电阻测量值应换算到同一温度下进行比较。

1017. 如何对电流互感器进行交流耐压试验？试验时有什么注意事项？

答：耐压试验时，被试绕组短接至试验回路，非被试绕组均短路接地。

在试验过程中，若由于空气湿度、温度、表面脏污等影响，引起被试品表面滑闪放电或空气放电，不应认为被试品的内绝缘不合格，需经清洁、干燥处理之后，再进行试验；升压必须从零开始，不可冲击合闸。升压速度在40%试验电压以内可不受限制，其后应均匀升压，速度约为每秒3%的试验电压；耐压试验前后均应测量被试品的绝缘电阻；加压过程中，必须有人呼唱、监护；加压部分对非加压部分的绝缘距离必须足够，并要防止对运行设备及非加压部分造成伤害。

第二十六章 避 雷 器

1018. 雷电过电压种类及危害有哪些？

答：雷电过电压也称作外部过电压，是由于电力系统遭受来自大气中的雷击或雷电感应而引起的过电压。雷电冲击波的电压及电流幅值较高，对电力系统存在较大危害，必须加以防护。雷电过电压分为直击雷过电压、雷电反击过电压、感应雷过电压、雷电侵入波过电压。雷电在放电过程中，伴随着雷电的电磁效应、热效应及机械效应，对电气设备有较大危害。

（1）雷电的电磁效应：雷云对地放电时，在雷击点放电过程中，位于雷击点附近导线上将产生感应过电压，过电压幅值一般可达几十万伏，它会使电气设备绝缘发生闪络或击穿，严重的还会引起火灾和爆炸，造成人身伤亡。

（2）雷电的热效应：雷电流通过导体时，会产生很大的热量。在雷电流的作用下，会使导体熔化。在实际运行中观察到的避雷线出现烧熔、断股现象，都与雷电流的热效应有关。

（3）雷电的机械效应。雷电流的机械效应会击毁杆塔和建筑物，造成较大的隐患。

1019. 避雷器的底座为什么要对地绝缘？对地绝缘是如何实现的？

答：避雷器的底座对地绝缘是为了连接避雷器的动作记录仪及在预防性试验中测量避雷器的电导。

避雷器底座的对地绝缘是靠瓷环垫圈和供地脚螺栓穿过的瓷套来实现的。

1020. 简述氧化锌避雷器的作用原理。

答： 氧化锌避雷器主要是由氧化锌电阻片堆叠组装而成的。它具有较好的非线性伏安特性，且应与被保护的电气设备并联。氧化锌避雷器在正常工作电压下，具有极大的电阻，呈现出绝缘状态。在出现过电压的情况下，呈现出低电阻状态，泄放雷电流，使与之并联的电气设备残压被限制在设备的安全值以内，待过电压消失后，避雷器又很快恢复高电阻，呈现出绝缘状态，有效地保护了设备的绝缘免受过电压的损害。

1021. 避雷器放电计数器试验的目的是什么？

答： 由于密封不良，放电计数器在运行中可能进入潮气或水分，使内部元件锈蚀，导致计数器不能正确动作，因此需要定期试验以判断计数器是否良好、能否正常动作，以便总结运行经验并有助于事故分析。带泄漏电流表的计数器，其电流表用来测量避雷器在运行状况下的泄漏电流，是判断运行状况的重要依据，但现场运行经常会出现电流指示不正常的情况，因此泄漏电流表宜进行检验或比对试验，保证电流指示的准确性。

1022. 避雷器放电计数器试验注意事项及结果分析有哪些？

答：（1）应记录放电计数器试验前后的放电指示数值。

（2）检查放电计数器是否存在破损或内部积水现象。

（3）放电计数器放电时，应防止电容器对绝缘电阻表反充电损坏绝缘电阻表。

（4）带泄漏电流表的计数器，在试验时应检查泄漏电流表的准确性。

如果计数器动作异常，应仔细检查装置外观是否存在问题，与同类型装置的试验情况相比，并结合规程标准及其他试验结果进行综合分析。

1023. 金属氧化物避雷器在运行中的劣化指什么？

答： 金属氧化物避雷器主要指的是电和物理状态的变化。这些变化使非线性系数发生变化，伏安特性漂移，从而可能导致热稳定性破坏等。总的来说，这些变化可以通过避雷器以下电气参数的变化来反映：

（1）在工作电压下，漏电流电阻元件峰值的绝对值增加。

（2）在工作电压下，漏电流谐波分量明显增加。

（3）工作电压下有功损耗的绝对值增加。

（4）工作电压下总漏电流的绝对值增加，但不一定明显。

1024. 低压配电柜避雷器安装有何要求？

答：一般情况下，电源进线与避雷器并联，安装在配电柜的进线处。接线总长度应在安装牢固的前提下尽量短，以便缩短雷电流路径。避雷器的接地线应完整、可靠，无中间接头，接地电阻应小于4Ω，应接在配电柜的地排上，不能与建筑的避雷针或防雷带接在一起。

1025. 如何测量低压避雷器接地电阻？

答：（1）检查仪表端所有接线应正确无误。

（2）仪表连线与接地极 E′、电位探棒 P′和电流探棒 C′应牢固接触。

（3）仪表放置水平后，调整检流计的机械零位，归零。

（4）将“倍率开关”置于最大倍率，逐渐加快摇柄转速，使其达到150r/min。当检流计指针向某一方向偏转时，旋动刻度盘，使检流计指针恢复到“0”点。此时刻度盘上读数乘上倍率挡即为被测电阻值。

（5）如果刻度盘读数小于1，检流计指针仍未取得平衡，可将倍率开关置于小一挡的倍率，直至调节到完全平衡为止。

（6）如果发现仪表检流计指针有抖动现象，可变化摇柄转速，以消除抖动现象。

1026. 简述低压避雷器设计原则。

答：选用避雷器必须满足的要求是避雷器伏-秒特性、伏-安特性要与被保护设备的伏-秒特性、伏-安特性正确配合，避雷器的灭弧电压与安装地点的最高工频相电压应正确配合。避免单相接地产生避雷器爆炸。管型避雷器只用于进线的保护。

1027. 低压避雷器的日常维护包括哪些项目？

答：（1）引线检查，基础构架及外观检查，如有烧伤痕迹或断股放电现象，应立即更换。基础构架应无损坏。

（2）定期读取动作计数器的次数，检查压力释放装置有无动作，有烧损痕迹则需要更换。

（3）检查瓷套有无污秽，情况严重则需要清洗。

（4）检查接地线是否可靠接地。

（5）每年雷雨季节前进行一次耐压试验，满两年进行预防性试验。

1028. 为什么配电变压器低压侧也应安装避雷器？

答：当高压侧避雷器向大地泄放雷电流时，在接地装置上就产生压降，该压降通过配电变压器外壳同时作用在低压侧绕组的中性点处。因此，低压侧绕组中流过的雷电流将使高压侧绕组按变比感应出很高的电动势（可达 1000 kV），该电动势将与高压侧绕组的雷电压叠加，造成高压侧绕组中性点电位升高，击穿中性点附近的绝缘。如果低压侧安装了避雷器，当高压侧金属氧化物避雷器（MOA）放电使接地装置的电位升高到一定值时，低压侧避雷器开始放电，使低压侧绕组出线端与其中性点及外壳的电位差减小，这样就能消除或减小“反变换”电动势的影响。

1029. 避雷器与浪涌保护器有什么区别？

答：避雷器和浪涌保护器都是用来限制瞬态雷击过电压的防雷装置，两者作为电气设备中常用的原件都有防止过电压，特别是防止雷电过电压的功能，但两者在应用上还是有许多区别。

（1）应用范围不同（电压）。避雷器范围广泛，有很多电压等级，一般从 0.4kV 低压到 500kV 超高压都有，而浪涌保护器一般指 1kV 以下使用的过电压保护器。

（2）保护对象不同。避雷器是保护电气设备的，而浪涌保护器一般是保护二次信号回路或电子仪器仪表等末端供电回路。

（3）绝缘水平或耐压水平不同。电器设备和电子设备的耐压水平不在一个数量级上，过电压保护装置的残压应与保护对象的耐压水平匹配。

（4）材质不同：避雷器主材质多为氧化锌（金属氧化物变阻器中的一种），而浪涌保护器主材质根据抗浪涌等级、分级防护的不同是不一样的，而且在设计上比普通防雷器精密得多。

（5）安装位置不同。避雷器一般安装在一次系统上，防止雷电波的直接侵入，保护架空线路及电器设备；而浪涌保护器多安装于二次系统上，是在避雷器消除了雷电波的直接侵入后，或避雷器没有将雷电波消除干净时的补充措施。因此避雷器多安装在进线处，浪涌保护器多安装于末端出线或信号回路处。

（6）通流容量不同。因为避雷器主要作用是防止雷电过电压，所以其相对通流容量较大；而对于电子设备，其绝缘水平远小于一般意义上的电器设备，故需要浪涌保护器对雷电过电压和操作过电压进行防护，但其通流容量一般不大。

第二十七章 电 动 机

第一节 交流电动机

1030. 高压交流电动机的预防性试验项目有哪些？周期是多少？

答：（1）绕组的绝缘电阻、吸收比或极化指数试验。周期是交接时、大修时、小修时。

（2）绕组直流电阻试验。周期是交接时、大修时、1年（3kV及以上或100kW及以上）。

（3）定子绕组泄漏电流及直流耐压试验。周期是交接时、大修时、更换绕组后、必要时。

（4）定子绕组交流耐压试验。周期是交接时、大修时、更换绕组后。

1031. 高压交流电动机绕组绝缘电阻、吸收比或极化指数试验和直流电阻试验的标准是什么？

答：（1）绝缘电阻值：额定电压3kV及以上者，交流耐压前，定子绕组在接近运行温度时的绝缘电阻值不应低于1MΩ/kV，转子绕组不应低于0.5MΩ。

（2）吸收比或极化指数自行规定。

（3）直流电阻值：3kV及以上或100kW及以上的电动机各相绕组直流电阻值的相互差值不应超过最小值的2%；中性点未引出者，可测量线间电阻，相互差值不应超过最小值的1%。

1032. 高压交流电动机定子绕组泄漏电流及直流耐压和交流耐压试验的标准是什么？

答：（1）泄漏电流及直流耐压试验：3kV 及以上或 500kW 及以上电动机进行试验，交接时、全部更换绕组时试验电压为 $3U_n$；大修或局部更换绕组时为 $2.5U_n$，泄漏电流相互差别一般不大于最小值的 100%，20μA 以下者不做规定。

（2）交流耐压试验：全部更换绕组后试验电压为 $(2U_n+1000)$V，但不低于 1500V；交接时试验电压 $0.75(2U_n+1000)$V；大修时或局部更换定子绕组后，试验电压为 $1.5U_n$，但不低于 1000V。

1033. 简述检修高压电动机和启动装置时，应做好哪些安全措施。

答：（1）断开一次电源如断路器（开关）、隔离开关（刀闸），断开二次电源；经验明确无电压后，装设接地线或在隔离开关（刀闸）间装绝缘隔板，小车开关应从成套配电装置内拉出并将柜门上锁。

（2）在断路器（开关）、隔离开关（刀闸）操作把手上悬挂“禁止合闸，有人工作”的标示牌。

（3）拆开后的电缆头须三相短路接地。

（4）做好防止被其带动的机械（如水泵、空气压缩机、引风机等）引起电动机转动的措施，并在阀门上悬挂“禁止操作，有人工作”的标示牌。

1034. 三相异步电动机的短路试验是指什么？

答：三相异步电动机的短路试验是指用制动设备，将其电动机转子固定不转，将三相调压器的输出电压由零值逐渐升高。当电流达到电动机的额定电流时即停止升压，这时的电压称为短路电压。短路电压过高、过低均对电动机正常运行不利。

1035. 对低压电动机绕组进行干燥时应该注意哪些要点？

答：（1）在对低压电动机绕组进行干燥前要将绕组清理干净，且尽量采用物理烘干法，不至于使绕组过热。

（2）在烘干箱中进行干燥时，要设定温度，禁止无人看守进行加热烘干。

(3) 在进行干燥时，要采用温度计或红外测温仪进行不间断测温，以免电动机绕组温度过高损坏绝缘。

(4) 在进行电动机干燥时，加热温度应逐渐升高，同时温度升高的速率不得太快。

(5) 对电动机进行干燥时，应定期测量绝缘电阻并做好记录，当绝缘电阻大于规定值，并稳定 5h 以上不变化时，说明绕组已干燥完成。

1036. 何谓三相交流异步电动机定子铁芯的扇张？扇张对于三相交流异步电动机会造成哪些危害？

答： 扇张是指铁芯硅钢片在定子铁芯齿部向两侧翘起、张开的现象。

扇张对于三相交流异步电动机会造成以下危害：

(1) 向外扇张的硅钢片在交变电磁力的作用下会产生振动，使电动机运行时的噪声增大。

(2) 扇张严重时还会使得硅钢片和绕组的槽衬及漆包线不断摩擦，最终导致定子绕组接地故障。

(3) 扇张的硅钢片在交变电磁力作用下会产生疲劳断裂，断裂的硅钢片不但会刮伤线圈，还可能进入定子、转子间隙，造成“扫膛”。

1037. 三相交流异步电动机在运行中会发生过载情况，简述电动机过载的原因有哪些。

答： (1) 被拖动的电动机械有故障，转动不灵活或被卡住，都将使电动机过载，造成电动机绕组过热。

(2) 被拖动机械负载工作不正常，运行时负载时大时小。

(3) 电动机负载功率长期过载运行会导致电动机过热。

(4) 外接电源电压不正常，电源电压过低会导致电动机轴上输出功率降低。

1038. 三相交流异步电动机运行中出现绕组接地故障时，应该怎样查找接地点？

答：（1）对于三相交流异步电动机运行中出现绕组接地故障时，首先应判断是电动机绕组受潮还是接地，此时可用 500V 绝缘电阻表测量绕组的绝缘电阻，当绕组绝缘较低（通常低于 0.5MΩ）时，说明绕组绝缘受潮或是非金属性接地；当绕组绝缘为零时，说明是金属性接地。

（2）当检查发现电动机绕组是金属性接地时，应先拆开三相绕组的连接片，在被测绕组和 220V 灯泡的串联回路中加上 220V 电压，当灯泡亮度不足时说明为非金属性接地，当灯泡亮度正常时说明该绕组为金属性接地。

（3）一般金属性接地多在绕组出槽口处，仔细检查驱动端和非驱动端的出槽口处可能发现接地点处常有破裂和焦黑痕迹；一般非金属性接地可以通过加高电压击穿的方法来查找到具体接地点。

1039. 在进行直流电动机等级检修时，对于转子应该检查哪些项目？

答：（1）检查转子表面有无过热及生锈情况、转子铁芯的通风孔内是否有杂物及堵塞情况。

（2）转子电枢绕组表面的端部绑扎线应无松弛、断裂情况，绑线下的绝缘应无过热、变色情况。

（3）转子电枢绕组的槽楔应无松动、过热、变色、断裂、凸起情况。

（4）转子电枢绕组与整流子的连接处连接应无开焊、松脱、短路、过热、断裂情况。

1040. 对于三相交流异步电动机定子端部绕组发生的金属性接地应该怎么处理？

答：（1）把损坏的绝缘物刮掉并清理干净。

（2）将电动机定子绕组放入恒温箱进行加热，使绝缘软化。

（3）对端部绕组进行整形处理，整形时用力不能过大，以免损坏端部绕组外绝缘。

（4）在故障处包扎新的同等级的绝缘物，再涂刷一些绝缘漆。

（5）将处理后的定子整体放在烘干箱中进行干燥处理。

1041. 在进行直流电动机等级检修时，对于定子应该检查哪些项目?

答：（1）检查直流电动机定子各线包之间的接头有无松动及断裂现象。

（2）检查直流电动机定子的主磁极和换相极绕组有无浸油、过热和漆皮变色脱落现象，线圈紧固在定子铁芯上无磨损现象。

（3）检查直流电动机定子磁铁无变色、生锈，螺栓不松动。

（4）检查直流电动机的定子外壳、端盖、刷架无裂纹。

1042. 三相交流异步电动机定子绕组在制作工艺上有什么要求?

答：（1）各相绕组电动势要对称，电阻、电抗要平衡，即三相绕组结构相同。

（2）缩短连接部分，节省材料，减少绕组铜耗。

（3）绕组散热要好，绝缘与机械强度要可靠。

（4）线圈的合成电动势和磁动势较大。

（5）绕组结构的施工工艺要好。

1043. 双鼠笼式三相异步电动机在结构上有什么特点？与一般鼠笼异步电动机相比有什么不同?

答：双鼠笼式三相异步电动机的转子有上下两个笼。上层笼成为启动笼，要求电阻较高，常用小截面的黄铜制作而成；下层笼成为运行笼，用大截面的紫铜制作而成，电阻较小，截面的形状可以做成圆形和矩形，也有铸铝的。

双鼠笼式三相异步电动机在启动时由于上鼠笼电阻大，在启动过程中，他的功率因数比较高，具有较小的启动电流和较大的启动转矩，改善了三相异步电动机的启动性能。

1044. 三相异步电动机定子三相电流不平衡的原因有哪些?

答: (1) 三相电源电压不平衡。

(2) 三相绕组中有一相断路。

(3) 接错三相绕组的首尾端或一相绕组接反。

(4) 绕组匝间短路，短路相的电流高于其他两相。

(5) 启动设备的触头或导线接触不良，引起三相绕组的外加电压不平衡。

1045. 异步电动机发生定子三相绕组短路的原因有哪些?

答: (1) 电动机长期过载或过电压运行，加快了定子绕组外绝缘老化、脆裂，在运行中振动条件下使变脆的绝缘脱落。

(2) 电动机在修理时因检修标准不高，损坏了定子绕组外绝缘或在焊接时温度过高，把焊接引线的外绝缘损坏。

(3) 电机定子绕组由于长期停运而受潮，在启动前未经烘干就投入使用，导致定子绕组绝缘被击穿而短路。

(4) 双层绕组的层间绝缘没有垫好，被击穿而短路。

(5) 绕组端部太长，碰触端盖或线圈连线和引出线绝缘不良。

1046. 单相异步电动机的启动方法有哪些?

答: (1) 分相启动电动机。

(2) 电容启动电动机。

(3) 罩极启动电动机。

1047. 单相电动机如果想改变转向，通常有哪些方法?

答: (1) 分相式：分相式单相电动机有两组线圈，调换这两组线圈中的任意一组即可使旋转方向反转。

(2) 推拒式：推拒式电动机有一组电枢绕组和一只换向器，移动电刷在换向器上的相对位置，就可以改变电动机的转向。

（3）罩极式电动机不易做到改变旋转方向，若要改变旋转方向需要把电动机的转子反向穿入即可。

（4）串激式电动机可变换电枢或磁场两者中任意一组电源线头，即可改变旋转方向。

1048. 三相交流异步电动机分数槽绕组在定子铁芯上的分配规律是什么？

答：（1）设每极每相槽数等于 Bc/d，那么各极相组应是由 B 个线圈和 $B+1$ 个线圈组成，并且每经 d 个极相组按一定次序循环排列一次。

（2）在每次循环的 d 个极相组里，将在 c 个极相组里有 $B+1$ 个线圈，$d-c$ 个极相组里有 B 个线圈。

（3）循环次数为总极相组 c/d。

1049. 单相交流电动机与三相交流电动机在结构上有什么不同？

答：单相感应电动机的结构和三相电动机的结构相似，有些单相电动机的转子也是鼠笼式，不同的是定子绕组也是单相绕组。当绕组中通入单相交流电后，产生一个强弱和正负不断变化的交变脉动磁场，这个磁场没有旋转性质，不能使转子自行旋转。

1050. 三相交流异步电动机定子绕组绝缘性能降低的原因有哪些？应该怎么处理？

答：（1）电动机的定子绕组受潮。应进行干燥处理。

（2）电动机绕组表面灰尘太多。应进行彻底清理。

（3）电动机绕组引出线或接线盒内电源引线绝缘不良。应重新包扎绝缘。

1051. 三相交流异步电动机发生机械故障的原因有哪些？

答：（1）定子、转子之间有异物进入，导致扫膛。

（2）轴承保持架或滚动体、内外圈损坏，导致转子失去支撑。
（3）电动机引出线或接线盒内绝缘不良，应重新进行处理。

1052. 三相交流异步电动机过热的主要原因有哪些？

答：（1）电动机过负荷运行，定子电流过大。
（2）电动机定子绕组缺相运行。
（3）输入电动机的电源电压过高或过低。
（4）电动机通风道堵塞或风扇损坏。

1053. 三相交流异步电动机的定子双层绕组有什么优、缺点？

答：由于在双层绕组定子铁芯槽内放置两个线圈的有效边，因此，对绕组线圈的节距调整比较方便，可通过调整节距使旋转磁场接近于正弦波形，改善了异步电动机的电磁性能。缺点是上层线圈和下层线圈可能是同相也可能是不同相，而不同相的两个有效边层间电压较高。由于线圈比较多，在绕制和嵌放线圈时耗时较长。

第二节　直流电动机

1054. 简述直流电动机的基本结构。

答：直流电动机分为定子与转子两部分。
定子包括主磁极、机座与端盖、换向极、电刷装置等。
转子包括电枢铁芯、电枢绕组、换向器、轴和风扇等。

1055. 简述直流电动机转子组成及作用。

答：直流电机转子主要由电枢铁芯、电枢绕组、换向器组成。

（1）电枢铁芯。电枢铁芯是直流电动机主磁路的主要部分。为减小电动机内的铁芯损耗，电枢铁芯常采用0.5mm厚的硅钢片冲压叠装而成。铁芯冲片圆周外缘均匀地冲有许多齿和槽，槽内安放电枢绕组。有的冲片上还冲有许多圆孔，以形成改善散热的轴向通风孔。

（2）电枢绕组：电枢绕组是由一定数目按一定规律连接的线圈组成的。它是用来感应电动势和通过电流的，是直流电动机电路的主要部分。线圈一般用带绝缘的圆形或矩形截面导线绕制而成，嵌放在电枢铁芯槽中，线圈的一条有效边嵌放在某个槽的上层，另一条有效边则嵌放在另一槽的下层。

（3）换向器：换向器也是直流电动机的重要部件。它是由许多彼此绝缘的换向片构成的，作用是将电刷上通过的直流电流转换为绕组内的交变电流，或将绕组内的交变电动势转换为电刷端上的直流电动势。电枢绕组的每个线圈两端分别焊接在两个换向片上，换向片之间用云母绝缘。

1056. 简述直流电动机的分类。

答：直流电动机的励磁方式是指对励磁绕组如何供电、产生励磁磁通势而建立主磁场的问题。根据励磁方式的不同，直流电动机可分为下列几种类型。

（1）他励直流电动机。励磁绕组与电枢绕组无联接关系，而由其他直流电源对励磁绕组供电的直流电动机称为他励直流电动机。永磁直流电动机也可看作他励直流电动机。

（2）并励直流电动机。并励直流电动机的励磁绕组与电枢绕组相并联。

（3）串励直流电动机。串励直流电动机的励磁绕组与电枢绕组串联后，再接于直流电源。这种直流电动机的励磁电流就是电枢电流。

（4）复励直流电动机。复励直流电动机有并励和串励两个励磁绕组。若串励绕组产生的磁通势与并励绕组产生的磁通势方向相同称为积复励；若两个磁通势方向相反，则称为差复励。

不同励磁方式的直流电动机有着不同的特性。一般情况下直流电动机的主要励磁方式是并励式、串励式和复励式。

1057. 直流电动机的特点是什么？

答：（1）调速性能好。调速性能是指电动机在一定负载的条件下，根据需要，人为地改变电动机的转速。直流电动机可以在重负载条件下，实现均匀、平滑的无级调速，而且调速范围较宽。

（2）启动力矩大。可以均匀而经济地实现转速调节。因此，凡是在重负载下启动或要求均匀调节转速的机械，例如大型可逆轧钢机、卷扬机、电力机车、电车等，都用直流电动机。

1058. 简述直流电动机检修周期及标准项目。

答：直流电动机的大小修周期随主机进行，备用励磁机组，每五年进行一次大修，每一年进行一次小修。

大修项目：解体电动机、静子检修、电枢检修、换向器检修、电刷刷握检修、检修过程中的试验、电机组装、启动试验。

小修项目；全面清扫检查。消除已发现的缺陷。

1059. 检修开工前的准备工作有哪些？

答：（1）查阅上次检修记录，了解设备的运行情况。

（2）准备好大修用的工具、材料、备品、记录本。

（3）熟悉检修项目和质量标准。

1060. 简述直流电动机的解体步骤及注意事项。

答：（1）依次分解机座、端盖、护板、电刷装置和引线。

（2）拆去换向器端的轴承外盖。

（3）打开换向器端的视察窗，取出电刷，拆下刷杆上的连接线。

（4）拆下换向器端的端盖，取出刷架。

（5）将带有端盖的电动机转子从定子内小心地抽出。

（6）拆下后侧轴承外盖及端盖。

（7）拆下前后侧轴承。

（8）测量电枢与磁极空气间隙、电枢与主磁极的相对位置，并做好记录。

（9）解体前应将刷架、刷握、端盖、电缆头等分别做好相对标记，拆下的刷架、刷握、螺栓等小零部件应放在专用工具箱内妥善保存。

(10) 引线电缆分解开后应抽出放在适当位置并做好保护措施，以防止压、碰伤。

(11) 抽转子：在抽转子过程中不得碰伤电枢绕组、换向器、风扇、磁极、铁芯和线圈。转子表面可用木质薄片或 0.5 ～1mm 绝缘板条衬垫。

(12) 转子抽出后应平稳地放在专用支架上，换向器应用白布或橡皮包扎起来，以防损伤。

1061. 简述定子部分检修项目步骤和注意事项。

答：(1) 电源线及绕组引出线绝缘无变色、老化，线鼻子无变色、松动；电动机接线排完整、接线柱无损坏，接线螺母能紧固电源线。若有损坏则进行修复或更换。

(2) 拆电动机引线、接地线，必须用相色带在电缆引线和电动机引线两侧做好牢固、可靠的相序标记，各线端标记清楚，电源线应短路接地。

(3) 拆开电动机接线连接片，用 1000V 电压挡测量电动机主磁极绕组的对地绝缘电阻值不应低于 0.5MΩ，用 1000V 电压挡测量电动机换向极绕组的对地绝缘电阻值不应低于 0.5MΩ，用 1000V 电压挡测量电动机励磁绕组的对地绝缘电阻值不应低于 0.5MΩ。

(4) 用 1000V 电压挡测量电动机各磁极绕组的相间绝缘电阻值不应低于 0.5MΩ。

(5) 用电桥测量各磁极的直流电阻值并记录，与电动机出厂直流电阻值比较相差不大于 2%。

(6) 外壳、端盖、刷架有无裂纹。

(7) 定子的主磁极及换向磁极绕组有无油浸、过热和漆皮变色脱落现象，绕组紧固在铁芯上有无磨损现象。

(8) 定子磁极铁芯无变色、生锈，螺栓无松动。

(9) 定子绕组各线包之间的接头有无松动、断裂现象。

（10）检修机座，机壳内壁，磁场线圈、引线等各部应清扫干净，检查磁场线圈绝缘良好，无过热、损伤，漆膜光滑完整，检查磁极和机壳磁扼的固定良好，磁极铁芯无锈蚀、松动现象。

（11）清扫各磁极线圈如有油垢，可用 3～5mm 橡皮板条刮去，然后擦拭干净。

（12）检查磁极线圈应固定可靠，若有松动应用绝缘板垫紧加固。

（13）检查各线圈间的连接线应紧固，接触良好，无松动、开焊、过热等现象，必要时应进行重焊并包扎绝缘。

（14）励磁机的励磁回路所连接的设备（不包括励磁机电枢）的绝缘电阻，检修时用 1000V 绝缘电阻表测量绝缘电阻应不低于 0.5MΩ，否则应查明原因，并进行处理。

（15）检查接线端子，连线电缆头应无过热变色、绝缘损坏等，否则应进行处理。

（16）用干燥的压缩空气进行吹灰，然后用干净的白布擦净各部件。

（17）根据情况将局部或全部喷绝缘漆覆盖漆。

1062. 简述转子（电枢）部分检修项目步骤和注意事项。

答：（1）转子表面有无过热、生锈，通风孔是否堵塞。

（2）绕组端部绑线有无松弛、断裂、开焊情况，绑线下的绝缘有无过热、变色情况。

（3）转子线槽的压板有无过热、断裂凸起现象。

（4）转子绕组与换向片的焊接处有无开焊、松脱、短路、过热、断裂情况。

（5）用干燥的压缩空气彻底吹扫灰尘，用布和清洗剂擦净油污。

（6）检查转子铁芯应紧固，无松动、变形、烧伤、锈蚀和过热现象，所有径向通风孔和轴向通风槽应畅通、无油污。

（7）检查槽楔应紧固完整，并低于铁芯表面，槽楔应无松动、碰伤、断裂、过热、变色等。

（8）检查端部绑线应紧固、整齐，无松动、移位、断裂等现象。

（9）检查转子绕组表面及槽口绝缘应完整、光滑、坚固，无碰伤、破裂、过热及变色等现象，用1000V绝缘电阻表测量转子绕组的绝缘应不低于0.5MΩ。

（10）检查转子绕组与换向器升高片的焊接应牢固、可靠，无开焊、甩锡、空洞、松动和过热现象。片间绝缘牢固、齐全。

（11）检查风扇、套环均应牢固、可靠；风叶、叶轮完整，无裂纹、变形；铆钉齐全；螺栓紧固并锁住；配重块完整、牢固，无松动、移位现象。

（12）根据情况进行局部或全部喷绝缘漆覆盖漆。

1063. 换向器的检修内容有哪些？

答：（1）换向器的检修，根据实际情况进行下列工作。

1）清扫换向器表面，表面应无灰尘。换向器在长期无火花运行时，在其表面上产生有一层暗褐色光泽的坚硬氧化膜，它保护换向器表面，并具有良好的换向性能，在任何情况下，不允许用金刚砂纸或其他粗砂纸研磨换向器。

2）检查换向器表面发现不平、粗糙或有灼痕时，可用700号、500号金相砂纸研磨。

3）若换向器表面过于不平，研磨达不到要求或表面不平度超过1mm时，应进行车圆。车削速度应控制在线速度为150～180m/min，进刀量不得大于0.05mm，表面不圆度不大于0.06mm，车削换向器时不得有轴向位移和使用润滑液。研磨或车削后的换向器表面，若云母片有突出换向器外圆或平齐时，必须将云母片下刻1～1.5mm，研刻云母片应使用专用研刻工具进行。研刻工具可自制（用钢锯条及夹紧装置），宽度不得超过云母片厚度。云母片研刻后，应将槽修成U形，换向器片的边缘应用刮刀修成0.5mm×45°倒角。刮研过程中用力要均匀，避免工具跳出槽外，划伤换向器表面或撞击、损伤换向器根部，修刮结束后，用700号金相砂纸研磨换向器片边缘毛刺，工作结束后用压缩空气将换向器和电枢绕组吹干净。注意：无论研磨、车削换向器或刻槽时，必须采取措施，防止铜屑侵入电枢绕组内部，造成绝缘性能降低或绝缘损坏。

（2）换向器接地的检修。换向器如果有明显可见的接地点，可直接刮去接地物，然后填充绝缘物质。否则应拆开换向器进行修理或更换同规格的换向器。

（3）换向片间短路的检修。换向片间沟槽中因有金属屑、电刷粉或其他导电物质而导致换向片间短路时，必须除掉这些导电物质，然后用云母粉加胶合剂填入。如果是换向片间绝缘被击穿造成短路，就必须拆开换向器，更换绝缘。

1064. 刷架、刷握的检修项目有哪些？

答：（1）刷架、刷握应清洁，无碳粉等脏物，表面无损伤、变形等。

（2）检查调整刷握下边缘与换向器表面的距离一般应在 2～3mm 范围内，刷握在整流子圆周上均布，各电刷组之间误差应不超过 1.5%。

（3）检查电刷簧弹性应良好，若因受热疲劳、变形等造成弹性不足时，应更换新簧。

（4）检查汇流排与磁场线圈等的连接应接触良好、位置正确，刷握固定螺栓齐全、紧固并锁住。

（5）检查电刷的长度最短不准低于刷握的 5mm，无缺损受热，电刷接触面应光滑如镜，无烧伤、脏物附着、硬粒等。

（6）检查电刷在刷握内应能自由滑动，电刷与刷握的间隙为 0.1～0.2mm，电刷与换向器表面应接触良好，加在电刷上的压力为 0.015～0.025MPa。

（7）检查电刷引线铜辫应长度适宜，无过热、变色断股等现象，接线鼻子完整、接触良好，无松动、开焊现象。

（8）当电刷需要更换时，所用新电刷的型号、规格必须与原电刷相同，禁止在同一换向器使用不同型号的电刷。

（9）新电刷的研磨，必须用 0 号或 00 号砂纸在专用模具上进行，研磨后应保证电刷与换向器的接触面达75%以上，禁止使用粗砂纸或金刚砂纸研磨电刷，避免砂粒嵌入电刷，擦伤换向器，在运行中产生火花。

（10）电刷一次更换数量不准超过所用电刷总数的1/3。

（11）由试验人员进行检修中的规定试验项目。

1065. 直流电动机如何组装？

答：（1）检查直流电动机各标准项目的检修均已结束，已发现的缺陷均已处理完毕，需进行的试验项目做完均合格，各部件清洁干净，经三级验收后，方可进行组装工作。

（2）直流电动机的组装按分解时的逆顺序进行。

（3）在安装过程中注意不准碰伤磁极、电枢绕组及换向器、刷架、刷握等。

（4）各部件的安装按原标记恢复，保证相对位置正确、无误。

（5）安装端盖，测量静子、转子空气间隙与上次大修及解体前比较应基本相符，径向误差不得大于5%。

（6）刷架、刷握装配位置应正确，各部固定螺栓应紧固，刷握各组距换向器表面的距离为2～3mm，各组电刷应与换向片平行，其不平度不准大于0.5mm。

（7）各连线、引线应按原接线正确恢复，接触面应平整、光洁，接触良好。

（8）检修组装结束后，进行规定项目的试验。

1066. 直流电动机的试验项目有哪些？

答：（1）一般试验项目。

1）测量绕组的绝缘电阻。

2）测量绕组直流电阻和电枢片间电阻。

3）交流耐压试验。

4）测量、调整电刷的中心位置。

（2）大修后试验项目。

1）测量励磁机各线圈极性。

2）测量励磁机电刷中性点。

3）励磁机空载特性试验。

4）励磁机负载特性试验。

1067. 简述直流电动机的调速方法和改变直流电动机转向的方法。

答：（1）直流电动机的调速方法。

1）改变电枢电压调速。

2）改变电枢回路电阻调速。

3）改变励磁电流调速。

（2）改变直流电动机转向的方法。

1）只对调电枢绕组两端。

2）只对调励磁绕组两端。

1068. 简述并励直流电动机的工作原理及电刷装置的作用。

答：并励直流电动机的工作原理：励磁绕组与电枢绕组进行并联，直流电源一路作用于励磁绕组建立主磁场，另一路通过电刷在电枢线圈中产生电流。载流的导体在磁场中受到电磁力的作用，在电枢上会形成一个电磁转矩。由于直流电源产生的直流电流方向不变，产生的电磁转矩方向也一直不变，电枢会按照同一个方向进行旋转。

电刷装置的作用：通过固定不动的电刷与旋转的换向器之间的滑动接触，将外部的直流电源与直流电动机的电枢绕组连接起来。

1069. 简述直流电动机电枢绕组故障及处理方法。

答：（1）直流电动机电枢绕组接地的检修。

1）槽绝缘或绕组绝缘损坏。可在接地处插垫新的绝缘，如果损坏处看不见，应拆出绕组进行绝缘修补；如果要应急处理，可将接地绕组的引线从换向片上卸下，包扎绝缘，再将这两个换向片短接。

2）换向器对地击穿导致的绕组接地。按照换向器修理的技术要求进行。

（2）电枢绕组短路的检修。短路的原因主要有绝缘损坏造成的匝间或层间短路，电枢绕组受潮造成的局部短路。检查方法有测量换向片片间压降法、短路侦查器法、观察法等。电枢绕组绝缘损坏时应拆出进行绝缘修补，应急检修时，按电枢绕组断路时用跨接方法处理。如果电枢绕组受潮应进行干燥处理，使其绝缘电阻符合要求。

（3）电枢绕组断路的检修。断路的原因主要有电枢绕组断线、换向片和绕组的连接线脱焊等。检查方法有测量换向片片间压降法、毫伏表跨接检查法、观察法和灯泡检查法等。电枢绕组如果断线应拆出重绕。应急修理时，把该绕组从换向片上拆下，线端包扎绝缘，然后用绝缘跨接导线取代被拆下的绕组。如果是连接线脱焊或焊接不牢，应重新焊接。

1070. 电刷中性线位置如何调整？

答：将励磁绕组通过开关接到1.5～3V的直流电源上，再把毫伏表或检流计接到相邻的两组电刷上。电枢静止不动，当交替接通和断开励磁绕组的电路时，仪表指针会左右摆动。这时慢慢移动刷架，使电刷在换向器上的位置移动，找出仪表指针摆动最小或不动的位置，即为中性线的位置。

1071. 直流电动机电刷如何更换？

答：（1）电刷磨损后，应选用与电机制造厂规定的同一型号的电刷进行更换。

（2）要确保更换后的新电刷的几何尺寸与刷握的单边间隙在0.1～0.2mm之间，以便电刷能在刷握中自由活动。如果间隙过小，应予研磨。在把合适尺寸的电刷装入刷握时，应控制刷握的下边缘和换向器工作表面之间的距离在2.5～5mm之间。距离过小，会碰撞换向器的表面，使之易受损伤；距离过大，电刷跳动易产生火花。

（3）电刷更换后应研磨光滑，使电刷与换向器工作表面的接触面相吻合，将砂纸贴在换向器上，面朝电刷，转动转子，进行研磨。磨好后，用压缩空气吹净。经研磨后，要求电刷与换向器的接触面积达70%以上。

（4）每种电刷对换向器的压力均有一定的要求，全部电刷的压力，必须相同。电刷的压力可在刷握中用弹簧秤来测量。各电刷压力之差不应超过±10%。电刷更换后，在重新装配电刷架时，要尽可能按预先所做的标记恢复原位。要求做到各级下电刷在换向器圆周上分布均匀，刷距允许偏差不超过1mm。因为正极的电刷对换向器的磨损较负极严重，为了换向器的表面磨损均匀，必须按极性将电刷杆位置互相分开。整台电机一次更换半数以上的电刷之后，最好先以1/4～1/2的额定负载运行12h以上，使电刷有较好配合之后再满载运行。

1072. 换向火花等级及判断标准是什么？

答：直流电动机运行时，在电刷与换向器接触的地方，往往会因为换向而产生火花，按照国家技术标准规定，电刷下的火花分为五个等级。

（1）1级：无火花，又称黑暗换向，可以连续运行。

（2）1¼级：电刷边缘仅有小部分有微弱的点状火花或有非放电性的红色小火花。换向器上没有黑痕、整流子上没有黑痕即电刷上没有灼痕，可以连续运行。

（3）1½级：电刷边缘大部分或全部有轻微的火花，整流子上有黑痕出现，但不发展，用汽油擦其表面即能除去，同时在电刷上有轻微的灼痕。可以连续运行。

（4）2级：电刷边缘全部或大部分有较强烈的火花，整流子上有黑痕出现用汽油擦其表面不能除去，同时电刷上有灼痕。如短时出现这一级火花，换向器上不出现拙痕，电刷不致被烧焦或损坏，只允许在短时冲击负载及过载时发生。

（5）3级：电刷整个边缘有较强烈的火花即环火，同时有大火花飞出，整流子上有黑痕相当严重，用汽油擦其表面不能除去，同时电刷上有灼痕。如在这一级火花短时运行，则换向器上出现拙痕，电刷被烧焦或损坏，只允许在直接启动或逆运转时发生。

在直流电动机从空载到额定负载运行的所有情况下，换向器上的火花等级不应超过 1½ 级；在短时过电流或短时过转矩时，火花不应超过 2 级；在直接启动或逆转的瞬间，如果换向器与电刷的状态仍能适用于以后的工作，允许火花为 3 级。当火花超过上述限度时，便会使电刷与换向器损坏。

1073. 换向火花产生的原因有哪些？

答：换向火花产生的原因主要有电磁原因、机械原因和化学原因三类。

(1) 电磁原因：换向时，会产生电抗电动势和旋转电动势。因为这两个电动势的作用都是阻碍并推延电流换向，所以会在被电刷短路的换向元件中产生附加换向电流。短路的换向元件本身就是电感线圈，电流在其中产生磁场储能。当元件电路断开时，储能以火花的形式进行释放。

(2) 机械原因：换向器加工不同心或安装偏心；换向器表面光洁度不好；换向片与片间绝缘层的热膨胀系数不同或因离心力造成凸片；长期磨损使换向片片间云母突出；电刷压力过大、过小或不均匀；电刷在刷盒内因松动或太紧而卡死；换向器表面不干净；换向器受机械损伤或转子不平衡等原因使电刷发生振动。

(3) 化学原因：正常运行的电动机换向器表面被一层褐色氧化亚铜薄膜所覆盖，这层氧化膜本身具有较高的电阻，可以限制附加换向电流；同时它常吸附着水分、氧气、碳和石墨粉末，具有较好的润滑作用，有利于电刷与换向器的磨合。因此，如果电刷压力过大或者环境缺少必要的水分和氧气，氧化膜无法形成，容易引起火花。另外，空气中的尘埃、盐雾、化学、电离等因素的影响，都会产生火花。

第二十八章　接　触　器

第一节　交流接触器

1074. 真空接触器通电后无法合闸故障常见原因有哪些?

答:（1）合闸回路断线。

（2）线圈故障。

（3）辅助触头接触不良。

（4）整流桥损坏。

（5）异物卡住衔铁。

（6）灭弧室损坏。

（7）熔断器熔断。

（8）电源电压过低。

（9）机械保持锁扣位置异常。

（10）电源模块击穿。

（11）可活动部分卡涩，无法正常动作。

（12）机械分闸位置异常。

（13）小车未摇到位置。

1075. 接触真空器动作过于缓慢故障原因及处理方法有哪些?

答: 原因：（1）衔铁与铁芯之间的间隙过大。

（2）电源电压过低。

（3）铁芯紧固螺钉松动。

（4）机械活动部分卡涩。

（5）分闸弹簧反力过大。

处理方法：

（1）调整衔铁与铁芯之间的距离至合适行程。
（2）调整到额定电压。
（3）紧固螺栓。
（4）调整分闸弹簧作用力度。

1076. 真空接触器线圈烧坏故障原因及处理方法有哪些？

答：原因：（1）控制电路电压不符。
（2）因环境潮湿或腐蚀性气体损坏线圈绝缘。
（3）辅助触头动断触点在接触器合闸后未打开。
处理方法：
（1）检查线圈电压，调整至合适电压。
（2）更换线圈并改善环境。
（3）调整辅助开关或修理触头。

1077. 真空接触器电源模块击穿原因及处理方法有哪些？

答：原因：（1）控制电路电压不符。
（2）分、合闸频率过快。
处理方法：（1）检查控制电路电压并调整。
（2）按使用说明书规定操作。

1078. 简述真空接触器的组成。

答：真空接触器主要由真空灭弧室和操作机构组成。真空灭弧室具有通过正常工作电流和频繁切断工作电流时可靠灭弧两个作用。操动机构由带铁芯的吸持线圈和衔铁构成。线圈通电，吸引衔铁，接触器闭合；线圈失电，接触器断开。吸持线圈一般有直流和交流两种形式。

1079. 测量真空接触器导电回路电阻的目的是什么？

答：真空接触器导电回路直流回阻包括套管导电杆电阻、导电杆与触头连接处电阻和动、静触头之间的接触电阻等。导电杆电阻一般不会变化，其他两处的连接电阻和接触电阻由于受各种因素的影响，常常有所增加。因此，测量每相导电回路电阻时，实际上是检查动、静触头之间的接触电阻和连接电阻的变化，主要是判断动、静触头是否接触良好。运行中，动、静触头之间的接触电阻往往会增大，使正常运行工作电流下发生过热，尤其是通过短路电流时，触头发热更严重，可能烧伤周围绝缘或造成触头烧熔黏结，从而影响断路器跳闸时间和开断能力，甚至使断路器产生拒动。因此，要进行必须试验。

1080. 为什么要定期测量真空接触器的导电回路电阻？

答：真空接触器接触面氧化、接触紧固不良等原因导致接触电阻增大，在大电流流过时，接触点温度升高，加速了接触面氧化，使接触电阻进一步增大，持续下去可能会产生较大的发热，甚至产生严重事故，因此，有必要经常或定期测量真空接触器的导电回路电阻。

1081. 对回路电阻过大的真空接触器，应重点检查哪些部位？

答：（1）静触头座与支座、中间触头与支座之间的连接螺栓是否上紧，弹簧是否压平，检查有无松动或变色。

（2）动触头、静触头和中间触头的触指有无缺损或烧毛，表面镀层是否完好。

（3）各触指的弹力是否均匀合适，触指后面的弹簧有无脱落或退火、变色。对已损部件要进行更换。

1082. 真空接触器触头接触电阻上升的原因有哪些？

答：（1）触头表面氧化。

（2）触头间存在有机杂物或多次开断短路电流后触头接触面有烧损，残存有碳化物。

（3）触头压力下降。

（4）触头有效面积减少。

（5）机构卡涩，触头弹簧弹性减弱或脱落，造成触头压力变小。

（6）静触头座与支座螺栓松动、变色等。

1083. 真空接触器的现场试验中，一般应进行哪些时间项目的测量?

答：（1）分闸时间：从接触器分闸操作起始瞬间（接到分闸指令瞬间）起到所有极的触头分离瞬间为止的时间间隔。

（2）合闸时间：处于分位置的接触器，从合闸回路通电起到所有极触头都接触瞬间为止的时间间隔。

（3）分、合闸同期性：接触器在分闸和合闸操作时，三相分断和接触瞬间的时间差称为相间同期性，同相各灭弧单元触头分断和接触瞬间的时间差称为同相各断口间同期性。

1084. 真空接触器合闸速度过高或过低对运行有什么危害?

答：若合闸速度过低，当接触器合于短路故障时，不能克服触头关合电动力的作用，引起触头振动或处于停滞，而使触头烧粘起来；若分闸速度过低，特别是初分速度降低时，不能快速切断故障，会使燃弧时间延长，甚至发生触头烧损、灭弧室爆炸。如果接触器的分、合闸速度过高，将使操动机构或有关部件超过所能承受的机械力，造成零部件损坏或缩短使用寿命。

1085. 真空接触器交流耐压、交接试验的目的是什么?

答：交流耐压试验是鉴定设备绝缘强度最有效和最直接的试验项目。真空接触器交流耐压试验的目的是检查接触器的安装质量，考核接触器的绝缘强度。

对接触器进行交接试验的目的是为了检验接触器在制造、运输和安装后，接触器的主绝缘、断口间绝缘是否具有规定的电气强度、符合厂家的技术要求，确保接触器能承受各种电压作用、能安装、能可靠地投入系统运行。

1086. 如何对真空接触器耐压试验过程中的异常现象进行分析?

答：在升压和耐压过程中，如发现电压表指针摆动很大，电流表指示数值急剧增加，调压器往上升方向调节，电流上升，电压基本不变甚至有下降趋势，被试品冒烟、出气、焦臭、闪络、地烧或发出击穿响声（或断续放电声），应立即停止升压，降压停电后查明原因。这些现象如查明是绝缘部分出现的，则认为被试品交流耐压试验不合格。如确定被试品的表面闪络是由于空气湿度或绝缘表面脏污等所致，应将被试品绝缘表面进行清洁、干燥处理后，再进行试验。

第二节　直流接触器

1087. 直流接触器的选用要求是什么？

答：（1）根据负载情况的选用。直流接触器的应根据负载电流和负载情况来选用，是交流负载还是直流负载，是轻负载、一般负载还是重负载。

（2）根据使用工况选用直流接触器控制的电动机启动、制动或反转频繁，一般将接触器主触头的额定电流降一级使用。

（3）根据主触头的额定电压的选用。接触器铭牌上所标电压是指主触头能承受的额定电压，并非吸引线圈的电压，使用时接触器主触头的额定电压应不小于负载的额定电压。

（4）根据操作频率的选用。操作频率就是指接触器每小时通断的次数。当通断电流较大及通断频率过高时，会引起触头严重过热，甚至熔焊。操作频率若超过规定数值，应选用额定电流大一级的直流接触器。

（5）根据圈额定电压的选用。线圈额定电压不一定等于主触头的额定电压，当线路简单，使用电器少时，可直接选用380V或220V的电压；当线路复杂，使用电器超过5h，可用24V、48V或110V电压（1964年国际规定为36V、110V或127V）的线圈。

1088. 直流接触器出现触头接触不良的故障原因有哪些？

答：（1）触头表面带有油污等，导致接触不良。

（2）长期使用导致相应的触头表面有一些氧化。

（3）电弧的烧蚀作用引起一些缺陷或者毛刺，以及特殊的原因造成金属屑颗粒的形成等。

（4）在运动的地方出现了卡阻的情况导致触头不稳定。

1089. 交流接触器和直流接触器主要区别有哪些？

答：（1）铁芯不一样。交流接触器的铁芯会产生涡流和磁滞损耗，而直流接触器没有铁芯损耗。因而交流接触器的铁芯是由相互绝缘的硅钢片叠装而成，且常做成E形；直流接触器的铁芯则是由整块软钢制成的，且大多做成U形。

（2）灭弧系统不一样。交流接触器采用栅片灭弧装置，而直流接触器则采用磁吹灭弧装置。

（3）线圈匝数不一样。交流接触器线圈匝数少，通入的是交流电；而直流接触器的线圈匝数多，通入的是直流电。交流接触器分断的是交流电路，直流接触器分断的是直流电路。

（4）操作频率不一样。交流接触器启动电流大，操作频率最高为600次/h，使用成本低。而直流接触器操作频率可高达2000次/h，使用成本高。

1090. 直流接触器在吸合或分断时火花太大的原因及处理方法有哪些？

答：火花太大，不仅会导致触头磨损过快，缩短电器使用寿命，还会造成触头粘连故障，对附近的无线电设备和控制系统也会产生干扰，因此必须采取措施加以抑制。

（1）采用RC回路。

（2）采用二极管。

（3）采用压敏电阻。

1091. 直流接触器分为哪几类？

答：（1）按触头极数分单极、双极、多级。

（2）按主触头的正常位置（既吸引线圈无电时）分动合式、动断式、一部分动合、一部分动断。

（3）按灭弧方式分磁吹灭弧、永磁灭弧、机械拉长灭弧。

（4）按触头工作电压分安全电压、48V及以下、一般电压。

（5）按结构型式分传统结构、派生结构。

（6）按有无灭弧室分有灭弧室、无灭弧室。

第二十九章 热 继 电 器

1092. 简述热继电器的组成结构及原理。

答：热继电器由发热元件、双金属片、触点及传动和调整机构组成。发热元件的本质是一段电阻丝，串接在被保护电动机的主回路中。双金属片由两种不同热膨胀系数的金属片碾压而成。下层一片的热膨胀系数大，称为主动层；上层的小，称为被动层。当电动机过载时，通过发热元件的电流产生热效应，双金属片受热向上弯曲，脱离扣板，使动断触点断开。由于动断触点是接在电动机的控制回路中的，它的断开会使接触器线圈失电，从而接触器主触点断开，实现了过载保护，热继电器动作后，双金属片经过一段时间冷却，按下复位按钮即可复位。

1093. 简述热继电器各位置指示的含义及作用。

答：（1）辅助触点的“NC”触头组可串联在控制电路的供电线路中（同“停止”按钮串联），如果电动机过载，辅助触点的“NC”触头就会切断控制回路的电源，使电动机停止运转。

（2）辅助触点的“NO”触头组可接报警设备（例如报警指示灯），如果电动机因过载而停止运转可以及时反馈状态，相应保护动作，保证系统安全。

（3）Reset 为复位按钮，热继电器动作后，双金属片经过一段时间冷却，按下复位按钮即可复位。

（4）Test 为测试按钮，按下后，模拟热继电器动作的状态，检查热继电器的好坏。

（5）A/H 为自动和手动旋钮，指在热继电器动作后复位的方式，一般调到手动位置，防止连续启动，烧损负荷设备。

（6）复位按钮上面的 R 和 RO 位置的作用是当旋钮旋转到 RO

位置时，在正常状态下按下复位按钮，热继电器的动断触点就会变成动合，松开后动断触点复位，在RO位置时复位按钮不只是只有复位的作用。当旋钮旋到R位置时，按下复位按钮，动断触点仍为动断，这时复位按钮的仅仅只是复位作用，不管旋转到哪个位置，对热继电器的动合触点没有影响。

1094. 如何选择合适的热继电器？

答： 选择热继电器时需要考虑的因素包括工作环境、启动电流、负载性质、工作制、允许过载能力等。

1095. 热继电器日常维护的注意事项有哪些？

答：（1）热继电器动作后复位需要一定的时间，自动复位时间应在5min内完成，手动复位要在2min后才能按下复位按钮。间隔不应太短，防止电动机连续启动造成烧损。

（2）当发生短路故障后，要检查热元件和双金属片是否变形，如有不正常情况，应及时调整，但不能将元件拆下，防止形变间隔距离发生变化。

（3）使用中的热继电器应定期检查，具体内容是热继电器有无过热、异味及放电现象，各部件螺栓有无松动、脱落及接触不良，表面有无破损。

（4）使用中的热继电器每年应检修一次，具体内容是清扫卫生、查修零部件、测试绝缘电阻应大于1MΩ。

（5）更换热继电器时，新安装的热继电器必须符合原来的规格与要求。

（6）定期检查接线应无松动，在检修过程中绝不能折弯双金属片。

1096. 电动机出现故障时对应热继电器检查的项目有哪些？

答： 电动机停止运转，检查热继电器主回路或辅助触点的“NC”触头，“NC”触头串联在控制电路的接触器线圈回路中（同“停止”按钮串联），一旦电动机过载，辅助触点的“NC"触头就会切断控制回路的电源，使电动机停止运转。辅助触点的“NO”触头组可接报警设备（例如报警指示灯），一旦电动机因过载而停止运转“NO”触头接通，反馈故障信号。

1097. 简述热继电器检修标准。

答：（1）外观检查。检查热继电器表面有无破损，清洁表面灰尘，检查有无过热、异味及放电现象，各部件螺栓有无松动。

（2）机械结构检查。检查热元件和双金属片是否变形，如有不正常情况，应及时调整，使用电子清洗剂除去表面过热氧化层（禁止打磨，防止形变间隔距离发生变化），不能折弯双金属片，防止保护性能发生改变。

（3）绝缘及直阻的测量。测试相间及对地绝缘电阻应大于1MΩ，导通阻值应小于2Ω，辅助触点的“NC”触头、“NO”触头接通后阻值应小于2Ω。

1098. 如何更换损坏的热继电器？

答：（1）措施确认，检查开关是否停电，如停电错误或未挂设标示牌，不得开始工作。

（2）备件型号核对，核对新热继电器与原热继电器型号、形状、厂家、额定电流，固定螺栓位置、是否一致，用万用表检查热继电器辅助触点是否正常，复位按钮是否能够正常使用，紧固螺栓是否良好。

（3）更换热继电器前检查，对热继电器的接线进行详细的记录并做好标记。

（4）拆下热继电器，将热继电器从导轨或面板上拆下。不得用力过猛将导轨或面板损坏。

（5）更换热继电器，将新热继电器安装到导轨或面板上。按照记录依次接好一次、二次接线并进行复核。

（6）试运正常后，清理工作现场，将所拆下热继电器及所用工器具清点完毕后，确认无缺失及遗漏后，撤出工作现场。

第三十章 阻塞滤波器

1099. 阻塞滤波器主要由哪些部分组成？

答：阻塞滤波器所属设备主要包括电抗器、电容器、避雷器、电阻柜、旁路开关、隔离开关、高压电缆、电流互感器等。

1100. 阻塞滤波器中电容器维护标准有哪些？

答：（1）停电后，在电容器及其构架上进行工作前要进行充分放电，并在工作区域两侧悬挂接地线。

（2）清扫外壳及构架（必要时进行涂漆防腐），检查电容器有无鼓包和渗漏油，并进行处理。

（3）逐台检查熔丝的完好性和电气连接部位接触是否良好。

（4）对连接端头部位瓷瓶及连接螺栓进行认真的检查，如有松动，适当紧固。

（5）当阻塞滤波器保护发出电容器不平衡报警时要对电容器组各分支进行电容量测量。

（6）发现电容器异常，立即汇报，并马上组织进行停电处理，防止事故扩大。

1101. 阻塞滤波器有哪些定期工作？

答：（1）定期进行红外测温并做好测温数据跟踪。

（2）定期对其进行调谐。

（3）定期进行预防性试验。

（4）定期巡检并观察其有无火花放电等情况。

1102. 阻塞滤波器中旁路开关维护标准有哪些？

答：（1）检查瓷瓶的损坏和污秽情况。

（2）检查并记录 SF_6 气体压力。

（3）检查分、合闸指示牌位置是否正确。

（4）检查操动机构、横梁及支架上螺母是否松动。

（5）检查操动机构的防雨罩是否破损。

（6）停电时打开机构箱，紧固机构中的螺栓和螺母。

（7）对各极断路器密封面及气路连通管接头部位进行定性检漏。

（8）检查密度继电器 SF_6 气体压力降低报警和最低功能压力值。

（9）检查电气控制线路是否松动和各元件是否正常。

1103. 阻塞滤波器中避雷器维护标准有哪些？

答：（1）检查避雷器瓷套表面情况。检查是否存在放电及表面严重污染等现象，要定期对避雷器瓷套表面进行清理。如发现裂纹，马上退出运行，更换新避雷器。

（2）检查避雷器的引线及接地引下线有无烧伤痕迹和断股现象。

（3）检查避雷器压力释放口有无堵塞现象，如有堵塞，及时清理。

（4）在发生雷电天气和接地放电后要及时检查避雷器是否存在异常。

1104. 阻塞滤波器的分类有哪些？

答：按所处理的信号分为模拟滤波器和数字滤波器两种。按所通过信号的频段分为低通、高通、带通和带阻滤波器四种。

1105. 简述阻塞滤波器抑制次同步谐振（SSR）的工作原理。

答：SSR 问题存在与否及其严重程度与电厂输电距离、输电线路的串补度、机组的抗 SSR 性能、输电系统的接线方式等因素密切相关，需要具体问题具体分析。一般地说，输电距离越长、串补度越高、机组的抗 SSR 性能越差、电厂与其他系统连接尤其是通过无串补线路连接越少，其 SSR 问题的严重程度就越高。针对此，我厂采用阻塞滤波器（BF）加轴系扭振保护（TSR）方案抑制 SSR，通过在每台机组的并网线路上均串接有多阶的阻塞滤波器（BF），阻止低于工频的部分特征次同步电流流入发电机，从而有效预防了机组的次同步谐振（SSR）及其危害。

第三十一章　变　频　器

1106. 简述高压变频器的工作原理。

答：高压变频器是一种串联叠加性高压变频器，即采用多台单相三电平逆变器串联连接，输出可变频变压的高压交流电。按照电机学的基本原理，电机的转速满足如下的关系式，即

$$n=(1-s)60f/p$$

式中　s——滑差；

f——电机运行频率；

p——电机极对数。

$$n_{\circ}=60f/p$$

式中　$n_{\circ}$——电机同步转速。

$n_{\circ}$正比于电机的运行频率，由于滑差 s 一般情况下比较小（0～0.05），电机的实际转速 n 约等于电机的同步转速 $n_{\circ}$，所以调节了电机的供电频率 f，就能改变电机的实际转速。

1107. 简述变频器的分类。

答：变频器按电压等级分可分为通用变压器（1kV 以下）、中压变频器（1～3kV）和高压变频器（3kV 以上）：按逆变环节分可分为交-交变频器（不变为直流，由可控整流变频）、交-直-交变频器；按直流回路储能方式分可分为电流型和电压型变频器；按电平个数分可分为两电平、三电平和多电平变频器。

1108. 高压变频器的主回路主要由哪几部分组成?

答：主回路主要由三相或单相整流桥、平滑电容器、滤波电容器、逆变桥、限流电阻、接触器等元件组成。

1109. 高压变频器中移相变压器的作用有哪些?

答: 高压变频器中移相变压器的作用主要是降压、隔离及消除谐波。

1110. 变频器如何区分轻故障和重故障?

答: 变频器报轻故障时，就地保护装置会发出报警信号，故障指示灯闪烁，故障消失后报警自动复位，运行中出现轻故障报警，变频器继续工作，不会自动停机。在变频器停运时出现的轻故障报警，变频器也可直接启动，不影响系统运行。变频器报重故障时，就地保护装置发出故障指示，屏幕上的故障指示灯会一直常亮。并且会对高压开关发断开的指令，且不允许再合闸，对重故障的信息和分断高压开关的指令做出记忆处理，只有当故障消除后，方可合闸送电运行。

1111. 变频器滤网清理的注意事项有哪些?

答:（1）清理滤网应在室外清理。

（2）禁止阴雨天气清理滤网。

（3）清理时尽量避免过多灰尘及异物进入器身。

（4）严禁触碰变频器上的开关及按钮。

（5）发现滤网有损毁，及时更换。

（6）取滤网的时候要轻拿轻放，防止灰尘进入变频器功率单元内。

（7）清理完毕后检查有无报警。

1112. 变频器停机检修的内容包括什么?

答:（1）变频器整体的清扫。

（2）功率单元的检测。

（3）二次回路的检修。

（4）变压器的检修、试验。

（5）冷却风机的检查、试验、传动。

（6）冷却风机回路的检修。

（7）温控仪的检查。

(8) 所有接头的紧固。

(9) 隔离开关的传动、检查。

1113. 高压变频器报驱动故障的原因及处理方法有哪些?

答：高压变频器报驱动故障的原因：

(1) IGBT 电路板损坏。

(2) IGBT 有电流的现象。

(3) 功率单元的驱动板故障。

(4) 功率单元的驱动板电源消失。

(5) 功率单元的驱动板与控制板之间的连接出现问题，连接不通。

(6) 功率单元的控制板件检测有问题。处理方法：

1) 用万用表测量 IGBT 是否损坏，如若损坏需更换相同型号的备件。

2) 检查变频器或功率单元的输出是否有无短路现象。

3) 检测功率单元的驱动板的功能是否正常。

4) 检查功率单元的驱动板的电源是否正常。

5) 测量功率单元的驱动板与控制板之间的连接是否正常。

6) 检查功率单元的控制板的检测功能是否正常。

1114. 高压变频器报单元缺相的原因及处理方法有哪些?

答：高压变频器报单元缺相的原因：

(1) 功率单元上的熔断器熔断或损坏。

(2) 变压器上对应功率单元的绕组输出异常。

(3) 控制板的检测线出线异常。

(4) 功率单元控制板缺相的检测功能出现异常。

处理方法：

(1) 检查测量功率单元上的熔断器是否熔断或损坏。

(2) 检查测量变压器对应功率单元的绕组是否正常，与其他阻值相比较是否接近。

(3) 检查控制板的检测线是否连接可靠，接线是否正常。

(4) 检查功率单元控制板缺相的检测功能是否正常。

1115. 高压变频器报输出过流的原因及处理方法有哪些?

答: 高压变频器报输出过流的原因:

(1) 电动机绝缘性能降低或负载卡涩。

(2) 电缆绝缘降低。

(3) 保护屏上的过流参数设定低。

(4) 变频器的输出波形出现异常。

(5) 移相变压器的绝缘低。

(6) 电流测试的霍尔元件损坏。

(7) 变频器主板的电流检测元件出现故障。

处理方法:

(1) 检查电动机绝缘、电缆绝缘、移相变压器的绝缘情况,看绝缘是否合格。

(2) 检查电动机是否卡涩、堵转或损坏。

(3) 检查保护屏上的过流参数设定是否满足现场的实际需要。

(4) 检查变频器的输出波形是否异常。

(5) 检查电流测试的霍尔元件是否正常。

(6) 检查变频器主板的电流检测元件是否正常。

第三十二章　柴油发电机

1116. 简述柴油发电机的组成。

答：柴油发电机由发电机、控制箱、燃油箱、启动和控制用蓄电瓶、保护装置、应急柜等部件组成。

1117. 简述柴油发电机定子、转子组成结构。

答：（1）定子：机座、定子铁芯，定子绕线、电刷（有刷）、励磁机定子铁芯（无刷）、励磁机磁场绕组（无刷）、前后端盖。

（2）转子：转轴、轴承、转子铁芯、主发电机励磁绕组、励磁机转子铁芯（无刷）、励磁机输出绕组（无刷）、旋转二极管（无刷）、压敏电阻（无刷）、滑块（有刷）。

1118. 简述柴油发电机的工作发电原理。

答：转子由柴油发电机带动轴向切割磁力线，定子中交替排列的磁极在线圈铁芯中形成交替磁场，转子旋转一圈，磁通的方向和大小变换多次，由于磁场的变换作用，在线圈中将产生大小和方向都变化的感应电流，并由定子绕组输送出电流。

1119. 柴油发电机启动后排气烟色不正常有几种情况？产生的原因是什么？

答：（1）排气冒黑烟。

1）柴油发电机超载运行。

2）柴油发电机排气不畅通，柴油质量不合格。

（2）排气冒蓝烟。

1）机油量太多，压力太高。

2）喷油器回油不畅。

3）活塞环装错或磨损严重，气缸套磨损超限。

（3）排气冒白烟。

1）机体温度过低。

2）柴油中有水。

1120. 柴油发电机启动困难或不能启动检查项目有哪些？

答：（1）检查电气线路是否断开或错误。

（2）检查电池电压是否充足，检查电解液密度。

（3）检查启动电动机、输油泵、喷油器是否有故障。

（4）检查电磁阀是否打开或吸铁开关是否吸合。

（5）检查油箱开关是否打开，油箱是否有油，油道是否畅通。

（6）检查进、排气道是否畅通；检查油路是否有空气、堵塞、柴油中是否有水。

（7）室内环境温度是否太低。

1121. 柴油发电机主开关日常维护内容有哪些？

答：（1）检查分励脱扣器、欠电压脱扣器动作是否正常；随后在欠电压脱扣器吸合条件下，手动操作或电动操作应可靠地使断路器闭合，当用分励脱扣器或欠电压脱扣器或手动脱扣时，应使断路器可靠断开，进行五次操作检验。

（2）使用中发现铁芯有特异噪声时，应将工作极面的防锈油抹净。

（3）断路器应定期进行维护。

1）清理尘埃，以保持断路器的绝缘良好。

2）对各个转动或滑动部分加注润滑油。

3）检查各种脱扣器的整定值以及操作过程。

4）检查软联结有无损伤，如有折断层，应去掉该层，发现折断严重，应更换。

1122. 柴油发电机断路器（框架开关）经受短路电流后检查、处理项目有哪些？

答：（1）断路器经受短路电流后，除必须检查触头系统外，需清理灭弧罩两壁烟痕；如果灭弧栅片烧损严重，则应更换灭弧罩。

（2）检查触头系统：

1）抹净触头上的烟痕，发现触头接触面上有小的金属粒时，应将其清除。

2）如果触头银合金的厚度小到1mm时必须更换触头。

3）如果主触头超程小于4mm以及动、静弧触头刚接触时动、静主触头间距离小于2mm时必须调整有关触头。

1123. 简述柴油发电机无刷励磁原理。

答：无刷励磁是利用交流励磁机，其定子上的剩磁或永久磁铁（带永磁机）建立电压，该交流电压经旋转整流器整流后，送入主发电机的励磁绕组，使发电机建压。自动电压调节器（AVR）能根据输出电压的微小偏差迅速地减小或增加励磁电流，维持发电机的所设定电压近似不变。

1124. 简述柴油发电机可控硅直接励磁原理。

答：可控硅直接励磁是采用可控硅整流器直接将发电机输出的任一相一部分能量，经整流后送入励磁绕组的励磁方式，它是由自动电压调节器（AVR），控制可控硅的导通角来调节励磁电流大小而维持发电机端电压的稳定。

1125. 简述柴油发电机电源柜检查内容及标准。

答：（1）盘柜、母线、开关清扫及接头螺栓紧固标准。

1）母线及柜内无异物（掉落的防火堵泥清理），盘柜、母线、一次回路开关及各电气元件表面无灰尘、污迹。

2）接头接触良好、无过热现象，螺栓无松动。柜内电缆头裸露的必须用绝缘胶布包裹严实，绝缘胶布绝缘老化的必须更换。

3）电缆孔洞封堵良好。

（2）空气开关、接触器、热继电器、各电缆线检查标准。

1）检查空气开关外壳有无烧损痕迹、分合是否正常、通断是否良好，电缆线过热现象、与空气开关连接处连接是否紧固。外壳无灰尘；外壳嵌接良好；外壳与底座结合应紧密牢固，底座完好无破损。

2）检查接触器外壳有无烧损痕迹、通断是否良好、线圈直阻是否合格（记录在检修记录内），与接触器连接处连接是否紧固。外壳无灰尘；外壳嵌接良好；外壳与底座结合应紧密牢固，底座完好无破损。

3）热继电器三相主回路通断是否良好，上口与接触器连接是否紧固，下口与电缆线连接是否紧固。外壳无灰尘；外壳嵌接良好；外壳与底座结合应紧密牢固，底座完好无破损。

4）各电缆线绝缘是否良好，无过热破损现象。

（3）绝缘电阻测量：进线电缆，负荷电缆测量绝缘电阻标准：用2500V绝缘电阻表测量，绝缘电阻应大于或等于10MΩ。

1126. 柴油发电机水箱加热器检查项目有哪些？

答：（1）拆开加热器防护罩，检查加热器接线良好，引线如有过热和绝缘老化现象，则应更换引线或重做绝缘。

（2）用直阻仪测量加热器直阻。用绝缘电阻表测量加热器对地绝缘应合格（500V，大于0.5MΩ）。

1127. 柴油发电机清扫、检查和试验项目有哪些？

答：（1）用0.2～0.4MPa无水、无油、干净的压缩空气对发电机表面及内部通风系统进行吹扫。

（2）吹扫时保证室内通风，防止二次污染，人员做好防尘防护措施。

（3）将AVR（自动电压调节器）彻底断开，将热敏电阻温度测点全部接地；使用500V绝缘电阻表测量发电机绕组，对地绝缘电阻值不应小于0.5MΩ。

（4）使用直流电桥测量发电机绕组的直流电阻，（最大值一最小值）差值与最小值的比值，要求线间不大于1%，相间不大于2%；应注意相互间差别的历年相对变化。

（5）用万用表测量其正反向电阻，如果反向电阻小应更换二极管，安装二极管需保证良好的机械和电气连接。

1128. 简述柴油发动机转动但不能点火的原因及处理方法。

答：（1）喷油嘴无燃油。检查油箱油位和油阀门。

（2）燃油系统进了空气。检查燃油路有无泄漏及电气连接、排气情况。

（3）燃油太脏或含水量多。更换滤芯器。

（4）燃油泵故障。更换或维修燃油泵。

（5）喷油嘴定时不正确。重新调整喷油定时。

第三十三章　电　力　电　缆

1129. 简述高压电缆的基本结构及各部分的作用。

答：电力电缆的基本结构由线芯、绝缘层、屏蔽层和保护层四部分组成。

（1）线芯：线芯是电力电缆的导电部分，用来输送电能，是电力电缆的主要部分。

（2）绝缘层：绝缘层是将线芯与大地以及不同相的线芯间在电气上彼此隔离，保证电能输送，是电力电缆结构中不可缺少的组成部分。

（3）屏蔽层：15kV及以上的电力电缆一般都有导体屏蔽层和绝缘屏蔽层。

（4）保护层：保护层的作用是保护电力电缆免受外界杂质和水分的侵入，以及防止外力直接损坏电力电缆。

1130. 高压电缆型号、字母的意义是什么？

答：L—铝芯电缆；T—铜芯电缆（不加字母也表示铜芯电缆）；ZR—阻燃电缆；NH—耐火电缆；ZA—A级阻燃电缆；ZB—B级阻燃电缆；ZC—C级阻燃电缆；V—在最前面表示聚氯乙烯电缆，在后面表示聚氯乙烯护套电缆；YJ—交联聚氯乙烯电缆；D—不滴流绝缘电缆；2—铠层为双钢带；3—铠层为细圆钢丝；4—铠层为粗圆钢丝。

1131. 架空线路的巡检内容有哪些？

答：（1）检查架空线路下方的树木距离架空线路的距离是否在安全距离内。

（2）检查架空线路上有无悬挂物、鸟窝等。

(3) 检查电线杆有无裂纹、破损、漏筋等现象，检查电线杆根基有无塌陷现象。

(4) 检查电线杆的拉线有无断裂、破损，紧力是否合适，杆身是否倾斜等。

(5) 用望远镜检查绝缘子是否有破损、裂纹或有闪络的痕迹。

(6) 用红外成像仪检查接头是否有过热现象。

(7) 检查接地线是否良好、有无生锈现象。

(8) 冬季应检查绝缘子或导线上有无结霜或结冰现象。

1132. 高压电缆中间接头制作的基本要求有哪些?

答: (1) 中间接头连接完毕后应测量接头两端的接触电阻值，新安装的电缆接头电阻值应等于相同型号、相同长度导体的电阻值。

(2) 安装完毕后接头应具有足够的机械强度。

(3) 安装完毕后应具有足够的绝缘强度，应先用2500V绝缘电阻表测量绝缘合格后做交流耐压试验，标准是电压达到1.6倍的额定电压，时间5min。

(4) 电缆接头的密封性要好，选择附件要合适，不得太大或太小。如果密封性不合格，会进入潮气，导致绝缘性能降低。

1133. 热缩高压电缆接头制作的注意事项有哪些?

答: (1) 阴雨天气或湿度太大的天气不得进行电缆头的制作；现场粉尘太大，应做好防尘措施；环境温度低于0℃时要先对电缆进行预热处理。

(2) 现场应准备好灭火器等消防器材。

(3) 找备用电缆应找与原电缆型号相同的电缆，电缆附件应合适，不得选择太大或太小的附件。

(4) 电缆头制作时要按电缆附件的说明书要求进行。

(5) 剥除电缆半导体时不得损伤绝缘层，剥除完毕后应检查绝缘层表面上不得留有残留的半导体。

1134. 简述高压电缆终端头制作的方法。

答：（1）将需要制作的电缆进行调直固定，按要求去除电缆末端外护套，在电缆端部将钢铠固定，防止钢铠松散。

（2）从电缆外护套根部按要求测量保留钢铠需要的长度，去除多余的钢铠，处理好断口处的毛刺，用砂纸或锉刀打磨钢铠表面，去除表面上的锈迹和漆层。

（3）按要求剥除内护套层、去除填充物，用胶布在电缆线芯端部缠绕，防止铜屏蔽散开。

（4）用三角锥将电线端部塞入线芯中间，将地线绕铜屏蔽一圈并用恒力弹簧进行固定，将地线沿着电缆外护套方向摆顺并在钢铠上用恒力弹簧进行固定。

（5）在手指套和外护套之间缠绕密封胶，在密封胶外部涂抹少量的硅脂，方便分支套套入，套入手指套后用力压到位，然后从手指套中间往两头进行热缩。

（6）按要求保留铜屏蔽层，剥除多余的铜屏蔽层，将相色带系在相应的线芯上。按要求保留半导体层，去除多余的半导体层。用砂纸将线芯的绝缘层打磨光滑，检查绝缘层表面不得留有半导体。

（7）用清洗纸把线芯表面擦洗干净，只能从线芯端部往手指套方向擦拭，不得反复擦拭，擦拭干净后涂抹一层硅脂，按要求安装应力管。

（8）将绝缘管套入手指套底部，从手指套底部开始加热。根据现场实际需要预留线芯长度，测量线鼻子孔深，去除线芯绝缘，并将线芯绝缘剥成铅笔状。

（9）将线鼻子套入后进行压接，用锉刀打磨棱角，清洁表面，在表面缠绕填充胶与绝缘层齐平。

（10）套入密封管搭接绝缘管和线鼻子，进行加热热缩。

1135. 两根导线的载流量是不是一根导线安全载流量的 2 倍？

答：由于供电负载的增加，超过导线容量时，可以每相并上几条，但要保持一定距离，使得散热条件良好。当每相内导线条数增加时，允许负载的增加不与每相增加条数成正比，而是要打一个减少系数。因为增加条数后，导线的散热变差，另外，在交流磁场作用下邻近效应很大，并上的母线条数越多，它的电流分布越不均匀，中间导线电流小，边缘电流大，所以导线并上使用后，不如单条导线的利用率高，其载流量也不是单根的倍数关系。

1136. 运行中导线的接头允许温度是多少?

答：裸导线的接头长期允许工作温度一般不超过70℃，当其接触面处有锡的可靠覆盖层时，允许提高到85℃；有银的覆盖层时，允许提高到95℃；闪光焊接时，允许提高到100℃。

1137. 低压四芯电缆的中性线起什么作用?

答：四芯电缆的中性线除了作为保护接地外，还要通过三相不平衡电流及单相负荷电流。

1138. 对电缆的终端头及中间接头有哪些基本要求?

答：（1）导线连接良好。对于终端头，要求电缆线芯和出线杆、出线鼻子有良好的连接。对于中间接头，则要求电缆线芯与连接管之间有良好的连接。所谓良好的连接主要是指接触电阻小而稳定，即中间头电阻不大于电缆线芯本身（同截面、同长度）电阻的1.2倍。

（2）绝缘可靠。要有满足电缆线路在各种状态下长期安全运行的绝缘结构，并有一定的裕度。

（3）密封良好。可靠的绝缘要有可靠的密封来保证。一方面要使环境的水分及导电介质不侵入绝缘，另一方面要使绝缘剂不致流失，这就要求有良好的密封。

（4）有足够的机械强度，能适应各种运行条件。

1139. 电缆头制作时为什么要将电缆头端部绝缘层削成铅笔头形状?

答：通常电缆头压好线鼻子后要在线鼻子上缠绕密封带，为了使密封达到良好的效果，一般都将电缆头端部的绝缘层削成铅笔头形状，这样就可以使密封带和绝缘层能黏合在一起。中间头制作时一般热缩型绝缘层必须得削成铅笔头形状，打磨光滑，这样就会使切向电场强度降低，击穿的可能性减少，但如果接头是冷缩型的，电缆端部不需削成铅笔头形状，因为冷缩型的附件中的屏蔽管较短，比接头连接管稍长，如果削成铅笔头，那么屏蔽管压不到绝缘层的根部，使接头绝缘性能下降。

1140. 简述高压电缆中应力管的作用。

答：高压电缆在半导体外层有一层铜的屏蔽层，铜屏蔽在高压电缆中使电场分布均匀，线芯与屏蔽层径向分布。制作电缆头的时候，要剥除铜屏蔽及半导体层，这样就破坏了原来的电场分布，电场集中在屏蔽层的断口处，如果不加应力管，屏蔽层的断口处就容易被击穿。而应力管的介电常数为20～30，电阻率为$10^{8}\sim10^{12}\Omega\cdot cm$，在制作的时候，应力管一般搭接铜屏蔽断口30mm左右，使铜屏蔽断口处的电场在应力管处分散开，保证电缆的可靠运行。

1141. 简述高压电缆常见故障的原因。

答：（1）电缆制造方面的原因。包括电缆在生产过程中电缆绝缘偏心、电缆绝缘层的厚度不合格、电缆绝缘不合格、电缆线芯不达标等。

（2）电缆施工方面的原因。由于施工导致电缆绝缘受损引起的绝缘不合格、电缆的弯曲半径太小等。

（3）环境方面的原因。电缆敷设的周围有热力管道或有酸碱等易腐蚀的管道等。

（4）电缆头制作方面的原因。电缆头制作的时候由于施工工艺不佳、剥除半导体用力太大使绝缘层受损、剥除完半导体在绝缘层上残留的半导体未清理干净、应力管未安装或安装位置不对、安装的时候接头受潮等。

（5）电缆长时间的过电压或过负荷运行，导致电缆绝缘性能降低、击穿。

1142. 简述高压电缆中间接头的制作方法。

答：（1）将需要制作的电缆进行调直固定，使需要连接的两根电缆充分搭接，去除多余的电缆，按电缆附件要求剥除两根电缆的外护套、钢铠、内护套、铜屏蔽层、半导体层、绝缘层。把铜屏蔽用胶带包好，钢铠用恒力弹簧固定。将绝缘层削成铅笔头形状，钢铠表面打磨，应去除锈迹及漆面。

（2）用砂纸打磨绝缘层表面，确保无残留半导体层，用清洁纸擦拭绝缘层表面，能从线芯端部往手指套方向擦拭，不得反复擦拭。擦拭干净后用半导电带将屏蔽层端口绕包，按要求热缩应力管。

（3）在较长的电缆线芯上分别套入内绝缘管、复合管，外层套入外护套，较短的电缆线芯上套入屏蔽网、外护套。

（4）在两个电缆线芯上对称套入连接管并压接牢固，去掉棱角、毛刺。用清洁纸擦拭连接管及绝缘层。

（5）连接表面缠绕一层半导电带，半导电带要搭接内半导电层，但不得缠绕在铅笔头的表面。在铅笔头和半导电带上绕包填充胶，搭接绝缘层，厚度超过绝缘层1mm。

（6）用清洁纸擦拭绝缘层表面，在绝缘层表面及填充胶表面涂抹一层硅脂。将内绝缘管拉出，将复合管搭接在内绝缘管上进行加热热缩。用防水密封胶在半导电层和热缩管处缠绕2～3层，在密封胶上面缠绕1～2层半导电带。

（7）将铜屏蔽网拉伸，搭接两侧的铜屏蔽层，两端用恒力弹簧固定。用恒力弹簧将地线分别固定在电缆两侧的钢铠上，用胶带将钢铠缠绕，用白布带将三相线芯收紧、固定。

（8）将外护套移到电缆中部，另一端搭接电缆外层100mm（按附件要求搭接）进行加热热缩。

1143. 测量电力电缆的绝缘电阻和泄漏电流时，能用记录的气温作为温度换算的依据吗？

答：不能。因为大部分情况下电力电缆都是深埋在土壤中，电力电缆表皮周围的温度与记录的气温并不相同，一年四季基本上都是恒温（一般在120cm以下的潮湿土壤温度为15～18℃），再加上电力电缆每次进行试验前，已经停电2h多，电力电缆的缆芯温度早就降到土壤温度。如果要进行温度换算，也应该用土壤温度作为依据。如果按照记录的气温进行换算，则变化较大，可能将绝缘良好的电力电缆误判为有问题。

1144. 为什么纸绝缘电力电缆不做交流耐压试验，而只做直流耐压试验？

答：（1）电缆电容量大，若进行交流耐压试验需要大容量的试验变压器，但一般现场不具备这种试验条件。

（2）交流耐压试验有可能在纸绝缘电缆的空隙中产生游离放电而损坏电缆，电压等级相同的情况下，交流电压对电缆绝缘的损坏比直流电压严重得多。

（3）直流耐压试验时，可以同时测量泄漏电流数值，根据泄漏电流的数值及其随时间的变化或泄漏电流与试验电压的关系，可以判断电缆的绝缘状况。

（4）若纸绝缘电缆存在局部空隙缺陷，直流电压大部分分布在与缺陷相关的部位上，因此更容易暴露电缆的局部缺陷。

1145. 为什么交联聚乙烯电缆不进行直流耐压试验，而进行交流耐压试验？

答：（1）交联聚乙烯电缆绝缘在交、直流电压下的电场分布不同。交联聚乙烯电缆绝缘层是采用聚乙烯经化学交联而成，属于整体型绝缘结构。在交流电压下，交联聚乙烯电缆绝缘层内的电场强度是按介电常数而反比例分配的，这种分布比较稳定。而在直流电压作用下，电场强度是按绝缘电阻系数而正比例分配的，但绝缘电阻系数分布是不均匀的。

（2）直流耐压试验不仅不能有效地发现交联聚乙烯电缆绝缘中的水树枝等绝缘缺陷，而且由于空间电荷作用还容易造成电缆在交流情况下某些不会发生问题的地方，在进行直流耐压试验后，投运不久即发生击穿。

（3）直流耐压试验有累积效应，会加速电缆绝缘老化，缩短使用寿命。

1146. 测量电力电缆的直流泄漏电流时，为什么测量中的微安表指针有时会周期性摆动？

答：若是已经排除了电缆终端头脏污或者试验电源不稳定等因素的影响，在测量中直流微安表指针还是会出现周期性摆动，则可能是被试的电缆绝缘中有局部的孔隙性缺陷。孔隙性缺陷在一定的电压等级下发生击穿，导致泄漏电流增大，电缆电容经过被击穿的间隙放电；当电缆充电电压又逐渐升高时，使得间隙又再次被击穿；然后，间隙绝缘又一次得到恢复，如此反复，周而复始，就使得测量中的微安表指针出现周期性的摆动现象。

1147. 测量10kV及以上电力电缆的泄漏电流时，若发现泄漏电流随电压升高而快速增大，能否直接判断电力电缆有问题？

答：测量10kV及以上电力电缆泄漏电流与直流耐压同时进行。因试验电压较高，随电压升高，引线及电缆端头可能发生电晕放电。尤其在直流试验电压超过30kV以后，对于良好绝缘的电力电缆的泄漏电流也会明显增加，所以出现泄漏电流随试验电压上升而快速增大的现象，并不一定说明电力电缆有缺陷。

1148. 交联聚乙烯电缆在线监测的方法有哪些？

答：在国外，交联聚乙烯电缆在线监测的方法主要有直流叠加法、直流成分法、电介质损耗因数法和低频电介质损耗因数法等。目前，由这三种方法组成一体的电缆在线监测仪已经问世。

1149. 为什么电力电缆的预防性耐压试验时间为5min？

答：纸绝缘电力电缆的耐压试验通常采用的是直流耐压，其优点之一就是击穿电压与电压作用的时间关系不大。大量试验证明：当电压作用时间由几秒钟增加到几小时时，击穿电压只减小

8%～15%，而一般缺陷都能在加到规定电压后 1～2min 内发现，因此，若 5min 内泄漏电流稳定不变，没有发生击穿，一般说明电缆绝缘良好。

1150. 电力电缆做直流耐压试验时，为什么要在冷状态下进行?

答: 因为温度对泄漏电流的影响很大，温度上升，泄漏电流增加。如果在热状态下进行试验，往往泄漏电流的数值很大，甚至可能导致热击穿。另外，在热状态时，高电场主要移向到靠近外皮的绝缘，使得电压分布不均匀。故要达到试验效果和不损害电缆，试验要在冷状态下进行。

1151. 电力电缆进行交流耐压试验时，为什么需要测量电缆端部的电压?

答: 由于电缆存在电容效应，会使得电缆端部的电压升高，当电缆充电容量接近试验变压器容量时，这个电压能升高到 25%左右，所以，在电缆进行交流耐压试验时，需要使用高压电压表或经过电压互感器直接测量电缆端的电压，使得试验电压不超过规定值。

参考文献

[1] 欧居勇，付东丰，龙辉，等．变电精益检修试验实用手册 [M]. 成都：四川大学出版社，2016.

[2] 钟洪璧．电力变压器检修与试验手册 [M]. 北京：中国电力出版社，2000.

[3] 陈化钢．电力设备预防性试验技术问答 [M]. 北京：中国水利水电出版社，1998.

[4] 苏涛，王兴友．高压断路器现场维护与检修 [M]. 北京：中国电力出版社，2011.

[5] 范锡普．发电厂电气部分 [M]. 北京：中国水利电力出版社，1987.

[6] 国家能源局．防止电力生产事故的二十五项重点要求及编制释义 [M]. 北京：中国电力出版社，2014.

[7] 托克托发电公司．大型火电厂新员工培训教材・电气一次分册 [M]. 北京：中国电力出版社，2020.

[8] 中国大唐集团公司，长沙理工大学．电气设备检修 [M]. 北京：中国电力出版社，2009.

[9] 王玉中，许聪颖，裴胜利，等．通用变频器基础应用教程 [M]. 北京：人民邮电出版社，2013.

[10] 王建，徐洪亮，梁先霞．变频器实用技术 [M]. 北京：机械工业出版社，2012.

[11] 华中理工大学工学院主编．发电厂电气部分 [M]. 北京：中国电力工业出版社，1980.

[12] 朱家果．高压断路器 [M]. 北京：水利电力出版社，1985.

[13] 杨贵恒．柴油发电机组实用技术技能 [M]. 北京：化学工业出版社，2013.

[14] 陈敢峰．变压器检修 [M]. 北京：中国电力出版社，2005.

[15] 孙顺春．电气设备检修 [M]. 北京：中国电力出版社，2009.

[16]《火力发电职业技能培训教材》编委会．电气设备运行 [M]. 北京：中国电力出版社，2020.

[17] 国网福建省电力有限公司检修分公司．高压隔离开关检修技术及案例分析 [M]. 北京：中国电力出版社，2019.

[18] 沈柏民．低压电气控制设备［M］．北京：电子工业出版社，2015.
[19] 任学伟．低压电气设备运行维护实用技术［M］．北京：中国电力出版社，2014.
[20] 杨尧．输配电线路运行与检修［M］．北京：中国电力出版社，2019.